中國新疆和田玉

下卷

王时麒　于明　徐琳　何雪梅　师俊超 ◎ 著

科学出版社

北京

审图号：新 S（2023）019 号

图书在版编目（CIP）数据

中国新疆和田玉：全2册 / 王时麒等著. — 北京：科学出版社，2023.9
ISBN 978-7-03-074236-0

Ⅰ.①中⋯ Ⅱ.①王⋯ Ⅲ.①玉石 – 介绍 – 新疆 Ⅳ.①TS933.21

中国版本图书馆CIP数据核字（2022）第237914号

责任编辑：张亚娜
责任校对：姜丽策
责任印制：肖　兴
书籍设计：北京美光设计制版有限公司

中国新疆和田玉（下卷）

王时麒　于明　徐琳　何雪梅　师俊超 著

科 学 出 版 社 出版
北京东黄城根北街16号
邮政编码：100717
http://www.sciencep.com
北京汇瑞嘉合文化发展有限公司 印刷
科学出版社发行　各地新华书店经销

2023 年 9 月第　一　版　开本：889×1194　1/16
2024 年 3 月第二次印刷　印张：40
字数：1 054 000
定价：800.00 元（全二册）
（如有印装质量问题，我社负责调换）

感　谢

王守成 先生
在本书研究与出版中给予的鼎力支持！

《中国新疆和田玉》
编委会

主　编　王时麒

副主编　施光海　于　明　杨明星　徐　琳　於晓晋　韩红卫
　　　　　何雪梅　师俊超

编　委（按姓氏笔画排列）

于　明	万丽婷	马宏勇	王　健	王时麒	王园园
王佳昕	王海峰	王铭颖	方　婷	石镁钰	卢　佳
叶丹苧	代路路	师俊超	吕志会	吕爽爽	朱子玉
任建红	刘　琰	刘　越	刘虹靓	刘高铭	刘继富
刘晨谱	孙子龙	孙丽华	牟伦洵	苏　越	李　旭
李　晶	李伊涵	李艳丽	李晓准	李晓萌	李鸿阳
李新岭	杨　卓	杨天翔	杨明星	杨翔宇	吴　珏
吴剑雷	吴恩磊	吴璘洁	何雪梅	张　宇	张小冲
张白璐	张伟玲	张侨恩	张雪梅	陈　婷	武　帅
范　越	范晓华	岳金明	於晓晋	郑永超	施光海
姜　颖	袁　野	贾　茹	柴　靖	徐　峰	徐　琳
徐立国	高　孔	郭　杰	郭彦宏	唐建磊	黄欣然
曹思洁	曹楚奇	梁　欢	蒋天龙	韩　璐	韩大凯
韩红卫	谢　亘	裴志强			

序
一

　　玉器——中华文明的见证，中华儿女最喜爱的器物，陪伴我们走过了九千年的漫长岁月。

　　数千年来，无数文人雅士对玉器做了许多研究，特别是对玉的文化做了解读，从孔子对玉有十一德的表述，到许慎对玉有五德的诠释，是古人对玉文化的深刻理解。宋代以后，玉器的研究更加深入，涉及玉器的各个方面，包括玉器的玉料来源、收藏标准、文化属性等，这些研究对玉器的发展都起到了推动作用。

　　在众多玉器材料中，新疆和田玉是其佼佼者，一经发现就以温润的玉性、细腻的肌理、多样的颜色得到了世人的宠爱，历代文人墨客不吝高雅之词对其盛赞，学者对新疆和田玉的研究更是步步递进，不断深入。

　　近几十年来，不同学科的众多学者从不同方面对新疆和田玉做了研究，并取得了丰硕的成果，但这些研究相对零散。近日，由国内多名学者历时十年编撰的鸿篇巨制《中国新疆和田玉》一书书稿摆在我面前，读后深有感触，主要有三。

　　一是著者队伍强大。《中国新疆和田玉》有数十名编撰人员，多是研究新疆和田玉的专业人员。他们既有从事科研的高校教师，也有一线工作的研究者，几乎囊括了国内研究新疆和田玉的主要人员。

　　二是逻辑体系清晰。《中国新疆和田玉》分上下两卷，共十四章，条理清晰，逻辑关系层层递进，便于读者整体了解新疆和田玉的总体脉络。

　　三是全书内容翔实。《中国新疆和田玉》对新疆和田玉的玉料矿藏基本情况、玉料的物理及文化属性、玉料开采的历史及方法、玉器加工的方法及历史、玉器艺术定义及内容、当代玉器发展的历史等做了翔实的论述。

　　《中国新疆和田玉》的著述历经十年，对于人生来说，已是不短的年华，对于一部著作来说，更显漫长。这部书的著者们能够耐得住寂寞，共同精心打磨一部书，实属可贵。

　　我相信，这部书的出版，会使更多的读者喜欢新疆和田玉，也会使更多的从业人员有了合适的工具书，进而推动玉器行业的发展，并将中国玉文化研究推向新的高度。

　　本人由衷地庆贺这部书的出版。

徐德明

2023年4月23日

序
二

　　由于国内经济形势发展的需求，本人自20世纪90年代开始，由北京大学岩矿地球化学专业转入珠宝玉石专业开展教学和科研工作。1996年，我在带北京大学珠宝班学生去岫岩县现场实习期间，发现岫岩有"河磨玉"（透闪石玉子料）和老玉矿脉（透闪石原生矿），表明岫岩不仅产蛇纹石玉，而且有丰富的透闪石玉矿资源，这引起了宝玉石界的普遍关注。2001年，在辽宁省科学技术厅资金的大力支持下，我与北京大学考古系教师合作，对岫岩玉进行了全面系统研究，并于2007年出版了《中国岫岩玉》一书。在此期间，我认识了当时岫岩老玉矿的负责人王守成先生，在同王守成先生的交往中，知道他是热爱玉文化，愿意为玉文化付出的人。

　　岫岩玉的全面研究强烈激发了我对中国闪石玉矿和玉文化的研究激情，特别是对新疆昆仑山闪石玉矿带研究的向往。正巧，王守成先生于2013年到北京，说他在南疆和田玉矿带买下了几个玉矿并正在进行开采。在这期间，他发现学界对新疆闪石玉的理论研究还远远不够，不能满足国人对新疆闪石玉理论与实践探知的需求，出于推进新疆和田玉及中国玉文化发展的强烈使命感，王守成先生希望我能牵头组织行内研究人员对和田玉矿带进行全面系统研究，这恰好中了我的意愿。我立即联系组织了北京大学、中国地质大学（北京）、中国地质大学（武汉）、北京科技大学、故宫博物院、新疆和田玉行业协会等单位的教授、研究员20余人，在2013年9月到了新疆若羌天泰矿业有限公司考察并为和田玉研究立项。2013年11月，正式启动"中国新疆和田玉"研究项目，并对项目的主要目标、研究内容进行了讨论与分工。项目确定后，王守成先生立即给项目组拨付了数百万元的研究经费，并出资数十万元购买了手持式红外光谱仪。此后，各研究组根据分工开展工作，并多次前往新疆和田玉矿带进行现场考察、社会调查及相关资料查阅、各类典型玉石标本收集等工作，王守成先生又额外资助了各种调查费用。随后几年，项目组通过实验室相关仪器对典型标本进行测试，收集了大量数据，并查阅了大量前人研究资料和成果，不断总结、反复讨论、逐步提高研究成果，大约用了10年时间，终于完成此书。书稿完成后，王守成先生又资助出版费用，终使研究成果顺利出版，与大众见面。

　　我想对全书做几点特别说明：全书除了全面、系统、深入地总结了新疆和田玉的一些基本问题，如名称分类、矿物化学组成、结构构造、物理性质、颜色及致色机理、矿床地质和成因、质量评价和真假鉴定等，还在一些大家很关心但之前很少研究或没有研究的问题上，做了一些开创性的工作：如第三章对发现的糖玉猫眼效应的研究；第五章关于声音特点及成因的研究；第九章对当今市场出现最多的新疆闪石玉、青海闪石玉、岫岩闪石玉及俄罗斯闪石玉、韩国闪石玉在稀土元素、氢氧同位素、成矿年龄数据有效区分的研究；第十章关于和田玉保健功能的研究；第十三章关于玉器的艺术研究等。

　　本书是全体编撰人员共同努力的结晶，在编撰过程中遇到了各种各样的困难和问题，如有些章节以往学界研究很少，缺乏可参考资料，思路难以展开，需要花精力进行反复深入的思考；有些章节的一些基本概念在行内存在不同观点和看法，也需要花大力气反复深入思考和讨论，集思广益，以增加说服力；再是实地考察的艰难，新疆和田玉矿分布在巍巍昆仑山上，野外实地考察路途遥远，道路艰难，气候恶劣，环境艰苦。本书编写团队不畏艰险，不辞劳苦地多次前往昆仑山进行野外实地考察，为本书的完成打下了牢固的基础。本人虽已八十岁高龄，但2次登上4000多米高的昆仑祖山，心中非常高兴。现将2016年8月2日写的一首打油诗献给大家。

登昆仑山感言

巍巍昆仑彩云翻，和田美玉藏其间。

各路玉家登巅峰，共商大计展宏愿。

八十登上昆仑山，原位露头把玉观。

采来真玉为科研，终生奋斗无遗憾。

王时麒

2023.4.10

前言

众所周知，中国是世界上四大文明古国之一，中华文明的重要载体之一就是玉器，其悠久历史和内涵丰富的玉文化是世界民族文化之林的一朵奇葩，因而中国被誉"玉石之国"，中国高超的玉雕工艺被誉为"东方艺术"。

中国玉文化之所以源远流长，经久不衰，最重要的原因是玉石的种类多样、储量丰富。据考古资料显示，在近万年的玉文化历史长河中，所用玉料达20多种，而其中最主要、占主导地位的是透闪石–阳起石玉，简称为闪石玉。闪石玉的产地也有许多处，自西向东分布有：新疆的南疆和田玉、天山玛纳斯玉，甘肃的马鬃山玉、旱峡玉和马衔山玉，青海的格尔木玉和祁连玉，四川的汶川玉，河南的伊源玉，辽宁的岫岩老玉与河磨玉，江苏的小梅岭玉，福建的南平玉，台湾的花莲玉等。而其中材质最优良、规模最大、类型最多、在中国玉文化历史上贡献最大的当属新疆的和田玉。

近代长期以来，关于和田玉的研究大都集中在考古、历史、文化等方面，科学层面的研究比较少，艺术方面几乎空白。新中国成立后，特别是改革开放以来，对和田玉的研究步伐开始加快，首先是新疆地区的地质工作者做了大量卓有成效的工作，于1994年出版了《中国和田玉》（唐延龄、陈葆章、蒋壬华著）一书，首次比较系统地总结了新疆和田玉的矿床地质特征和成因理论，为此后深入的科学研究奠定了坚实的基础。近20年来，随着国家经济、文化、科技的快速发展和宝玉石市场的繁荣昌盛，玉石学的科学研究也在不断地扩大和深入。据不完全统计，自1994年至2018年，以关键词为"软玉"的科学文献共有1015篇，以关键词为"和田玉"的科学文献共有832篇。

为了对新疆和田玉进行更全面、更系统的科技研究，北京大学地球与空间科学学院、中国地质大学（北京）珠宝学院、中国地质大学（武汉）珠宝学院、北京科技大学、故宫博物院、新疆和田玉行业协会、新疆乌鲁木齐丝路德源矿业公司等单位的有关教师、博士生、硕士生、地质科技人员等80余人组成了一个科研团队。自2013年开始，用10多年的时间，开展了包括相关文献资料收集、野外玉石矿山现场考察、玉石市场调查、玉石标本室内仪器测试分析、请教有关专业人士等在内的多项工作，并在此基础上，总结编写出版了本书，以供大家阅读和参考。

　　本书共分为十四章，内容比较广泛，几乎涵盖和田玉研究的各个方面，以及大家比较关心的一些问题。

　　第一章，综合分析各类有关文献，对国家或地方玉石标准文件中关于和田玉名称和分类的各种说法、不同认识或观点进行深入分析，并提出我们自己的观点。

　　第二章，运用薄片观察、扫描电镜观察、重砂矿物分析和X射线衍射、电子探针、红外光谱、拉曼光谱、能谱分析和质谱分析等多种仪器测试分析方法，系统查明了和田玉的矿物组成、结构构造特征及主要元素、微量元素和稀土元素的组成和特征。

　　第三章，运用折射仪、密度仪、硬度仪以及抗拉性及抗压性实验，查明了各类和田玉的折射率、密度值、硬度值和韧性强度等宝石学特征，并对在且末糖白玉中新发现的漂亮的猫眼效应进行了首次测试和分析研究。

　　第四章，通过多种仪器的测试和相互对比印证，查明了白玉、青白玉、青玉、黄玉、糖玉、墨玉、碧玉和翠绿玉的致色成因。

　　第五章，通过相关仪器和感官对比实验，对和田玉的光泽、透明度，尤其是声音特点和成因进行了首次分析和探讨。

　　第六章，通过对和田玉矿床普查勘探资料和文献的研究，结合野外实地考察，室内各种测试结果的系统分析，对新疆和田玉的各种矿床类型进行区段划分，并对其成矿规律和成因进行全面系统的阐述。

　　第七章，主要针对玉石原料，从颜色、光泽、质地结构、透明度、净度、裂纹和体量等多方面评价要素等级划分进行全面分析和评述。

　　第八章，针对相似玉石、人造仿制品、山料仿子料、山料仿戈壁料、拼合料五类和田玉赝品，系统阐述其鉴定特征和鉴别方法。

　　第九章，主要是从肉眼观察和大型仪器分析两个方面，对目前市场上较多的中国新疆、青海、辽宁和俄罗斯、韩国五个产地闪石玉的不同特征和鉴别做全面的对比和分析。

　　第十章，主要是针对古代"食玉"风俗、和田玉入药、和田玉保健功能以及"人养玉、玉养人"的流传说法等做全面的分析和评述。

　　第十一章，克服昆仑山险要地形的重重困难，进行了实地调查，并查阅了相关的古今的文献资料，对新疆和田玉料的开采做了全面的总结，论述了和田玉子料的开采时间及其历史产地，和田玉山料开采时间、具体产地及开采方法等。

　　第十二章，通过对各个历史时期和近现代大量典型和田玉器的观察，结合相关文献资料的阅读分析，全面总结各个时代和田玉器的加工工艺特征，并对各历史时期和田玉加工的过程特点进行了系统阐述。

第十三章，主要阐述玉是一种美石，加工成玉器是一种艺术品，但关于玉器艺术性理论研究方面长期薄弱，在近万年的玉器发展史中，至今尚无一本全面系统阐述其艺术性的专业书籍。本次研究通过与众多玉雕大师精品美学的讨论和有关玉器学的研究和评价，以及文献的综合归纳分析，较系统地阐述玉器的艺术性和评价。

第十四章，在各大玉器和重要玉器市场深入调研的基础上，全面系统地总结当代玉雕事业的进步和发展历程，并阐述玉器事业未来的发展前景和展望。

最后，在全体编委群策群力编写的基础上，由孙丽华、徐立国完成上卷统稿，杨翔宇、吴剑雷完成下卷统稿，最后由徐立国对全书进行了统筹工作。

本课题在立项、调研、集结成书过程中得到了许多单位和有关人士的大力支持和帮助。新疆且末县金山玉器工艺品有限责任公司，特别是王守成董事长，对立项和研究方向提出了指导性意见，并给予了研究经费和出版基金的大力支持。在此我们表示衷心感谢。

此外，在考察调研过程中，得到了很多相关部门和负责人及专业人士的大力支持和热心帮助，为本课题的研究奠定了扎实的基础。这些单位有：新疆和田玉行业协会、喀什地区叶城县自然资源局、叶城县血亚诺特玉石矿、新疆维吾尔自治区地质矿产勘查开发局第二地质大队、和田地区自然资源局、皮山县自然资源局、和田县自然资源局、和田市自然资源局、墨玉县自然资源局、洛浦县自然资源局、新疆维吾尔自治区地质矿产勘查开发局第十地质大队、于田县自然资源局、于田东山公司赛底库拉木玉石矿、民丰县自然资源局、巴音郭楞蒙古自治州自然资源局、新疆维吾尔自治区地质矿产勘查开发局第三地质大队、且末县自然资源局、且末县玉石协会、且末县塔特勒克苏玉石矿、且末塔什萨依玉石矿、且末米达玉石矿、且末金山玉石矿、且末县玉石协会、且末天泰玉石矿、若羌县自然资源局、若羌县塔特拉克玉石矿、新疆维吾尔自治区自然资源厅地质资料馆、新疆维吾尔自治区自然资源厅矿产资源储量评审中心、新疆维吾尔自治区质量技术监督局宝玉石鉴定中心、新疆维吾尔自治区矿产试验研究所、和田地区和田玉保护发展中心、新疆珠宝玉石首饰行业协会、和田地区工艺美术有限责任公司、新疆维吾尔自治区人民政府国家305项目办公室、新疆国玉和田玉集团股份有限公司、国玉印象（北京）文化艺术有限公司、丹曾和田玉数字艺术馆、藏玉（北京）文化传播有限公司、潘家园国际民间文化发展有限公司等。

有关单位负责人及专业人士：岳蕴辉、李忠志、来建中、马国钦、程建中、欧阳斌、张建国、柯长林、周耀华、冯昌荣、吐尔逊、冯金星、阿里木、刘智育、闫晓兰、万初发、雷永孝、王核、马华东、王康、马可、郑晓东、张博宇、韩庭发、倪伟滨、苏然、岳峰、史洪岳、林子权、孙玉、刘季亭、刘月朗、邱文喜、陈建、程浩、刘书占、柳方纯、孙志刚、倪润杰、奥岩、崔海亭、李有利、李燕、邱志力、王宇、吴增宝、张树海、张晓鸽、彭万华、耿金达、刘楚雄、孙傲、孙怡、焦国梁、陈虹位、董德明、张连杰、夏惠杰等给予大力支持和帮助，在此我们一并深表感谢。

由于作者水平有限，书中的疏漏在所难免，希望并欢迎广大读者批评指正。

《中国新疆和田玉》编委会

目　录

上　卷

第一章　和田玉的名称和分类

第二章　和田玉的物质组成和特征

第三章 和田玉的物理性质

第四章 和田玉的颜色及其致色机理研究

第五章　和田玉的透明度、光泽、声音特点及成因研究

第六章　和田玉矿床地质特征和成因研究

第七章　和田玉的质量评价

第八章　和田玉的真假鉴定

第九章　新疆和田玉及其他产地闪石玉的鉴别研究

第十章　和田玉的保健功能探讨

下　卷

第十一章　和田玉料开采

第十二章　玉器的雕刻工艺

第十三章　玉器的艺术和评价

第十四章　当代玉器发展历程及展望

下卷

第十一章
和田玉料开采

玉文化是以玉器为物质载体的，玉器又是用天然玉料加工而成的，人们通过把玉料的物理属性与人的精神境界紧密结合，进而产生了博大精深的玉文化。玉料在中国玉器及玉文化中占有极为重要的地位，构成了中国玉文化大厦的基石。

纵观中国玉器发展的历史，不同种类、不同产地的玉料，其承载玉文化的内涵不尽相同，玉料的来源与玉文化的发展历程息息相关，没有玉料的物理属性，就没有中国玉文化的物质基础，要想深入了解中国玉文化的基因，就要搞清中国历史上各个时期玉料的来源和产地。因而，玉料的来源和产地的研究是中国玉文化的重大课题之一。

近些年来，许多学者根据考古出土玉器，对于各个历史时期、各种考古文化玉料来源和产地的研究，取得了显著成果，特别是对新石器时期玉料的研究较为深入。研究成果表明，新石器时期玉器的玉质较为混杂，有透闪石、蛇纹石、绿松石、玛瑙和独山玉等，这些玉器的玉料多是就地或就近取材，说明新石器时期玉器的玉料大多是在玉器制作和使用地区通过“就地取材”或“就近取材”获得的，其中对几个较有代表性的新石器文化的研究有一些成果。红山文化玉器举世瞩目，其玉器所用玉料基本上是就地取材的岫岩透闪石[1]；良渚文化玉器所用玉料至今仍未找到准确出产地点，但人们在浙江、江苏、福建、江西等地发现了相应踪迹；凌家滩文化玉器玉料来源还在探索之中[2]，出产地可能在安徽；石家河文化玉器玉料产地应该在湖北、湖南；石峁文化玉器玉料应是出产在陕西或内蒙古，但未找到准确地点。

新疆出产的和田玉是中国玉器的重要玉料，是中国玉文化的基石，但其进入中原的时间尚存争议。争议主要表现在以下两点。第一，许多出土玉器的玉料看起来与新疆和田玉较为相似，但目前只能通过肉眼直观观察，缺乏准确的科学数据，无法给出准确的开采时间与地点。第二，先秦文献虽有关于玉料的记载，但出产地点模糊，没有给出新疆和田玉进入中原的时间与开采地点，几部重要的文献如《山海经》中玉料地点的表述含糊其词，后人多靠猜测来理解；《穆天子传》中有“群玉田山，□知，阿平无险，四彻中绳，先王之所谓策府。寡草木而无鸟兽。爰有□木，西膜之所谓

□。天子于是攻其玉石，取玉版三乘，玉器服物，载玉万只。天子四日休群玉之山，乃命邢侯待攻玉者"[3]等论述，虽对玉料产地有了进一步的描述，但在出产玉料的具体地点上仍然模糊不清，也就不能判断新疆和田玉进入中原的时间。

由于这些原因，玉器研究的学者，在关于新疆和田玉何时进入中原的议题上，有着各自不同的解读，主要有新石器说、商代说、战国说、汉代说几种观点。新石器说，有学者认为新石器时期新疆和田玉就已经进入中原[4]。商代说，许多学者认为"昆仑玉进入中原或可上溯到殷周之间"[5]，但也有学者对这一观点持谨慎的态度[6]。战国说，有学者认为，新疆和田玉料进入中原地区的时间，应是在战国时期[7]。汉代说，有学者认为，新疆和田玉是在汉代以后进入中原的[8]。

虽然学界对于汉代以前的玉料来源和产地还在讨论之中，但对汉武帝派遣张骞出使西域后，新疆和田玉料大量进入中原基本没有异议，因而本书关于新疆和田玉料开采的历史，抛开有异议的部分，从汉代开始叙述，厘清汉代以后新疆和田玉料开采的历史脉络。汉代以前到底有无新疆和田玉进入中原的议题，犹待今后深入的科学研究。

汉代以后，历史文献关于新疆和田玉料的开采地点及开采方式的记载逐渐多了起来，但仍然相对模糊，不能给人相对明确的开采史历史脉络。为揭示新疆和田玉的开采史，我们研究团队在社会各界，特别是且末金山玉矿王守成先生的鼎力相助下，进行了汉代以后新疆和田玉开采史的研究，研究工作主要从以下几个方面渐次深入。

首先，查阅文献资料。我们查阅了与新疆和田玉料有关的数十种古代典籍文献和数百篇当代文章，游弋于大量的历史文献之中，诂经证史，查考古制，寻找前人研究成果中有关新疆和田玉料信息的蛛丝马迹，抽丝剥茧、去伪存真，找出其中真正有用的信息。其次，实地考察玉矿。近些年来我们多次到新疆各处玉矿进行实地考察。在实地考察过程中，我们克服了许多困难——行走于漫天黄沙的戈壁滩，攀爬于山高路险的昆仑山，几乎攀登了整个昆仑山-阿尔金山沿线的主要玉矿，勘查了许多有古代开采痕迹的玉矿点，采访了大量祖辈都是采玉人的矿工，采集了一手玉料标本，取得了难能可贵的一手资料，在此基础上形成了研究成果。

本书关于新疆和田玉开采史部分，对各个历史时期新疆和田玉料开采的重点问题加以论述，其中，汉代部分重点论述了张骞出使西域为中原带来和田子料的问题；唐代部分着重厘清了历史上和田地区有争议的绿玉河问题；宋代部分主要辨明了此期尚无山料开采的问题；元代部分叙述了叶尔羌河子料的开采情况；明代部分论证了新疆山料开始开采的情况；清代部分阐述了新疆玉料开采高峰的状况；民国部分指出了玉料开采低迷的状况；当代部分解读了1949年以后新疆玉料的开采状况。

新疆和田玉料开采史，与其说是和田玉料的开采使用史，不如说是人类认识玉料的进步史。人们最初只是依靠手工在新疆出产玉料的河中拣拾子料，随后利用火药进山开采山料，再后使用炸药及较好铁质工具开采玉料，直至当代使用大规模的机械开采玉料，这使得采玉人对新疆和田玉料的开采技能不断推进。随着人们视野范围的不断扩大，开采工具的不断进步，可用玉料的日益增多，为中国玉器和玉文化的不断发展提供了物质保障。

尽管我们在新疆和田玉开采历史方面做了一些研究工作，但难免仍有不足，还有待广大读者给予更多建设性的意见。

第一节 汉代中期以后玉料的开采

汉代中期以后是中国使用新疆和田玉料重要的阶段，夏鼐先生认为："现在我们可以肯定的是汉代已经大量输入和田软玉。"[9]《汉书·西域传》第一次明确记载了于阗（今和田，下同）玉："汉使穷河源，河源出于寘，其山多玉石，采来。"[10]这里的河源是指于阗的白玉河，"其山多玉石，采来"，就是在昆仑山脚下的白玉河采玉。从此，新疆于阗玉开始进入中原，成为此后两千多年中国玉器的主要玉料和中国玉文化的重要载体，使中国玉文化进入了一个崭新的阶段，为中华文明添上了浓墨重彩的一笔。

一、于阗玉进入中原的契机

新疆于阗玉进入中原是在汉武帝时期，汉武帝在位期间（前140年—前87年）派张骞两次出使西域。公元前138年，汉武帝第一次派张骞作为特使出使西域，目的是寻找大月氏，中途被匈奴截留下来，在匈奴生活了十年，但他始终保持着汉朝特使的气节。公元前128年，张骞终于找到机会率部属逃离了匈奴，没有回国而是继续完成任务。他越过葱岭（今帕米尔高原），到了大宛（今中亚费尔干纳盆地），由大宛介绍找到了大月氏。张骞在大月氏逗留了一年多后归国。回国途中，又被匈奴拘禁一年多才得以脱身回到长安。张骞出使时带着100多人，历经13年后，只剩下他和堂邑父两人回来。这次出使，虽然没有完全达到原来的目的，但对于西域的地理、物产、风俗习惯有了比较详细的了解，为汉朝开辟通往中亚的交通要道提供了宝贵的资料（图11-1）。

元狩四年（前119年），张骞第二次奉命出使西域，使团成员多达300余人。元鼎二年（前115年）张骞凯旋，乌孙（今伊犁河和伊塞克湖一带）等地派使者随同张骞一起回到长安。此后，汉与西域的交通建立起来。

图11-1 张骞出使西域路线示意图

长安：在今陕西西安；安息：在今伊朗高原和两河流域；玉门关：在今甘肃敦煌；陇西：在今甘肃临洮；大月氏：在今阿姆河流域；阳关：在今甘肃敦煌；龟兹：在今新疆库车；葱岭：在今帕米尔高原；大夏：在今兴都库什山与阿姆河之间；楼兰：在今新疆罗布泊西；于阗：在今新疆和田；大宛：在今中亚费尔干纳盆地；乌孙：在今伊犁河和伊塞克湖一带
图片采自义务教育教科书：《中国历史》七年级上册，人民教育出版社，2021年。

图11-2　江西省海昏侯墓出土的子料

张骞本人在朝为官，对于阗玉的情况应有所了解，知道其重要价值，了解其质地属性，甚至知晓其玉料开采难度。在他第一次出使西域时，在回程的路上经过于阗，可能在于阗发现了玉料的一些蛛丝马迹，回到长安后，他将这一情况禀告了汉武帝。在张骞第二次出使西域的队伍中，应该就有了解于阗玉的专业人士。到了西域的于阗国后，他们可能在昆仑山出山口，看见了堆积于河床或河滩上，圆润光滑、洁净厚密的子料。我们今天无法想象当时他们的激动心情，但一定是无比兴奋的，不亚于我们今天发现一特大矿藏的盛况。他们将于阗玉带回内地，经过认真比对，发现于阗的玉料是当时人们能够找到的最好的玉料。

张骞发现并带回于阗子料，既有历史的偶然性，也有历史的必然性。说是偶然，张骞出使西域历经万难，成功打通了西域通道，带有很大的不确定性。在这种不确定的基础上发现于阗子料，确属偶然。说是必然，从新石器时期起，人们就一直在中华大地上寻找能够寄托灵魂的物质载体——玉料，因于阗玉料的内质符合华夏儿女对玉料的一切梦想：质地细腻、皮色华美、内外一致、精光内敛、开采便利、便于加工等元素，成为当时玉料中的佼佼者，进而成为中国玉器的主要材料，更成为以后数千年中国玉文化的基石，把中国玉文化带到了一个全新的境界，使中国人找到了精神世界最好的物质载体。

于阗子料在汉武帝以后的墓葬或遗址中有所发现。海昏侯刘贺于公元前74年登基[11]，在位仅27天，但其墓葬出土文物极多，其中就有明确是于阗子料的玉料（图11-2）。

稍晚的陕西汉元帝渭陵出土的几件圆雕玉器，是我们今天能够看到的最能体现于阗子料特质的作品。汉元帝刘奭（前74年—前33年）在位共16年，死后葬于渭陵。该墓葬出土了6件带皮子料玉器，玉料质地极好，即使用今天的玉料评价标准来看这些玉料亦属极品，因而，这一时期的玉器应该开始大量使用于阗玉料了（图11-3）。

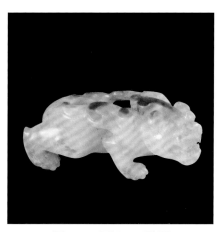

图11-3　西汉　玉辟邪

二、汉代时期的玉石之路

　　玉石之路就是玉石从开采地运输到中原的路线，汉代的玉石之路，是将于阗子料运输到中原的路线。这条玉石运输路线可能有两条。一条是水路：当时的于阗河与塔里木河水系是相通的，于阗玉料可以通过这条水路运输。具体运输线路是于阗玉料在于阗开采后，通过于阗河直接运到塔里木河，因塔里木河与浦海（今罗布泊）相连，玉料经塔里木河运送到浦海的南岸。另一条是陆路：于阗玉料开采后，经且末、若羌沿昆仑山北缘到达浦海南岸。这两条路线有一个共同的交会点——罗布泊的上岸口岸，于公元前110—前108年间，此处还设立了玉门关[12]（图11-4）。这条水路目前有些河段已经干枯，不能全境通航，但在古代这条路线应该是通航的。在古代，运输走水路是运送物资最快的方式，相当于今天的高速公路了。因而，汉代时期于阗地区的子料运往内地的出疆路线，大体上走的就是这条水路，因此这条路线又称为汉代的玉石之路。

图11-4　敦煌附近玉门关遗址

第二节　隋唐五代时期玉料的开采

隋唐五代时期新疆的玉料开采仍然是以子料为主，主要采自于阗的白玉河、墨玉河及绿玉河。

一、官采为主

五代的文献记载了新疆于阗（今和田，下同）玉的开采方法，主要是于阗子料的开采方法。后晋使臣高居诲（又称"平居诲"）奉命出使西域地区于阗国的见闻录——《于阗国行程录》就有这方面的记述："其国采玉之地，云玉河。在于阗城外。其源出昆山，西流一千三百里，至于阗界牛头山，乃疏为三河：一曰白玉河，在城东三十里；二曰绿玉河，在城西二十里；三曰乌玉河，在绿玉河西七里。其源虽一，而其玉随地而变，故其色不同。每岁五六月，大水暴涨，则玉随流而至。玉之多寡，由水之大小，七八月水退乃可取，彼人谓之捞玉。其国之法，官未采玉，禁人辄至河滨者。故其国中器用服饰，往往用玉，今中国所有，多自彼来耳。"[13]于阗境内的河水主要靠昆仑山上的冰雪消融补给，夏季高温，河水暴涨，高山上的原生山料经地质变迁剥蚀成为玉石碎块，随汹涌澎湃的洪水奔流而下，到了出山口，流速减缓，玉石堆积于河床或河滩之上。于阗山料因经过水流长期的搬运冲刷及沙砾的碰撞摩擦，棱角消失，逐渐变为鹅卵形，圆润光滑，洁净厚密，称为子料，其中色如凝脂的称为羊脂玉，尤为名贵。正如清代陈性的《玉纪》所述："玉体如凝脂，精光内蕴，质厚温润，脉理坚密，声音洪亮。"[14]这些子料会于每年五六月份随洪水而来并沉积在河床上，待七八月份洪水退去便是捞玉的最佳季节。

这一时期采玉的主体是官府，民间次之。当时于阗对于采玉有严格的法规，"官未采玉，禁人辄至河滨者"。《新五代史》中也有记载："每岁秋水涸，国王捞玉于河，然后国人得捞玉。"[15]这就是说，每年要待官府秋季为国王采玉后，民间才能采玉。官府先采能够在玉石的块度、色泽等质量和数量方面占据优势，也正因为如此，当时的于阗官府存留了大量的和田子料。

二、"绿玉河"的考证

历史上到底有没有绿玉河，以及这条河的具体位置在哪儿，是我们对隋唐五代时期玉料开采状况研讨的重点。

前文提到，高居诲在《于阗国行程录》中第一次提到于阗地区有三条出产玉石的河。宋欧阳修在《新五代史》中亦云："于阗河分为三：东曰白玉河，西曰绿玉河，又西曰乌玉河。"[16]欧阳修可能是采用高居诲的说法，并没有亲自前往考证，说明当时的人们都认可于阗地区有三条出产玉料的河流。高居诲亲赴西域，考证玉料出产情况，所记述的情况应该是真实的。他所记载的于阗三条河中的两条河——玉龙喀什河（白玉河）和喀拉喀什河（墨玉河）今仍在。

玉龙喀什河与喀拉喀什河都发源于昆仑山，但二者的发源地相差数百千米。玉龙喀什河自古以来就是出产白玉、青玉的主要河流，羊脂级的白玉多出于此。喀拉喀什河出产颜色较深的青玉、墨玉，这些玉料外表漆黑，油光发亮，人们视若墨玉，后人称这条河为"墨玉河"，亦称"乌玉河"或"黑玉河"。目前和田地区只有这两条河，人们对于古籍中记载的这两条河没有异议，有异议的是第三条河——绿玉河。新疆和田地区到底有没有这条所谓的绿玉河（无论它叫什么名字），如果这条河在历史上曾经存在过，它的具体位置又在何处？这个问题引起了一些学者的研究兴趣，取得了一些研究成果，主要有以下三种观点。

①喀什地区的叶尔羌河是历史上的绿玉。这种观点认为，叶尔羌河有子料出产，而且颜色是绿色的，这些绿色的子料用我们今天的眼光来看大都是青玉，绿色的子料除青玉以外还有碧玉。青玉和碧玉的色调都带有绿色，现在人们凭借科学手段以及识玉经验能够轻易地辨别出青玉和碧玉，但古人区分不开，在他们看来，既然二种玉石都是绿色的，那就将它们统称为绿玉。如今叶尔羌河出产的子料大都是青玉，正好在古人对绿玉的认知范畴之内，因而有人就认为出产绿色青玉的叶尔羌河就是绿玉河。

为了考证文献中的绿玉河的情况，我们专程前往叶尔羌河流域进行了考察，并对叶尔羌河出产的青玉进行了研究。在这个过程中，我们认真探讨了这条河的状况与出产子料的情况。经过考察，我们认为，叶尔羌河不是历史上的绿玉河，原因有三点：一是与文献记载的河流地理位置不符。《于阗国行程录》中记载的绿玉河在白玉河和乌玉（墨玉）河之间，距离也就几十千米，而叶尔羌河在今天的喀什地区，离白玉河有数百千米，两条河的位置与文献记载相去甚远。二是与文献记载的子料开采方法不符。叶尔羌河河水汹涌，水流湍急，即使在现在的叶尔羌河出昆仑山山口采玉地点——喀群，也不适合下河捞玉。此处虽然水势较为平缓，但河面有几百米宽，水深几米至十几米，如此宽且深的河流根本不适合文献中所说的人工下河捞玉。叶尔羌河在元代以后出产过子料，但开采方法不是在河中捞采，而是等水退去以后在河滩上拣拾，开采方式与文献记载的完全不同。三是与文献记载的玉石颜色不符。叶尔羌河所产子料的颜色特征较为明显，大多数都是青玉，颜色为淡淡的绿色，甚至还有青白玉，颜色偏向白色，这两种玉的颜色都和文献中所说的绿色有出入。综上所述，我们认为，叶尔羌河不是历史文献中记载的绿玉河（图11-5）。

②且末地区的车尔臣河是历史上的绿玉河。持这种观点的人认为，车尔臣河也出产过绿玉，因而是绿玉河。近些年来，我们多次前往且末的塔特勒克苏玉矿，途经车尔臣河，曾目睹过维吾尔族人在这条河里拣拾过青玉子料，这条河出产青玉子料是事实。

为了验证这一观点，我们在车尔臣河沿线做了详细调查，当地人说这条河中的绿玉子料极少，如果专门拣拾，一年能拣到几块就不错了。同时，这条河的水流较小，平日水面只有几米宽，洪水季节不过数十米宽，根本就不存在河中捞玉的场景，况且车尔臣河距和田白玉河也有数百千米之遥。所以，我们认为，车尔臣河也不是绿玉河（图11-6）。

③根本不存在绿玉河。明宋应星《天工开物》云："其岭水发源名阿耨山，至葱岭分界两河，一曰白玉河，一曰绿玉河。晋人张匡邺作《西域行程记》载有乌玉河，此节则妄也。"[17]宋应星认为的绿玉河应该就是我们今天所说的墨玉河，于阗只有两条河，第三条河是不存在的。实际上，到了明代宋应星所在时期，第三条河已经消失了，于阗确实只有两条河了，于是，他根据当时的情况来否认于阗历史上存在过第三条出产玉料的河。

经过调研与分析，我们认为，历史上的绿玉河是存在的，既然新疆境内两条与玉料有关的河流——叶尔羌河和车尔臣河都不可能是绿玉河，绿玉河只能回到于阗附近来寻找。

既然高居诲说采玉之地，在于阗城外。我们首先就要确定他所说的于阗城的位置，进而分析和寻找绿玉河的位置。在研究中，我们发现高居诲所说的城是于阗国古都城，它的位置与现在和田市的位置是不同的，现在的和田白玉河基本紧靠和田市，如果以现在的和田市作为地标，向东向西去

图11-5　叶尔羌河

图11-6　车尔臣河

找这条河，城东三十里，城西二十里就没有什么河，也根本找不到绿玉河，因而如果想要搞清楚绿玉河的位置，就要对当时于阗国古都位置作一考证。

古代于阗国是西域著名的大国，古都史称西城或西山城。关于古于阗国王都西城或西山城，汉至五代的史书对其方位和规模还是有记载的：

《汉书·西域传》："于阗国，王治西城，去长安九千六百七十里。"[18]（图11-7）

《魏书·西域传》："于阗国，……所都城方八九里，……于阗城东三十里有苜拔河，中出玉石。……城东二十里有大水北流，号树枝水，即黄河也，一名计式水。城西五十五里亦有大水，名达利水，与树枝水会，俱北流。"[19]

《隋书·西域传》："于阗国，……都城方八九里。"[20]

《新唐书·西域传》："于阗，……其居曰西山城，胜兵四千人。"[21]

既然文献中记载有于阗古都，还记有具体位置，历史上就应该确实有这样一个于阗古都存在，对于这一点学界没有异议，但于阗古都的具体位置究竟在哪里，学界分歧较大。研究人员从地理方位、出土文物和地名称谓等各个方面进行了探索和研究，迄今尚无统一定论。关于于阗国古都城遗址的地理位置，到目前为止共有4种观点。

1. 约特干说

代表人物是斯坦因。约特干遗址位于和田市西10千米处的巴格其乡艾拉曼村。首次提出约特干是于阗国古都所在区域的是法国人格伦纳。斯坦因对约特干遗址进行了三次考察后，在其一系列著作中肯定了格伦纳的说法，认为约特干遗址就是于阗古都[22]。

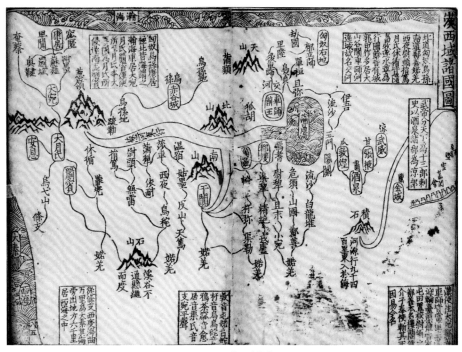

图11-7　汉代西域诸国图

图片采自曹婉如：《中国古代地图集（战国—元）》，文物出版社，1990年。

2. 买里克阿瓦提（即库马提）说

代表人物是黄文弼。该观点认为买里克阿瓦提北部是西山城（即于阗古都）故址[23]（图11-8）。

图11-8 买里克阿瓦提

3. 奈加拉·哈奈说

代表人物是殷晴。此观点认为约特干东南的奈加拉·哈奈（实为纳格拉罕纳）可能是于阗都城遗址[24]。

4. 阿拉勒巴格说

代表人物是李吟屏。这种观点认为于阗国都城址应紧邻纳格拉罕纳西北的阿拉勒巴格，这个位置在约特干与阿依登库勒湖之间[25]。

我们认为，以斯坦因为代表的约特干说是正确的，于阗古都遗址就是位于和田市西10千米处的巴格其乡艾拉曼村的约特干遗址。于阗古都的位置确定了，就可以根据古都的位置来寻找绿玉河了。唐代时期的一里约为现在的416米，即0.416千米，从于阗古都——约特干遗址向东12千米就是白玉河，换算过来正好符合高居海所说的三十里；向西10千米就是墨玉河，也大致符合高居海所说的二十里加七里共二十七里的距离。然而，现在的墨玉河以东是没有河流的，难道历史上真的没有绿玉河吗？我们通过对新疆和田地区的古河流调研，发现墨玉河向东3—4千米的地方，历史上曾经有一条河，名曰布朗其河，这条河有可能是墨玉河改道而形成的，它的上游与下游都与墨玉河交汇，是墨玉河分出的一个支流，这3千米刚好符合高居诲所说的七里的距离。墨玉河的玉料多为青玉和墨玉，玉料的颜色以墨色为主，称其为墨玉（乌玉、黑玉）河，布朗其河是墨玉河的分支，玉料可能以碧玉居多，颜色以绿色为主，由此将其称为绿玉河也就不足为奇了。从卫星影像上看，布朗其河的位置是一条古河道，现在被密集村落占据。因而，我们认为，布朗其河就是历史上的绿玉河，古人将这条河取名为绿玉河也许是为了和墨玉河区分开来（图11-9）。

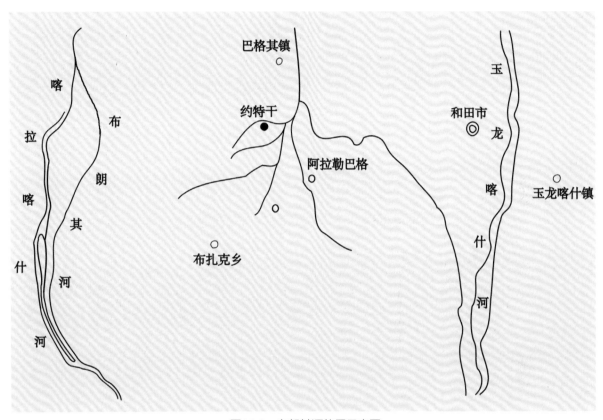

图11-9　布朗其河位置示意图

三、贸易

敦煌曲子《谒金门·开于阗》唱道："开于阗，绵绫家家总满。奉戏（献）生龙及玉碗，将来百姓看。"[26] 据说，这个唱诵说的是901年归义军打通前往于阗道路之事。在敦煌人看来，打开和于阗交往通道的好处是于阗的绵绫、良马及美玉可以源源不断地运过来。事实也的确如此，当于阗王国的使者前往敦煌或者经过敦煌前往中原王朝朝贡时，玉石是他们携带的最重要的朝贡贸易产品。

唐代初期，玉石还只是作为礼器和极少数人的装饰用品贡献给中原皇室及王公大臣。值得一提的是，在这之前，还没有文献记载于阗与内地之间有玉器器物方面的贸易往来，在这一时期有了玉器器物的贸易。贞观六年（632年）于阗国"遣使献玉带"。780年，唐德宗即位，"遣内给事朱如玉之安西求玉，于于阗得圭一、珂佩五、枕一、带胯三百、簪四十、奁三十、钏十、杵三、瑟瑟百斤并它宝等"[28]。说明到了唐代中期，于阗本地已有了相当规模的琢玉业，已经能够生产制作许多的玉器，这对于于阗来说，是从单纯的玉料产地向玉器成品制作地转变的重要历史节点（图11-10、图11-11）。除了政府间的朝贡贸易以外，民间玉石贸易主要由官方指定的粟特商人承

图11-10　唐代　忍冬纹八曲玉长杯

图11-11　唐代　胡人戏狮纹玉佩

担，严禁民间自由买卖玉石，官方垄断着于阗玉石的交易。

周太祖于广顺元年（951年）开放了玉石贸易，"晋汉以来，回鹘每至京师，禁民以私市易，其所有宝货皆鬻之入官，民间市易者罪之。至是，周太祖命除去旧法，每回鹘来者，听私下交易，官中不得禁诘，由是玉之价值十损七八"[27]。从此以后，中国历代民间玉石贸易都较活跃，虽然明清时期中央政府又曾垄断玉石贸易，但最终又得以放开。这一政策，对当时于阗玉料进入民间，玉器进行商品化的生产有着重要的意义。

当时的于阗国王李圣天遣都督以"玉千斤及玉印降魔杵"等向晋高宗献贡，从数量上说明在这一时期，于阗的玉石得到大量开采，并源源不断运往内地。

唐代，还有一个佛教与和田玉结缘的美好传说。玄奘非常喜爱和田玉，他在《大唐西域记·屈支》中记录了玄奘在屈支国见到了佛足履玉石的情景：在"东昭怙厘佛堂中有玉石，面广二尺余，色带黄白，状如海蛤，其上有佛足履之迹，长尺有八寸，广余六寸矣。或有斋日，照烛光明"。昭怙厘佛堂，也称苏巴什佛寺，位于龟兹（今库车市西北20多千米处），兴建于魏晋南北朝时期，是古代龟兹最大的佛寺。龟兹地处丝绸之路的交通要道，昆仑山和内地的运输要经过此路。昭怙厘佛堂是当时著名的佛教圣地，吸引了中亚、西亚信徒前来参拜。玄奘曾在此讲经，他在佛堂所见到的玉石宽有二尺多，呈黄白色，应是一块带有美丽黄皮色的优质和田玉白玉，皮色形似一尺八寸长的佛祖脚印，是佛与和田玉的美妙结合。这块玉石上的佛脚印，，或许是经人工雕琢而成，无论怎样，其构思之巧妙，令人惊叹。后世许多人来此地寻找这块玉石，都没找到，给世界留了一个待解之谜。

第三节　宋代和田玉料的开采

宋代于阗玉开采和使用规模超过了唐代，于阗玉器辉煌灿烂，成为中国历史上和田玉玉器的又一伟大时代。

这一时期的玉料来源充足，玉料来源仍然以子料开采为主要方式。我们今天还能欣赏到许多宋代及金代的精美玉器（图11-12、图11-13）。

对于山料的开采时间，有人认为宋代已有，持这种观点的人多引用《意林·尸子二十卷》中

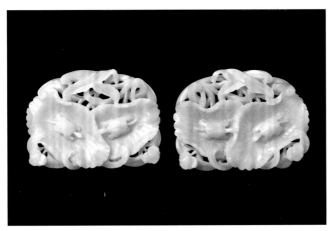

图11-12 金代 龟游玉饰

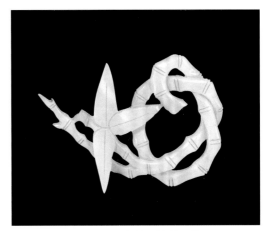

图11-13 金代 竹节玉饰

的"取玉甚难，越三江五湖至昆仑之山，千人往，百人反，百人往，十人至"[29]这段话来证明这一时期已有新疆山料开采。对于这段记载，之前的理解是，昆仑山山料开采过程艰难无比，甚至要付出巨大的生命代价，上山采玉的人只有十分之一能安全返回。至于当时开采山料的危险程度是不是这样，我们可以通过现今新疆山料的开采情况来做一下对比。

新疆山料虽然开采艰辛，偶尔会有生命危险，但丧生的概率较低，我们还没听说有多少人因开采山料丢了性命。古今开采新疆山料虽存在开采工具的差别，但自然条件是一样的，昆仑山自古至今都是高寒缺氧，对于内地人来说，这种自然条件是他们初上昆仑山时最大的障碍。内地人初到昆仑山上容易发生缺氧情况，在山上连行走都很困难，有时会导致生命危险。而当地的维吾尔族人在此地生活已经久远，身体条件早已适应了这种自然条件，绝不会因高寒缺氧而丢了性命。我们亲眼看见过许多维吾尔族人在海拔四五千米的昆仑山上健步如飞。不仅维吾尔族人如此，就是内地的汉族人在昆仑山海拔四五千米的地点停留一段时间（一两个月）以后，都会基本适应那里的条件，进而可以正常行动和工作。近些年在昆仑山开采玉矿的众多工人中，以内地汉族人居多。经过一段时间适应以后，他们常年工作在昆仑山上毫无不适。所以说，昆仑山开采山料艰苦不假，但还没到要牺牲众多人生命的地步。即使是宋代时期条件更艰苦些，开采山料也不至于要牺牲人员十分之九的地步（图11-14）。

那是文献记载错了吗？不是。是不了解玉料开采情况的人胡乱编写的吗？也不是。我们认为，如果完整引述和正确理解这段文献的内容，就能得出不同于以往的结论。

这段文献的原文是："玉者，色不如雪，泽不如雨，润不如膏，光不如烛。取玉甚难，越三江五湖至昆仑之山，千人往，百人反，百人往，十人至。中国覆十万之师，解三千之围。"[30]

从上述可以看出，这段话的含义实际上是指新疆于阗玉从于阗运往内地的途中，由于路途遥远、条件艰苦，加之劫掠、战乱等因素，导致在运输、贸易过程中有大量人员伤亡，有时还需要大军解救才能成功。所以说，这段文字并不是在描述昆仑山采玉之艰，而是在表述玉石运输和贸易过程之难，即于阗玉从于阗运到内地的艰难。

另外，"取玉甚难"的"取"字，有"取得、得到"之意，并无"开采"的意思。

为什么当时于阗玉向内地的运输过程会出现这种"千人往，百人反，百人往，十人至"的惨烈情形呢？这就需要我们从当时的历史条件中寻找答案。

唐代后期，于阗玉的开采官禁渐解，无论是官方使者还是私人商贩，都可以把玉石等物品作

图11-14　维吾尔族人进山采玉

为普通物资源源不断地输入中原，以求厚利。经过于阗到内地的丝绸之路南道，原本是中西交通的要道，唐代时由于丝绸之路北道的兴起，南道有些衰落，商旅人数虽不及汉晋时期之多，但来往仍旧不断。但在公元9世纪中叶于阗国独立以后，于阗与中原之间的通道沿途常遭劫掠，其中以吐蕃势力为主，使得商旅队伍频频受阻，难以安全通过。公元9世纪末，吐蕃势力退出于阗后，仍然以石城镇为中心在这条道路上抢劫。与此同时，在这条道路之上，还散居着许多其他部落——勇猛好战的小月氏人、吐谷浑人及突厥人等，他们聚散无常，时常劫掠、杀害过路的商旅人员。敦煌文书中就提到，到达沙州的于阗使臣曾向王廷报告说："途中耗竭一切无地存身，路上又遭到敌人的抄掠，牲畜财物全被回鹘和仲云抢走。"[31]"如果我不死于路上，我将徒步走四十五天，一直到达沙州……我一路上所吃的只是一两种可食之物，而这些食物已全部吃完。"[32]其实即使到了沙州，时局动荡，这些使臣的境地仍然非常艰难，仍是时常遭到抢劫。这就是说，当时丝绸之路南道的贸易运输已经非常险难，商旅队伍在将包括于阗玉料在内的贸易货物从于阗运输到内地的旅途中，经常会遭到沿途各个部落的抢劫与抄掠，导致大量人员伤亡，甚至极端到会出现"千人往，百人反，百人往，十人至"的悲惨局面。也就是说，从内地到于阗的取玉途中，由于沿途匪徒的盗抢，商旅人员最多会损失十分之九之多（图11-15）。

　　既然如此艰难，需要付出这么大的代价，内地为什么还要到于阗取玉？还要进行玉料的贸易活

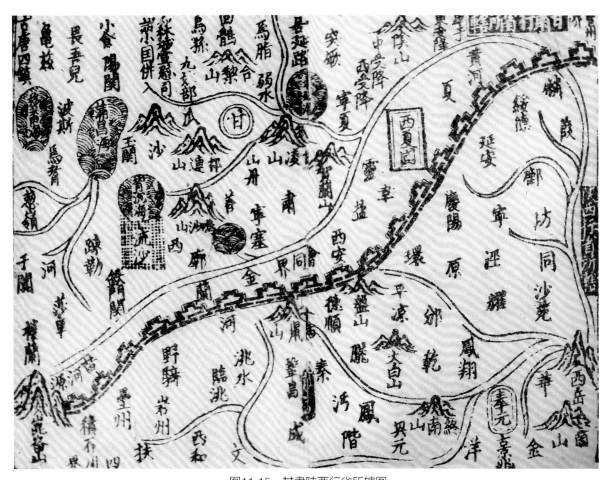

图11-15　甘肃陕西行省所辖图

图片采自曹婉如：《中国古代地图集（战国—元）》，文物出版社，1990年。

动呢？这是因为内地朝廷对玉石有着巨大的政治需求和民间通过玉石贸易可以赚取巨大利润所致。

　　这一时期的玉石贸易，首先满足的是政治需求（图11-16、图11-17）。据《宋史·于阗传》和《宋会要辑稿·蕃夷四》的记载，于阗不仅经常向宋贡玉，而且玉在贡品中常列首位。宋人张世南《游宦纪闻》卷五就谈到，国朝礼器及乘舆服饰多是于阗玉，说明宋朝的统治者在用于阗玉制作国朝礼器。宋徽宗为制作玉玺，要求于阗进贡美玉："从于阗求大玉，表至，示译者，方为答诏。"于阗回表云："日出东方，赫赫大光，照见西方五百里国，五百国内条贯主黑汗王，表上日出东方，赫赫大光，照见四天下，四天下条贯主阿舅大管家：你前时要者玉，自家甚是用心，只为难得似你底尺寸，自家已令两河寻访，才得似你底，便奉上也。"[33]由此可知于阗玉在当时是何等珍贵。北宋开宝三年（970年），于阗王尉迟苏罗致其舅沙州（今敦煌）归义军节度使曹元忠书中说道，您心中的某些不快，是否因未收到适当的财礼……我们将送给大王这许多礼物："一等中型玉一团四十二斤，二等纯玉一团十斤，三等玉一团八斤半"[34]。沙州归义军节度使元忠之所以需要大量的于阗玉石，是因为他要以此作为朝廷贡品，转献中原王朝，以取得更多的回赐和封赏。在各种文书、史籍中，沙州政权向中原王朝进献美玉的事例不胜枚举。这种政治上的需要，导致于阗玉的贸易在极为艰苦的情况下仍在继续进行。

图11-16　宋代　龙耳玉杯

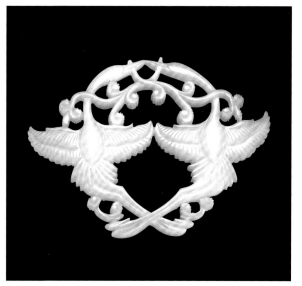

图11-17　金代　双鹤玉饰

同时，在这一时期，民间于阗玉贸易利润也是高得惊人。《太平广记》记载了一则关于于阗玉石的故事：住在长安崇贤里的粟特人米亮，是个长期经营珠宝的商人，他曾劝说朋友窦义买下一座房子，米亮说：我劝你买下这所房子，是因看到宅内有块奇石，是真正的于阗玉石。窦义买下宅子后找玉工来看，果然是块于阗玉石，可做三十副玉銙，每副可卖三千贯钱。这块玉石经雕琢后可卖九万贯钱。除去加工费用，至少也挣得四万五千贯。可见当时贩卖于阗玉石的商人所获利润实在惊人。

正是这种政治需要和高额利润，驱使于阗玉的贸易在充满血腥的道路上继续进行，造成了"千人往，百人反，百人往，十人至"的局面，于阗玉的高贵是千万人用生命造就的。正如马克思所说："如果有10%的利润，它就保证到处被使用；有20%的利润，它就活跃起来；有50%的利润，它就铤而走险；有100%的利润，它就敢践踏一切人间法律；有300%的利润，它就敢犯任何罪行，甚至冒绞首的危险。"[35]于阗玉的贸易利润已经超过300%，这就是商人们甘愿冒着损失90%的人员和物资的风险也要进行这种贸易的原因。

第四节　元代和田玉料的开采

元代时期，新疆实际上是在察合台汗国的控制之下。察合台为铁木真次子，于1222年在其封地建立了察合台汗国，初期地域包括天山南北路与玛纳斯河流域及今日阿姆河、锡尔河之间的中亚地区，1346年分为东西察合台汗国两部分。西察合台汗国于1369年被帖木儿帝国消灭，东察合台汗国于1680年被准噶尔汗国灭亡。东察合台汗国在中国史书中通常不以东察合台汗国称呼，而以它们的国都为名，先后称为：别失八里（今新疆吉木萨尔）、亦力把里（今新疆伊宁市）、吐鲁番（今新疆吐鲁番市）。

在察合台汗国统治时期，斡端（今和田）玉料的开采一直在持续进行，品类仍然是以子料为主，但开采地点有所扩大，超出和田地区的范围，在喀什地区的叶尔羌河流域也有开采。

一、和田子料的开采

元代时期，察合台汗国直接控制斡端子料的开采。初期，采玉民户聚集在斡端喀拉喀什河（墨玉河）山口附近的匡力沙（今希拉迪东），以淘玉为生，被称为"淘户"。至元十年（1273年），元世祖命玉工在斡端淘玉，发给玉工李秀才"铺马六匹，金牌一面"，敕令"必得青、黄、黑、白之玉"[36]。这表明此时新疆的淘玉以官方为主，且所淘之玉以青、黄、黑及白色为主。1274年，为减轻淘户负担，使其专注淘玉，元政府下令免去淘户差役[37]。淘户开采所得玉石，由驿站运往大都。在官方从事采玉的同时，民间采玉活动也在进行，民间采玉所得玉石，或通过回族商人贩入内地，或贩卖给西北宗王，用以向中央政府进贡（图11-18、图11-19）。

图11-18 元代 孔雀形玉佩

二、叶尔羌河子料的开采

从元代起，新疆出现了新的玉料开采地点。至元十年，元世祖不单单命玉工在斡端采玉，也提到其他采玉地点，即不仅提到斡端，更提到失呵儿。斡端是当时的于阗，现在的和田，失呵儿就是现在的喀什，这是在新疆玉料开采史中第一次有明确文献记载在失呵儿开采玉料[38]。在此之前，人们提到新疆玉料自然而然就只想到于阗玉料，因为除了于阗以外，新疆别无其他玉料产地。

以上表明，新疆至少于1273年已经在失呵儿开采玉料了，那么失呵儿玉料最早的开采时间会是什么时候呢？我们认为，失呵儿玉料最早的开采时间不会早于1222年。1222年是察合台汗国始建之年，它的疆域涵盖新疆全境及部分中亚地区，这时察合台汗国能够有效地对

图11-19 元代 玉帽顶

自己的领地进行全面管理以及对境内的各种资源进行调查和开采。由于蒙古统治者非常喜欢玉，并且有丰富玉料识别经验的玉工，因而极有可能在其自然资源调查过程中发现了失呵儿地区的玉料并进行开采。当然，失呵儿玉料的开采活动也不会在察合台汗国初期马上进行，可能会延后几年，很有可能是在1230年至1250年之间开始开采的。

关于失呵儿玉料最初的开采地点，文献没有具体说明，只是说在失呵儿采玉。那么，失呵儿出产玉料的具体地点可能在喀什的什么位置呢？笔者认为，首先，开采的是子料；其次，开采地点大范围是在叶尔羌河流域。叶尔羌河是塔里木河的源头之一，又名葱岭南河，位于失呵儿地区东南部，源出喀什叶城县，止于巴楚县境内。叶尔羌河流域的许多地区都出产山料，较为著名的棋盘乡、西合休乡都是出产山料的重要地点，特别是上游的马尔洋乡，山料玉矿就位于叶尔羌河河壁旁的山上，这些山料无疑为叶尔羌河子料提供了丰富的来源。我们认为，元代最初的采玉具体地点可能是现今泽普县的霍什拉普–喀群地区，这一地区位于叶尔羌河流出昆仑山的出山口，这里地势突然平缓，河面开阔，许多玉料会在这一带滞留下来，形成了拣拾玉石的较好地点，这种情形一直延续至今（图11-20）。

由于叶尔羌河流域的玉料从山料变成子料所经过的路途相对较短，因而这里的子料块体大小不一，大到几吨甚至几十吨，小至几克。颜色以青色和青白色居多，这也和该地区出产的山料颜色基本一致。

叶尔羌河的子料产出以后，只有少数运往内地，多数则运往中亚或西亚地区。观察这一时期中

图11-20　叶尔羌河流域的喀群河段

亚、西亚玉器使用的玉料会发现，这些玉料颜色青绿，肉眼看起来与叶尔羌河流域玉料非常接近。

在这之前，新疆玉料的开采几乎等同于于阗玉料的开采，因为除了于阗，新疆尚无其他地区有玉料出产，可以说，元代时期叶尔羌河流域玉料的开采具有划时代的意义。叶尔羌河流域虽属新疆，但其出玉地点是在失呵儿，而不是在于阗，这些并非产自于阗的玉料同样被人们一视同仁地称作于阗玉料，并没有对此做特别的区分和命名。从这一点可以看出，新疆于阗玉料的概念已经从狭义的于阗地区出产的玉料，扩展到新疆失呵儿出产的玉料，于阗玉的概念有了巨大突破，即新疆出产的玉料都可以用于阗玉来表述，于阗玉已经不再是于阗地区所产玉料的专有名称，而是整个新疆玉料的共有名称。从此，新疆各地发现的玉料都可以用于阗玉来表述，于阗玉料的概念的深度和广度都进入了一个崭新阶段。

三、对《马可·波罗游记》玉料记述的分析

在元代较有影响的文献《马可·波罗游记》中，提到新疆有一种品质较劣，出于山中的玉料。关于这种玉料是不是山料，是不是表明此时新疆已经开始开采山料，学界有过探讨，我们对此也进行了考证。《马可·波罗游记》成书于1298年，正值元代时期，书中所描绘的也是元代的社会景象。涉及新疆地区玉料有这样一段话："忽炭国（于阗国），一城东有白玉河，西有绿玉河，次西有乌玉河，皆发源于昆仑。玉有两种，一种较贵，产于河中，采玉之法，几与采珠人沿水求珠之法相同；另一品质较劣，出于山中。"[39]这段话到底是不是说新疆已经开采山料了？我们来具体分析。对于马可·波罗本人是否到过中国，《马可·波罗游记》一书的内容是否属实，即使他到过中国，是否到过新疆等诸方面的问题，许多学者已有探讨，这里不再赘述，我们仅就上面那段话来做分析。马可·波罗认为此时的忽炭国（于阗国），仍然有三条河，一城东有白玉河，西有绿玉河，次西有乌玉河，皆发源于昆仑。前文提过，于阗有三条河的说法，是唐代时期后晋使臣高居诲（又称"平居诲"），在《于阗国行程录》中所说：于阗城外有"三河：一曰白玉河，在城东三十里；二曰绿玉河，在城西二十里；三曰乌玉河，在绿玉河西七里"[40]。宋欧阳修在《新五代史》中亦云，"于阗河分为三：东曰白玉河，西曰绿玉河，又西曰乌玉河"[41]。实际上，欧阳修没有到过新疆，只是在重复高居诲的观点。马可·波罗只是沿用了欧阳修的说法，这些说法在元代已经是文献记载，而非当时的实际情况。事实上，在元代时期，于阗只有今称"玉龙喀什河"和"喀拉喀什河"的两条河了，而马可·波罗仍认为于阗有三条河，并使用白玉河、绿玉河和乌玉河这些文献名称，只能说明马可·波罗根本就没有到过于阗，其所谈于阗玉料情况可能是道听途说或查看文献所知。

同时，马可·波罗提到有出于山中之玉，但并没有明确说是山料。我们认为，他所说的忽炭国（于阗国）的山中之玉，应该是当时玉料开采的一个组成部分，但不是山料，而是山流水玉料。近年来，我们考察过和田玉龙喀什河和喀拉喀什河的上游河道，在枯水季节，这些河道两岸的山中偶尔也有玉料发现，这些玉料还不是完全的子料形态，而是处于山料和子料的中间状态——现称其为山流水料。相对于下游品质较好的子料，这些玉料的确显得"品质较劣"。马可·波罗对出于山中玉料情况的描述，表明元代时期已经在于阗两河的上游开始开采山流水料了，又一种形态的玉料开始开采了。从后来的历史文献看，新疆山料的最初产地并不是忽炭国（于阗国），而是失呵儿地区叶尔羌河流域的大同乡，因而，元代时并无山料开采（图11-21）。

图11-21　和田白玉河中游

第五节　明代和田玉料的开采

　　明代以前的史籍对古代玉料开采情况记载得比较笼统。明代以后，许多文献资料对具体的采玉情况的记载逐渐增加，虽然仍较笼统，但这些记载已经是巨大的进步。

一、子料的开采

　　明代以前于阗采玉主要是从河中拣捞，国王或官吏有优先权，平民只能等官方拣捞后才可以下河捞玉。子料仍然是明代重要的玉料来源。明代宋应星在其所著《天工开物》中对河中采玉做了详尽的叙述："凡玉映月精光而生，故国人沿河取玉者，多于秋间明月夜，望河候视，玉璞推（堆）聚处，其月色倍明亮；凡璞随水流，仍错杂乱石、浅流之中，提出辨认而后知也。白玉河流向东南，绿玉河流向西北……其地有名望野者，河水多聚玉，其俗以女人赤身没水而取者，云阴气相召，则玉留不逝，易于捞取，此或夷人之愚也。"[42]

　　这也就是说，明代的采玉，多在洪水退却的秋季，采玉人在秋天的明月之夜，沿着河岸行走，凝视清澈平缓的河水，辨认着水中石块和玉料的情况。在皎洁的月光下，玉料的辨识度会提高，一旦采玉者看到水中有疑似玉料的石头，便下到河中将其捞出。此时的于阗只有白玉河与墨玉河，绿玉河已经不存在了，而且捞玉主要在白玉河、墨玉河两河进行（于阗此时只有两条河了，宋应星所

图11-22　《天工开物》"捞玉图"

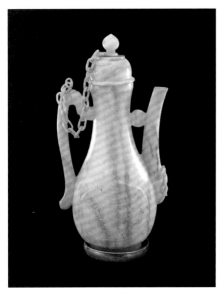

图11-23　明代　玉壶

图11-24　明代　玉牌

图11-25　明代　"陆子冈"玉卮

说的绿玉河，实际上就是现在的墨玉河）（图11-22）。

宋应星还将阴阳之说用于河中采玉，认为如有阴气相召，必易得玉，于是多用女性下河捞玉，这点类似海中采珠。至于书中所说的在河中"赤身"采玉亦不足为怪，这是因为河水的冲击力太强，穿着衣服下河会增加阻力，同时河水太凉，湿透的衣服更加冰凉刺骨，赤身下水反而使身体更容易适应水温，上岸后立即穿上衣服马上就会温暖。但"赤身"下水只能限于短暂时间，不能长时间浸泡水中，至于"没水而取"，则不符合实际情况，甚至根本不可能，采玉人根本看不到河底的子料，不知道子料在哪里，哪能"没水而取"？故这种说法应该是宋应星道听途说的记载。于阗捞玉多在汛期过后进行，这时的河道水位已较汛期时大大降低，采玉人绝不可能潜入滚滚洪流中"没水"采玉。

二、山料的开采

新疆山料的开采究竟始于哪个朝代，在历史上一直没有定论。我们认为，新疆地区的山料开采是从明代开始的。从现存的出土与传世玉器可以看出，明代的玉料质量大多比较粗劣。北京定陵出土了大批随葬玉器，包括用具、首饰、玉带，以及几块玉料，虽然都是于阗玉，但除了玉圭、玉带板的玉质较好外，其他不少是劣质玉，器表有疏密不等的点状小坑，更有一些石性较重的劣质玉，瑕绺较多。帝王陵的陪葬玉器尚且如此，普通玉料质量有多差就可想而知，与我们通常所认知的于阗子料完全不可同日而语（图11-23、图11-24）。

陆子冈是16世纪下半叶活跃在江南苏州的琢玉名匠，有人形容他非好玉不琢，"凡所作器，必先选玉，无论有微瑕者，概置不用，即稍有玉性者，每弃而不治"[43]。说明当时像陆子冈这样的玉雕高手也会经常遇到劣质玉料（图11-25）。

为什么明代会出现玉石质量优劣悬殊的情况，这就关系到新疆山料的开采问题。经过考证，我们认为，新疆山料的开采始于明代，主要有以下六个方面的依据。

1. 明代文献已经记载了山料的开采情况

明代的多部文献记载了新疆山料开采方面的内容。明代戏曲作家高濂在论述玉器时，提及玉材出产。他说："今时玉材较古似多，西域近出大块劈片玉料，谓之'山材'，从山石中槌击取用，原非于阗昆冈西流沙水中天生玉子，色白质干，内多绺裂，俗名'江鱼绺'也。恐此类不若水材为宝。"[44]明代医药学家李时珍的《本草纲目》言："观此诸说，则玉有山产、水产二种。各地之玉多在山，于阗之玉则在河也。"[45]

最引人注目的是明代时期的葡萄牙传教士鄂本笃在他的游记中提到了山料的开采。鄂本笃（1562—1607年），葡萄牙人，耶稣会传教士，旅行家。年轻时参军入伍，约于1594年到达印度，在印度南部马拉巴驻防，学会了波斯语，并在那里加入耶稣会，他和莫卧儿王朝国王阿克巴是至交，后受印度耶稣会派遣，欲探寻经亚洲中部通往北京的陆道。1602年，他自印度亚格拉启程，经中亚细亚，越帕米尔高原，于1606年到达肃州附近（今酒泉市辖区内），后病逝于此。其残存之行记由利玛窦整理转述，收入《利玛窦中国札记》中。明神宗万历三十一年（1603年）一月，鄂本笃耳闻了叶尔羌、于阗二地的采玉情况，留下了详细而可靠的记载。他说："玉有两种，第一种最良，产和（于）阗河中。距国都不远，泅水者入河捞之，与捞珠相同。……第二种品质不佳，自山中开出，大块则劈成片。宽约二爱耳（ells）。"[46]"以后再磨小，俾易车载。"[47]"石山远距城市，地处僻乡，石璞坚硬，故采玉事业，不易为也。……采玉之权，国王亦售诸商人，售价甚高。租期之间，无商人允许，他人不得往采。工人往作工者，皆结队前往，携一年糇粮。盖于短期时间，不能来至都市也。"[48]这表明，当时自山中开采的玉料，已经是劈成片的玉料，这种情况只能在山料中出现（图11-26）。

图11-26 矿工进山开采山料

鄂本笃可以将山料的开采过程描述得如此清楚，按常理推测，他应该在产玉地区考察过，才能写出如此真实的情景，然而实际上鄂本笃并没有到过产玉地区。据史料记载，鄂本笃从印度到中国走的路线是塔克拉玛干沙漠北边即丝绸之路的"北道"，这一线路途经喀什、阿克苏、库车、察里斯（焉耆）、吐鲁番进入中原，并没有经过产玉地区的昆仑山与阿尔金山边缘的丝绸之路"南道"。一般来说，人们认为丝路的北道有关于阗玉的消息不会太多，而鄂本笃恰恰是在丝路北道途中了解到了一些新疆玉料的信息，而且是新疆山料的信息，对于这种情况，我们一直不解其中原因。带着这个问题，我们团队于2015年沿着丝路北道考察新疆玉料出产运输情况，途经阿克苏时，据当地人讲，阿克苏在明清时期就是玉料集散地，这与鄂本笃所述基本一致。问当地人有何根据，他们也说不清楚。一般来说，如果玉料是于阗子料，从于阗产出后，沿塔克拉玛干沙漠南道经且末、若羌就能直接运到库尔勒或敦煌出疆，没有必要将玉料先向西运输，经喀什绕一大圈，运到阿克苏进行集散交易，再运输出疆，这种费时费力的做法不符合古人运输会走最优最近路线的原则，所以，我们当时不能理解阿克苏是明清玉石集散地的说法，也想不通为什么鄂本笃能够如此了解山料的情况。然而，当我们到喀什地区塔什库尔干县的大同乡玉矿考察时，站在大同古玉矿旁，回望几里外的大同河时（图11-27），顿时恍然大悟，阿克苏为何成为明清玉料集散地的答案近在眼前，那就是眼前的河流。阿克苏作为当时的玉料集散地，集散的不是于阗子料，而恰恰是山料。明代最早开采山料的地点是塔什库尔干大同乡的古玉矿，该矿距大同河6—8千米，道路虽然崎岖，但还算通畅。人们可以用毛驴将山料运到大同河边，然后放到木筏上（这些木筏是用羊胃制成的漂浮器，羊胃充气扎紧后功能类似今天的轮胎，具有极好的韧度），放到大同河里，由于大同河与叶尔羌河相连，玉料经大同河漂到叶尔羌河，再漂到叶尔羌河终点上岸，这个上岸的地点就是阿克苏。玉料上岸后，就要开箱清理，好的玉料从陆路经丝路北道向东向西运输出疆，差的玉料则就地消化，因此，阿克苏就成为了当时的玉料集散地，但集散的不是子料，而是山料（图11-28）。不仅大同乡的山料经叶尔羌河可以运到阿克苏，稍晚开采的密尔岱玉矿所产玉料，也是经叶尔羌河运到阿克苏。鄂本笃正是在阿克苏听闻了这几个地点新疆山料的开采情况，因此，他记述的关于新疆山料

图11-27　大同河河谷和山峦

图11-28　阿克苏河

的情况应是完全可信的。同时，鄂本笃的旅途经历也证明他的记载是符合事实的，鄂本笃来中国是从印度出发的，出发之前他应该对中国玉料情况没有太多了解，因而没有太多的先入之见，他所记载的事情应该就是他客观的所见所闻。

从以上几个文献的记载中，我们可以看出，明代已经有了山料的开采。

2.明代已经具备开采山料的物质条件

明代，不仅文献有山料开采的记载，同时此期也具备了山料开采的物质条件。

（1）黑火药的应用为山料开采提供了技术条件

古代山料的开采方法，一般都是"纵火烧"，但在海拔3000—4000米的昆仑山这种方法却不十分有效，其原因就是高原极度缺氧，纵火烧的材料——木料燃烧效果不好，达不到将玉石围岩烧裂的温度，因而，在新的开采工具出现之前，昆仑山的山料一直得不到开采。鄂本笃所说的"纵火烧"开采方法，在昆仑山山料开采中只是一种辅助的开采方式。

明代开采山料最重要的技术条件是黑火药的应用。火药是我国古代的四大发明之一，距今已有1000多年的历史。黑火药在适当的外界能量作用下，自身能进行迅速而有规律的燃烧，生成大量高温燃气物质，是一种非常具有实用价值的技术，在军事上主要用作枪弹、炮弹的发射药和火箭的推进剂及其他驱动装置的能源。但中国在发明了火药以后很长的一段时间内没有把它应用到实用领域。到了15世纪中叶，即明代时期，黑火药的应用取得了长足的进步，人们已经掌握了黑火药的性能，并将其广泛应用在枪械上。黑火药不但有冲击力也有爆炸效果，虽说其爆炸效果与炸药相比有着天壤之别，并且这种爆炸力对于制造爆炸物来说有点太不给力，但对于昆仑山开采山料来说，在特定的方法下黑火药还是能够起到重要作用的。也就是说，使用黑火药作为爆破工具，使昆仑山山料的开采有了技术上的可能。用这种方法开采山料的基本程序是：首先在山上找到露头的玉料，据此找到玉料矿体的主脉，然后在玉料主脉的边缘找到围岩，用黑火药将其炸裂，再用较为坚硬的铁质工具将炸裂的围岩撬动剥离，使位于它们中间的玉料露出，最后将玉料慢慢取下，上一层面的玉料开采完毕，再去开采下一个层面的。这种开采方法的好处就是最大限度地保留了玉料，使其不受任何损失。这种逐层开采的做法，使山体形成一条类似槽子形状的深沟，称之为"槽子"矿。新疆现存的几个古玉矿还留有黑火药的使用痕迹，这也证明了明代黑火药的使用为新疆山料的开采提供了必不可少的物质条件。

新疆山料"纵火烧"的开采方法，在大规模开采时不能使用，但在开采地表玉料时，是必要的手段之一。

（2）适合的开矿地点的发现使山料的开采成为可能

明代，采玉人发现了较为理想的山料开采地点。明代最初的山料开采地点也是新疆最早的山料开采地点，是在塔什库尔干的大同乡玉矿。我们现在所见到的昆仑山出玉地点，多在昆仑山雪线，即海拔4000—5000米附近，高耸入云，山势陡峭，高寒缺氧，道路艰险。如果玉料出产在昆仑山山顶，那么依靠当时的开采能力而言的确是很困难。然而，大同乡古玉矿玉料出产地并不是在我们通常所认为的海拔4000—5000米的位置，而是在海拔只有3000米左右的地区。由于大同乡的海拔高度已经有1500米了，所以玉矿的相对海拔高度只有1500米左右，居住在此地的人们能够正常发挥体力进行采玉作业，再加上有了黑火药与铁质工具的帮助，完全能够进行山料的开采。

3. 明代对玉料的更多需求导致了山料的开采

（1）消费者对玉器的需求增多

明代对玉料产生了更多的需求。除了皇室以外，各地的诸侯王也大量用玉，这从明代几个藩王墓出土的玉器数量上可见一斑，同时社会的其他阶层对玉石的需求量也大大增加，子料的开采速度远远满足不了当时贵族们的需要，迫切需要新的玉料品种出现并在市场流通，这就导致了新疆山料的开采。

（2）市场对玉石商品的需求增大

明代玉石贸易的利润极高，引来商人竞相贩运。在西域与内地的贸易中，玉石已成为最重要的一项商品。鄂本笃也称玉石可能是运往内地的最重要的贵重商品，"出卖玉石所得的利润，足以补偿危险旅途中的全部麻烦和花费"[49]。曾在1500年前后到过中国的布哈拉商人阿克伯·契达依也说："在中国，再没有任何一件商品比玉石更昂贵了。"[50]可见，超高的利润催生了新疆山料的开采和流通。

4. 明代的玉料数量和质量也表明这时已经开始开采山料

明代，玉料数量大增但质量下降，这种情况也表明新疆已经开始开采山料。

第一，明代贡玉数量大增，证实了这时已经开采山料。景泰三年（1452年），别失八里贡玉石三千八百二十二斤，礼官言其不堪用，诏悉收之，每二斤赐绢一匹。同年七月，哈密贡玉石三万三千五百余斤，每斤赐绢一匹。同年十一月，亦力把里回族使臣马鲁丁等，进玉石四百块，重三千八百二十二斤，礼部俱验不堪，命悉收之，每二斤给赏绢一。景泰四年（1453年），瓦剌使者火只你阿麻回回，进玉石五千九百余斤，诏免进，令其自卖[51]。这些都表明玉石供应数量已经大大增加。另外，据有关文献记载，1621年以前，仅北京的六家玉店，一年贩入的玉材就有五千斤[52]，对于如此庞大数量玉石的来源，一直就没有很合理的解释，如果明代已经有了山料的开采，那么这么大的数量就再正常不过了。

　　第二，明代表达山料名称的出现，证明已有山料存在。在记载西域进贡玉石的文献中，玉石的种类已有"玉璞""夹玉石""把咱石"等名称，这些名称是我们今天还在使用的山料名称。

　　玉璞，即未经加工的玉石。宋应星《天工开物》珠玉第十八："玉璞不藏深土，源泉峻急激映而生，然取者不于所生处，以急湍无着手，俟其夏月水涨，璞随湍流徙，或百里，或二三百里，取之河中。"[53]这里的玉璞指的应该是子料。

　　夹玉石，《回回馆译语》称为"叶深白桑革哈勒"，英译为jasper with hard stones（含硬石的玉）。这种玉石就是指新疆的山料（图11-29）。

　　卡瓦石（把咱石），属于质量较差的一种新疆山料或非玉类石头（图11-30）。

　　第三，明代玉石质量的下降，表明已经在开采山料。明代贡玉的质量变得很差，只有很少数量的玉料可用于做活。景泰七年（1456年），撒马尔罕贡玉石，礼官奏："所贡玉石，堪用者止二十四块，六十八斤，余五千九百余斤不适于用，宜令自鬻，而彼坚欲自献，请每斤赐绢一匹。"[54]这批玉料差到只有百分之一多一点的数量可用，这种情况无论如何都不会发生在新疆于阗与失呵儿的子料中，只有山料，而且还得是质量极差的山料才有可能发生这种情况。使用质量较差的山料作为玉器原料，明代玉器的"粗大明"特征也就不足为奇了（图11-31、图11-32）。

图11-29　夹玉石

图11-30　新疆卡瓦石（把咱石）

图11-31　明代　玉圭

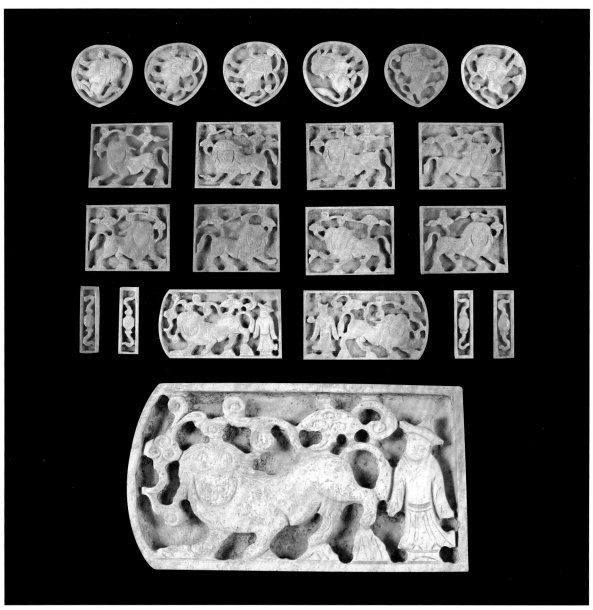

图11-32　明代　玉带

5. 明代山料开采的地点

根据现在掌握的材料看，新疆塔什库尔干的大同乡玉矿是新疆地区最早的开采山料的玉矿。大同乡玉矿之所以能够最先进入采玉人的视野，是因为它相对低的海拔。玉矿总海拔不过3000米，大同乡的海拔已经达到了1500米。

随着山料开采经验的掌握，技术的进步，明代中后期已经出现了更多的山料开采地点。这些玉矿有：塔什库尔干的大同乡玉矿，叶城的密尔岱玉矿、血亚诺特玉矿，于阗的皮山玉矿、阿拉玛斯玉矿和且末的塔特勒克苏玉矿。

据悉，今皮山县附近新藏公路381千米附近的玉矿，明时英国人开采过，当地人将其称为"英国矿"。"英国矿"可能是当时的东印度公司直接在新疆开采的矿区，从其遗迹来看，其开采方法与一般的开采方法明显不同，他们采用的是洞采回填的方法。洞采回填方法即开采者先在矿脉的最下层打洞开采，将这一洞内的玉料采完后又在上层打洞开采，将上层开采出的废石填到下层洞中，这一层的玉料开采完成后，再到更高的一层打洞开采，同时将开采的废石填到中层。这种开采方式表明：一是洞采必须有炸药或火药。那时还没有炸药，但火药技术已经比较先进，说明这些玉矿已经运用了火药进行采玉；二是开采者已经有了环保意识，"英国矿"洞采的废石不是乱扔，而是填充开采过的矿洞，保护了当地的环境。

　　"英国矿"的开采表明了两个现象：①玉料的大量需求导致"英国矿"的产生。这时的东印度公司有大量的用玉需求，这种需求导致他们直接开采"英国矿"，并采用了先进的开采技术；②较好的玉料品质使东印度公司直接垄断了皮山矿区，产生了"英国矿"。这一时期出产的山料质量都比较差，较好的山料价格比较昂贵，皮山地区的山料质量较好，这就导致东印度公司为了独占优良玉料资源而直接开矿。"英国矿"玉料产出后极有可能被直接运往喀什以西进行加工（图11-33）。

　　明代新疆山料的开采，极大地提高了玉料产量，为此后中国玉器的繁荣提供了充足玉料，使中国玉器的发展进入了一个崭新的阶段。

　　既然明代已经有了山料开采，本应有翔实的开矿记录或更多的文献记载，然而关于明代新疆山料开采的具体情况，仅少数文献有寥寥数语，而且多是零星散见于各类杂文中，表达的方式多是支离破碎的叙述，使人无法了解山料开采的真面目。为什么明代的新疆山料开采搞得如此神秘？其原因可能是当时的玉料商人知道山料的品质远远不如子料，产量又远远大于子料，顾虑中原买主知道情况后会大幅杀价，无法赚得高额利润，故对山料的开采秘而不宣，使中原人无法获知真相。当然，也不排除明代根本无人有兴趣记录新疆山料的开采情况这一原因（图11-34）。

图11-33　相传的"英国矿"玉矿址

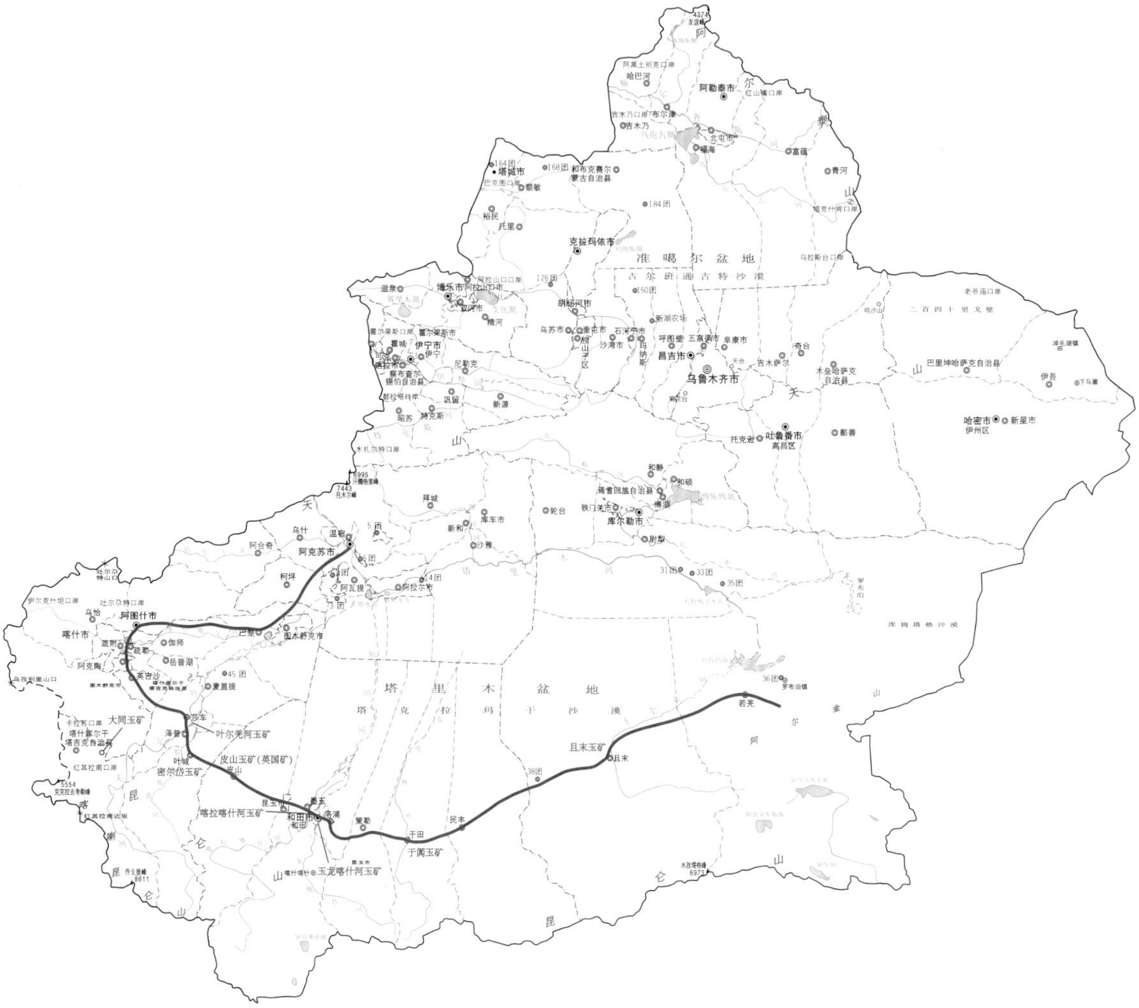

图11-34　明代新疆主要玉矿示意图

三、明代玉石贸易

明代时期，玉料输入内地的首要渠道是朝贡贸易。"朝贡制度"是朝贡国将中国作为宗主国，定期遣使来朝拜，并贡献方物，同时获取赏赐的一种制度。为了彰显宗主国的威望，中国往往对朝贡国实行"厚往薄来，怀远之道"的政策，也就是赏赐朝贡国的贵重礼物远远多于他们所纳贡的礼物。

明代是中国朝贡制度的鼎盛时期。洪武元年（1368年），明太祖欲制宝玺，就有西域使臣进贡和田玉。据《明史·西域传》记载，"自成祖以武定天下，欲威制万方，遣使四出招徕，由是西域大小诸国莫不稽颡称臣，献琛恐后"[55]。明代的西域贡使被称为"贾胡""贾回"等，由于西域诸国与明朝的朝贡贸易是打着政治旗号进行的一种商业活动，故各国使臣大多是善于经商的人。

明朝与西域的玉石贸易之路，是丝绸之路的一部分。由于明朝在西域的势力范围仅及哈密，而玉石产地于阗（和田）、失呵儿（喀什）等地，先后在察合台汗国和叶尔羌汗国的控制之下，所以，这时西域的玉石要以贸易的形式运到中原。当时从西域到达中原，有三条道路可供选择：一条路线是16世纪初中亚商人阿里·阿克巴尔在其《中国纪行》中提到的"克什米尔（经喀喇昆仑山口）之路、于阗之路和准噶尔（蒙兀儿斯坦）之路"[56]。另一条路线是从阿克苏经巴达克山、克什

图11-35　明代　玉杯

图11-36　明代　鱼形玉佩

米尔去印度斯坦的商路。还有一条路线是明永乐年间，明使陈诚由肃州至哈烈的道路。大体是从肃州出发，经哈密、吐鲁番，越阿力麻里山口，渡伊犁河，绕过热海西行，经由养夷、赛蓝、达失干、沙鹿海牙、撒马尔罕，至哈烈。此道路可能是当时丝绸之路的主要通道，也是玉石贸易的主要路线。鄂本笃就是跟随商队由这条道路进入新疆，再到明朝肃州。明廷对玉石贸易之路的畅通非常重视，永乐六年（1408年）七月，明成祖派遣官员把泰、李达等前往谕八答黑商、葛忒郎、哈实哈儿等处开通维护玉石之路。

　　这一时期的玉石贸易之路不只是从新疆通向中国内地，同样也向西走向中亚帖木儿王朝。克拉维约说：在撒马尔罕城内，有"自和阗运来宝玉、玛瑙、珠货，以及各样珍贵首饰。和阗所产之货，其极名贵者，皆可求之于撒马尔罕市上。和阗之琢玉镶嵌之工匠，手艺精巧，为世界任何地所不及[57]"。由此可见，这一时期中亚出现大量于阗（和田）玉制成的器物也就不足为奇了。

　　明代的玉石贸易中也出现了不和谐因素。西域贸易使臣将玉石运至中原，往往将质量上乘的玉料（可能是子料）卖与私商或高官，以求厚利，将质量下等的玉料（可能是山料）作为贡物献给朝廷，以获取朝廷的赏赐。这种明代朝贡制度所造成的现象，充分反映了明朝政治制度的腐败运行机制。到了明代后期，国力衰弱，政治腐败，这种贡玉情况也就逐渐消亡了。

　　明朝与西域玉石贸易的次数很多，但没有确切的官方统计数据，根据《明实录》等书的记载，西域诸地贸易使团历次进贡物品中含有玉石的贡次中，至少有60次，但实际数字可能更多（图11-35、图11-36）。

第六节　清代和田玉料的开采

　　清代新疆和田玉料的开采在元明两代的基础上有了巨大发展，表现在开采的矿区增多，开采的数量增大，开采的品种齐全。元代叶尔羌河流域玉料的开采，使新疆子料的开采从于阗扩大到喀什。明代山料的开采，使新疆更多的地区加入到玉料开采的行列中来。同时，随着新疆回归中央统一统治，内地先进的开采工具不断输送到新疆，开采效率大大提高。清初为了便于对新疆玉料的开采进行统一管理，于乾隆二十四年（1759年）在和阗设办事大臣，并设"哈什伯克"玉石官督办采玉。从乾隆二十六年（1761年）起，采用"官督民采"的方式进行和阗玉的开采，即在官员的监督下，役使当地人采玉，所得之玉全部归官。后朝廷同意，采玉人在完成国家收购数量的前提下，允许一部分玉料自由交易。这都为新疆玉料的开采提供了良好条件，新疆也迎来了玉料开采史上的又一高峰。

一、开采矿区

　　清代，新疆境内已有金、铁、铜、煤、玉石等门类广泛、规模较大的矿业开采，并且这些开采资料已见于史料记载。这一时期也是新疆昆仑山玉石开采规模达到古代采玉高峰的时期。

　　清代在南疆地区的主要玉矿共有7个主要矿区：塔什库尔干-叶城矿区、皮山矿区、和田"两河"矿区、黑山矿区、于田矿区、且末矿区和若羌矿区（图11-37）。

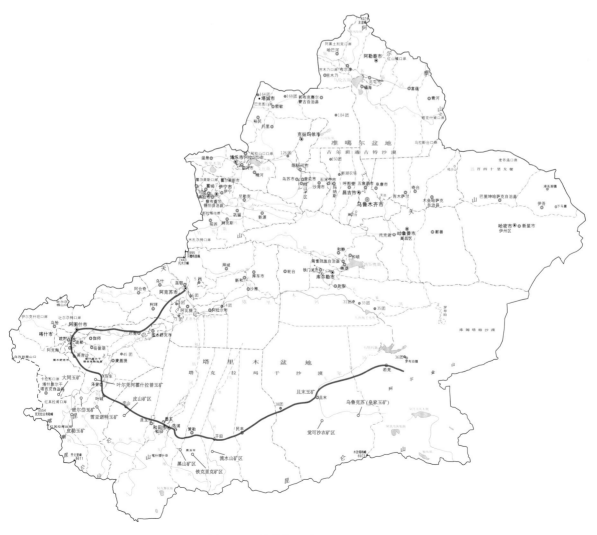

图11-37　清代新疆主要玉矿示意图

1. 塔什库尔干–叶城矿区

这一矿区是清代最重要的玉料矿区，海拔2500—4500米，自然条件较好。这一矿区共有4个出玉地点：大同地点、密尔岱地点、血亚诺特地点、霍什拉普–喀群地点。

这一地区的玉矿有一个共同特点，那就是都和叶尔羌河有关，不是在叶尔羌河主干旁边，就是在叶尔羌河支流附近。清代将产于叶尔羌河流域的玉石，无

图11-38　叶尔羌河支流大同河

论山料还是子料，通称为"叶尔羌玉"。乾隆四十二年（1777年）高朴奏："叶尔羌大河来自产磬片之辟勒山（密尔岱山），顺流而下至扬瓦里克，为洗泊过渡之所。上流三十里，即采玉之处。"[58]叶尔羌河流域的玉料温润细密，质量虽不如和阗（和田）玉料，但亦属上乘之列（图11-38）。

这一矿区的主要矿点有：

①大同矿点。位于塔什库尔干县东部的大同村北，叶尔羌河之西，海拔2500—3500米。矿化矿区包括大同玉矿及其西南的2处矿化点，分布于长8—10千米、宽几百米的范围内。这一地点位于昆仑山中，古时人烟稀少，道路艰难，特别是沿叶尔羌河的道路极其险峻。大同矿点在叶尔羌河支流大同河以东约10千米处，玉料距地表较浅，容易开采。这一带玉矿始采于明代，清代仍在开采，只是时断时续。大同矿点出产的玉料有白玉、青白玉、青玉等，以青白玉为主。

②密尔岱矿点。密尔岱山，亦称密勒塔山、密山、辟勒山、密尔台搭班等，位于叶城县西南，棋盘河上游。该矿区矿脉长20余千米，宽约1千米。密尔岱山在明代时的名字不详。清代中期时，当地有一位姓米的官员，百姓称其为"米大人"，曾经带着300名百姓，历尽千辛万苦在这里采玉三年。他教人们怎样看矿脉走向，怎样相玉，怎样开采，因此德高望重。有一次他骑着骆驼过河，正遇洪水下泄，不幸遇难。人们哭喊"米大人！米大人……"从此，这个玉山就叫"米达依山"了，这里居住的人就叫"米达依"，后来经过长期的语音转译，逐渐变成"密尔岱山"。

密尔岱山曾被称为"玉山"，是清代重要的玉料产区，是开采规模最大的山料玉矿，清代多部文献都有记载。《钦定皇舆西域图志》云："密尔岱塔克，旧音辟尔塔克，在叶尔羌东南，产玉石。由是东行，接和阗南境诸山，俱产玉。"[59]椿园《西域记》载："去叶尔羌二百三十里有山，曰米尔台搭班（搭班，亦作达坂，回言山也），遍山皆玉。"[60]清人姚元之在《竹叶亭杂记》中有如下记述："叶尔羌、和阗皆产玉，和阗为多……叶尔羌西南，曰密尔岱者，其山绵亘，不知其终。其上产玉，凿之不竭，是曰玉山，山恒雪。欲采大器，回人必乘牦牛，挟大钉、巨绳以上。纳钉悬绳，然后凿玉。及将坠，系以巨绳徐徐而下。盖山峻，恐玉之卒然坠地裂也。"[61]魏源在《圣武记》中说："叶尔羌玉山，曰密尔岱山，距城四百余里，崇削万仞。山三成，上下皆石，惟中成玉，极望莹然，人迹所不至。采者乘牦牛乃及其巅，凿而隙之，重或千万斤……色黝质青，声清越，中宫悬，先后贡重华宫。"[62]《西域闻见录》记载："去叶尔羌三百八十里有山曰木尔召搭

班，遍山皆玉，玉色不同。然石夹玉，玉夹石，欲求纯玉无瑕大千斤者，在绝高峰之上，人不能上。土产牦牛，惯于登涉，回人携其乘牛，攀登锤凿，任其自前而收取马。佐谓礌子玉，又曰山玉。"[63]在该书的《雪山》一节中又有"米勒台山中皆玉"之说。

密尔岱山作为一座玉山，既是中国玉料开采史上的一大奇迹，也是中国玉文化的一个传奇。清代以后有个别学者将密尔岱山与先秦文献中的玉山相联系，其实这是误解，这座玉山与先秦文献中记载的玉山无关。

密尔岱山所产山料，俗称"宝盖玉"，以青玉居多，间有青碧色，多绺裂纹，一般块度较大，重者达万斤以上，白玉极少。清朝官方将密尔岱山定为官采玉矿，玉山封禁设卡看守。规模最大时采玉的工人数量年达3000多人，是当时新疆采玉规模最大的玉矿。

密尔岱玉矿所产玉料驰名天下，主要原因有四：一是块度大，由于该矿是露天开采，可以从矿脉外部剥离玉料，因此获得较大体积玉料的概率较大；二是产量高，清代密尔岱玉矿每年都有几百至几千斤的玉料出产；三是品种多，出产的玉料品种有青白玉、青玉等；四是品质好，出产玉料最大的特点是质地细腻。

密尔岱玉矿体距离地表较浅，可以露天开采、整体剥离，因此可得体积很大的玉料，重量达万斤以上者亦不鲜见。现在北京故宫博物院里许多著名的大件玉器都是用密尔岱玉料制成的，如玉雕《大禹治水图玉山子》、《丹台春晓玉山》、《青玉云龙纹瓮》、《秋山行旅图玉山》（图11-39）和《会昌九老图玉山》等。故宫博物院藏清代大型玉雕《大禹治水图玉山子》，高224厘米，宽96厘米，重约5000千克。乾隆四十二年（1777年），采玉人在密尔岱山采得玉料，之后历经3年，行程万里，于1781年将玉料从新疆运到北京。乾隆皇帝看过后，命人将玉料从北京经由京杭大运河运至扬州，历时6年，由扬州工匠雕成举世闻名的《大禹治水图》，再由扬州运回北京，安放于宁寿宫乐寿堂。《大禹治水图玉山子》堪称中国古代玉器中玉料最大、运路最长、耗时最久、费用最高、器形最巨、气势最恢宏的玉器艺术珍品（图11-40）。

图11-39　清乾隆　《秋山行旅图玉山》

图11-40 清乾隆 《大禹治水图玉山子》

③血亚诺特矿点。又称西合休玉矿，位于叶城县西南300余千米的西合休乡廊沟，玉矿体埋藏地点浅，地表有露头，便于开采。清代此矿出产玉料数量较多（图11-41）。

④霍什拉普—喀群矿点。元代开始的对叶尔羌河子料的开采，就是在这一地区进行的。清代以前，对这一地区的玉料开采记录较少，仅散见于零星的文献记录中，直到清代这一地区的子料开采情况才有了比较翔实的记录。《西域闻见录》载，叶尔羌"其地有河，产玉石子，大者如盘、如斗，小者如拳、如栗，有重三四百斤者，各色不同。如雪之白、翠之青、蜡之黄、丹之赤、墨之黑者皆上品。一种羊脂朱斑，一种碧如波斯菜，金片透湿者尤难得。河底大小石，错落平铺，玉子杂生其间。昔年采进贡玉于河之南北岸，设立营帐，发回夫五百溯流以采，不足额更入山凿取，然后纳玉于粮饷局"[64]。文中谈到的河中产玉地点，就是叶尔羌河霍什拉普—喀群。清代叶尔羌河子料的块度较大，大的按当时的计量单位算有三四百斤，颜色以青色、青绿色为主。这一地点采到的玉石，多数是通过叶尔羌河运到阿克苏上岸，再走塔里木盆地北路运至内地（图11-42）。

图11-41 新疆叶城血亚诺特玉矿

图11-42 叶尔羌河道霍什拉普段

2. 皮山矿区

这一地区的清代出玉地点主要位于皮山县赛拉图镇的康西瓦村，即今天新藏公路379—383千米处。这一矿区处于喀拉喀什河的上游，是喀拉喀什河子料的原生地。

这一矿区是明代"英国矿"的所在地点，至清代仍然是新疆山料的重要产地，颜色以青白为主。

3. 和田"两河"矿区

清代的子料仍以和阗出产的最为有名。傅恒《钦定皇舆西域图志》云："玉名哈什，产和阗南山者为最良。"[65]乾隆皇帝御制《和阗玉诗》曰：

> 和阗昔于阗，出玉世所称。不知何以出，今乃悉情形。
>
> 石蕴山含辉，耳食传书生。其实产于水，在石亦浪名。
>
> 未治斯为璞，卞和识其精。设云隔石识，怪幻乃不经。
>
> 回域定全部，和阗驻我兵。其河人常至，随取皆瑶琼。[66]

清代中期，和阗子料以官采为主，以满足宫廷的用玉需求。道光元年（1821年），官办采玉结束，和田民间采玉活动日益发展。除和田本地维吾尔人开采外，内地汉人也络绎来到和阗，雇工于河滩及古河床上开挖，一时逐利者云集。其实，并非所有产自和阗的玉都是上品。上品和阗子料大多来自玉龙喀什河（又称玉陇哈什河），而喀拉喀什河（又称哈喇哈什河）所产子料则较差。萧雄《西疆杂述诗》云：和阗"出玉之河二，一玉陇哈什一哈喇哈什，以玉陇哈什所产者最佳，哈喇哈什者次之"[67]。萧雄也谈到，并不是所有挖玉人都能得到厚利，"近年各省有人曾在彼雇工捞索，在往虚掷千金，未偿片玉，难得愈见可贵。然复有一探便得，或才数两"[68]。这说明，当时在和阗挖玉也存在投资风险。

和阗的清代子料产出地点主要在大、小胡麻地（又译胡马地、骡马地等），清人杨丕灼的《洛浦县乡土志》记载："大胡马地在县南九十里，即玉河入境处。小胡马地在县北三十里，尽沙碛，因出子玉，汉缠寻挖者众。"[69]

大胡麻地在今和田市东南昆仑山下白玉河（即玉龙喀什河）山口处，白玉河水自昆仑山奔流而出，在此地形成500—800米宽的冲积扇。由于流速骤减，这段流域的水流相对平缓，被河水挟带而下的子料多沉积在这一带，形成较好的采挖地点——大胡麻地。此地东临白玉河，西南北三面环山，东西宽一两千米，南北长十余千米，因系史前期古河床，故遍地砾石中蕴藏着丰富的子料玉石。清末时此地采玉盛况空前。1900年，考古学家斯坦因在考察古迹中目睹和了解了这里的采玉情况。据他的记述，由于采玉者的汇集，人头攒动，到处都是采玉的人们，自发地形成了一处名叫斯日克托格拉克的小镇，内地和本地财主在此雇佣农民采挖玉石，雇佣的人员通常10至30人一组，受雇者除能得到食物和衣服外，每月还可领到6个和田天罡（一种地方货币）的工钱。冬季这里从事挖玉生产的估计有200人，夏季则大约为冬季人数的两倍。

在大胡麻地挖子料玉石的方法与前代有所不同，采玉人首先在河滩上挖出一个大坑，一般为正方形或长方形，需要挖开3—4米的浮土，才能挖到含有玉石的碎石层，采玉人将包含玉石的鹅卵石进行分拣，找出其中的玉石，然后将后面的河滩挖开，将上面的浮土填到前面的坑中，分拣其下的鹅卵石，找出玉石，以此类推，不断向下游推进（图11-43）。

图11-43　白玉河大胡麻地

小胡麻地位于今洛浦县玉龙喀什镇东北约四五千米的地方，位置大致在现在和田的吉雅乡和玛丽艳一带，是成为一处宽约一千米，长约四五千米的开阔沙滩。清代晚期，当朝政府已经不再管控玉石采挖，洛浦县当局对于在此采玉实行"任人挖寻，不取课税"的政策，以至于有人在此安营扎寨，"起房屋，植树木，以便客民寓居之所"，一时俨然成为小镇。清末洛浦县主簿杨丕灼将其列为玉河八景之一——"完璞呈华"。在其《完璞呈华》中写道："月出澹云遮，渺渺平沙。眼前完璞见青华，道是似萤萤又细，碧血犹差。终日听鸣鸦，夜夜灯花。水泉声里有人家，举备朝朝趋社鼓，一路烟霞。"[70]"夜夜灯花"描绘了当时挖玉的热闹场景；"完璞见青华"是指产出的玉料质量很高；"似萤"说明数量很多；"碧血犹差"则指此地出产的碧玉子料较少且质量较差。

墨玉河（即喀拉喀什河）子料主要出产于乌鲁瓦提村。该村位于和田县朗如乡境内，距和田约70千米。这一地区也是墨玉河在昆仑山的出山口，地形开阔，水势平缓，便于采玉。墨玉河子料质地较差，多以玉石混杂的形式出现。乌鲁瓦提村的村民世代在这一河段采玉，20世纪90年代时，当地人每家院子里都堆满了拣拾来的子料，屋内的各个角落，包括床下也都是子料（图11-44）。

清代文献多次提到的"桑谷、树雅"应是两个出玉地点。乾隆二十六年（1761年）时，仅在"玉陇哈什、哈喇哈什、哈朗圭山"三处采玉。乾隆四十八年（1783年），因收获量不大，又增辟"桑谷、树雅"两处。据和阗领队大臣疏奏，和阗产玉五处，惟玉陇哈什离城稍近，玉色亦嘉，其余在哈喇哈什、桑谷、树雅、哈朗圭塔克四处。现在这几处中的玉龙喀什河、喀拉喀什河、哈朗圭塔克三处矿区已经被找到，只有桑谷、树雅矿区一直不见踪迹。经过仔细调查研究，我们认为，现在和田市的桑古克就是清代的桑谷。桑古克是和阗古河道的流经之地，近些年在这一地点出产了数量较多的子料，也是清代玉料产地之一。树雅是位于墨玉河下游河滩的一处地名，现在的名字叫强

图11-44 墨玉河河道

古萨依，萨依在维吾尔语中既有"河"的意思，也有"河滩"的含义，强古萨依是位于强古附近的河滩，也是清代玉料产地之一。

和田子料开采后运往内地的道路有两条。一条是水路。清代，和田河是古代塔里木盆地主要的南北通道。汇合玉龙喀什河和喀拉喀什河的和田河，每年7—9月汛期，洪流滚滚，直奔塔里木河，成为便捷的南北水上通道。清代人正是利用这条河道来运输玉料，子料经和田河运到塔里木盆地北缘上岸，再经库尔勒等地出疆。另一条是陆路。和田子料开采后，经和阗（和田）、且末、若羌到达库尔勒等地出疆。

4. 黑山矿区

黑山，又名"喀朗圭塔克"。喀朗圭是维吾尔语"黑"之意，塔克是"山"的意思，喀朗圭塔克意是黑山，是昆仑山的主峰之一。这里群山险峻，冰雪盖地，雪线以上终年被冰川覆盖，是清代产玉地点之一。实际上这里也是玉龙喀什河的发源地，白玉河子料的原生地。这里出产的玉料形态主要是山流水玉，这些山流水玉料质量上乘，与和田白玉子料的质地相差无几。

由于黑山的山流水玉埋藏在山上的冰川内，因而黑山矿区的玉料开采方式主要有两种：一是直接在冰川下面的地表拣拾。每到夏季，黑山的冰川开始融化，伴随着冰川的融化，埋藏在冰川内的玉料随着融化的冰水掉落在地表，采玉人可以直接在地表的水中拣拾。二是修筑水坝冲积冰川取玉。随着市场对山流水玉料需求的增加，单靠冰川自然融化得到的玉料已经不能满足需求了，因而采玉人将冰川上游流下来的水用坝截住，将其反向冲回冰川，促使冰川大面积坍塌，从而获得更多的玉料。

图11-45　黑山玉矿区

黑山矿区路途难行，夏季有沼泽地状的泥浆路，人车不能行进，采玉人需要在未开化的春季就上山，一直到冰冻的秋季再下山。同时，由于矿区海拔较高，在雪线之上，高寒缺氧，采玉过程极其艰难（图11-45）。

5. 于田矿区

据文献记载，于阗（今于田，下同）产玉之山有三：一为流水山，二为觉可依山，三为乌鲁克苏山。《于阗县志》记载了当时的于阗县界，"南界后藏，东南界青海，皆系大雪山。东界若羌县，系小道。北界库车之沙雅县，沙漠无路。西界洛浦县，系驿站大道"[71]。这说明当时于阗县管辖的范围广大。《于阗县志》给出了三座山的具体位置，"流水山在县治南二百五十余里"，"觉可沙衣（觉可依）在县治东南一千七百余里"，"乌鲁克苏山在县治极东南两千四百余里"[72]。

我们来——分析于阗产玉的三座山。"一为流水山""流水山在县治南二百五十余里"。以今天的距离来衡量，流水山是距于田县城约80千米的一座山，高3500—4000米，在其山脚下有一村庄名"流水村"，克里雅河支流从它旁边流过。从流水山上俯瞰流水村，流水的河道弯曲别致，整个村舍沿着河床两岸排列。流水山并不产玉，距流水村20多千米这一段昆仑山山顶终年白雪皑皑，最高海拔5000米以上的阿拉玛斯玉矿才是于田山料的重要产地。流水村是采玉人从阿拉玛斯玉矿下来的"出山口"，玉料在山上开采后到流水村集中，当时的人们并不知道这一地区昆仑山产玉的具体地点，可能那时的山根本没有名字，只是知道玉从流水村运出，便认为是流水村附近的山产玉，于是便有了"于阗产玉之山有三：一为流水山……"，流水村也就被称为"玉石村"。流水村所处的克里雅河支流上游的昆仑山上的玉矿主要是阿拉玛斯玉矿，该矿的开采历史十分悠久，根据一些文献记载推断和当地人的说法得知，这里的玉矿早在明代时就已经开采，但在清初时中断了。据《于阗县志》记载，一位叫普拉提的老牧人说，清中期的时候，他的先辈打猎发现了玉点，报告清政府官员，得到过一支枪的奖赏[73]。我们到当地实地考察时看到，在一处近于垂直地面的山岩顶部，有一条20厘米宽的纵深裂隙，岩面上有燃烧遗留下的痕迹。裂隙中残存有厚厚的炭化物质，应该是早期燃烧黑火药采玉时留下的痕迹，表明这里可能是当时的玉矿（图11-46）。清政府为了巩固边防和监控玉石开采，在流水村设立了检查站，以防止玉石流失到民间。

"二为觉可依山""觉可沙衣（觉可依）在县治东南一千七百余里"。以当时于阗县距离流水山的250余里相当于今天的80余千米可知，《于阗县志》记载的觉可沙衣山距于阗1700余里约为今天的550千米，方向是东南，位于且末大、小江尕萨依附近。觉可沙衣可能是且末塔特勒克苏和塔什萨依之间的"大、小江尕萨依两条河"，及两条河东边尤努斯萨依的几处老玉矿。"于阗产玉之山有三：一……二为觉可依山"，应该是指且末这一带的古玉矿。

"三为乌鲁克苏山""乌鲁克苏山在县治极东南两千四百余里"。依据流水山与县治的距离来推算，"乌鲁克苏山在县治极东南两千四百余里"就应是现在的800千米左右，方向是县治极东南，基本可以断定这座"乌鲁克苏山"，就是今且末境内的乌鲁克苏山。同样，今天的乌鲁克苏山并不产玉，但此山的北边是塔什萨依河，该河的两岸是今天的且末玉矿所在地。因而，"于阗产玉之山有三……三为乌鲁克苏山"应是指且末地区的塔什萨依矿区和塔特勒克苏矿区。

图11-46　于田县阿羌乡流水村

6. 且末矿区

清代且末的矿区主要分布在塔什萨依和塔特勒克苏地区，这两个矿区面积较大，应是清代的"乌鲁克苏山"矿区。特别是塔特勒克苏矿区目前还较为完整地保存了一个清代玉矿遗迹，该矿口呈方匣状，边缘基本垂直，尚可见火药遗留的痕迹。这一矿口完整地保存了古代矿口的状况，清晰地展现了古人开矿的基本过程：首先是将玉石两边的围岩用火药（或炸药）炸松；其次将围岩剥落，露出玉料，慢慢地将其采出；最后再向下继续这一过程，直至玉料开采完毕（图11-47）。

7. 若羌矿区

清代时期若羌玉矿已经得到开采，目前能够确切地知道清代若羌采矿地点是在今富国岭玉矿附近。这一地点距离且末县约100千米，出产黄玉。中国古代玉器，特别是清代时期使用的黄玉、青黄玉，可能主要来源于此矿区（图11-48）。

图11-47 且末塔特勒克苏"皇家玉矿"遗存

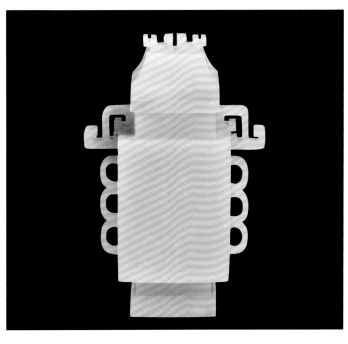

图11-48 清乾隆 黄玉仿古方盖瓶

二、玉料开采的管理方法与输出方式

清代玉石的开采与输出，有"官玉"和"私玉"之分。"官玉"是指在官府控制下采挖并上交归官之玉。"私玉"是指由当地维吾尔族百姓或内地人士自行开采与贩卖之玉。

1. 官玉的开采与输出

官玉制度始于1761年，《西域水道记》载，"乾隆二十六年（1761年），着令东西两河及哈朗圭山，每岁春秋二次采玉"[74]。其制度是派官员役使维吾尔族民工开采，承办采玉事务的当地官员称为"哈什伯克"。

清代的官玉有"岁贡"玉与"特贡"玉两种。

（1）"岁贡"玉

"岁贡"玉，是指每年按规定要交纳给清政府之玉，亦称"例贡"。"岁贡"玉无数量限制，"尽得尽纳"，即出产多少上交多少。

乾隆二十五年（1760年），清朝结束新疆的军事行动后，叶尔羌河流域的山料、和阗所产的玉石被定为地方向清政府"任土作贡"的三大贡品之一，即南疆和阗、密尔岱山的玉"制编磬以谐乐章"；以叶尔羌的金"范麟趾以记其瑞"；以喀喇沙尔（今焉耆）之铜"铸腾格以供边储"。自此，清政府就控制了新疆矿产的采矿权。对于新疆玉矿的开采权，乾隆皇帝将其牢牢控制在中央政府手中，不准地方擅自捞取采挖。有"献玉"者"给予"报酬，至于"和阗所出的玉石，皆为官物，要尽得尽纳"。

清代的和阗"岁贡"玉开采始于乾隆二十六年（1761年），最初仅在"玉陇哈什、哈喇哈什、哈朗圭山"三地开采。每年春秋二季开采，每季开采时间为15天。乾隆四十八年（1783年），因其收获量不大，又增辟"桑谷、树雅"两处采玉地点。乾隆五十二年（1787年），因宫里造办处库贮玉石储量充足，又令停止春采，同时停采除玉陇哈什河以外的其余四处采玉地点。和阗领队大臣疏奏："和阗产玉五处，惟玉陇哈什离城稍近，玉色亦嘉，其余哈喇哈什、桑谷、树雅、哈朗圭塔克四处，所产玉石色黯质粗，玉极平常，奏明停其采取（每年酌减回夫一百五十名）。每年秋季，止向玉陇哈什采玉十五日，所获玉石解送叶尔羌，奏充土贡，并无定额。"[75]

据史料记载，"岁贡"采玉之前要先祭河神，然后由领队大臣及当地伯克派遣熟练玉工下水踏采。春季采玉，通常于每年三四月河水开冻后，桃花未开之前；秋季采玉，于每年八九月水落未冻之时。每获一玉，即上报入册备案。正如《新疆回部志》载："玉陇哈什、哈喇哈什两河并哈朗圭塔克内产，每年春季桃花水之前及秋季水落未冻之际，入河淘玉以为贡，用多寡无定，俇（尽）得俇（尽）纳。"[76]特别是每年秋季河里洪水流过，河床内卵石翻动之后，更是采玉的黄金时机。采玉民工实行军事化管理分地段编营多人编组采玉，采玉时三五十人并肩一字排开，沿河进行采捞，大的采捞队伍摊派人数达五百人之多。和阗玉龙喀什河中采到的玉石除了不足二两的外，全数入贡（图11-49）。

实际上，这些熟练采玉人下水踏采，只是一种象征性的仪式而已，类似于我们今天许多活动的开幕仪式。事实上，和阗河的采玉人不可能长时间站在水中，况且是在每年三四月河水开冻，桃花未开之前和八九月水清未冻之时，这时的河水很凉，长时间在冰冷刺骨的河水中站立、行走，人的身体根本无法承受。所以，我们需要客观地分析这种河中采玉的情况，不要误以为采玉人都是长时间站在和阗河水中捞采。所谓的沿河采捞是指几十人沿河行走，观察河中情况，一旦发现类玉的石头，这些人就手挽手走到河中将其捞出，然后迅速上岸，继续沿河采玉（图11-50）。

"岁贡"玉的报酬是根据采到玉石的多少与大小决定的，清政府会根据所采玉石的多少与大小，来分配银钱与粟米作为民工的报酬，体现了多劳多得的精神。正如乾隆御制《和阗采玉图诗》所云：

> 和阗采美玉，还成采玉图。
>
> 捞水出球琳，他山攻琢磨。
>
> 缠头采玉嘉无比，赍与腾格并以米。
>
> 上供岁贡下私鬻，亦弗严禁聊听尔。[77]

随着时间的推移，和阗地区的子料因常年开采，采获量相对有所减少。为了满足清廷和皇帝对美玉的不断追求，其后又将官玉的开采地扩展至叶尔羌河，从此，叶尔羌河玉也成为"岁贡"玉中的重要组成部分。《西域闻见录》云：叶尔羌，岁"贡玉七八千斤至万斤不等"，《西域水道记》又言其"每年采贡玉一万八千五六百斤"。上述这些数字似乎有些夸大，但它在岁贡总数中所占比重较大则毋庸置疑。学术界有些学者因钟情于和阗玉，往往将清代的"岁贡"玉均说成来自和阗，显然与历史事实不相符合。至于叶尔羌河采玉的最初时间，我们认为，应该从元代就有开采，但史料对此少有记载，只有寥寥数语，其原因同明代开采山料也无记载相同，或是贩玉人不希望中原用玉人知道还有叶尔羌玉料来源，以免杀价，或是当地人对此不重视没有记录。叶尔羌河玉料的开采一直持续到明末清初中断，至于清代重新开采的时间，从有关记载推测，应始于乾隆三十五年（1770年）至四十一年（1776年）间。据《西域水道记》载，乾隆四十二年（1777年）叶尔羌办事大臣高朴在给清廷的奏疏中说："叶尔羌河向不产玉，自平定回疆以后，渐生玉石，经前任大臣奏明拣采。然每年供者不过数十块，质尚逊于和阗。"[78]从这里可以看出，清政府并不知道叶尔羌河元明时期已经开采过玉石，他们认为是"平定回疆以后"才"渐生玉石"，这是因为历史的局限。高朴任叶尔羌办事大臣始于乾隆四十一年（1776年），说明在他到任之前叶尔羌已经开采玉石了，但也不会早于乾隆三十五年（1770年）。

《西域水道记》具体描述了叶尔羌河采玉方法：每当秋水澄清之时，"协办率主事一人，笔

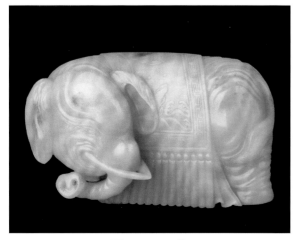

图11-49　玉饰

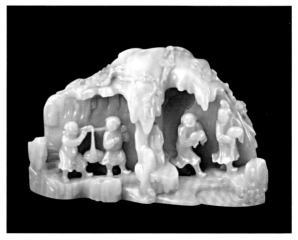

图11-50　清乾隆　采玉图玉山子

图11-51　清嘉庆　桃鹤纹玉砚

图11-52　清代　"慈禧皇太后之宝"玉玺

帖式侍卫各二人，诣河干，祭以少牢，众伯克以回夫五百人来会。十夫一温巴什领之，执旗于岸，役夫杖策，溯流以采。比暮，伯克敛所得玉于办事营帐，差（秤）其轻重，在二两下者不入数。三日一移营。复令二笔帖式，率四品商伯克一人，六品伯克四人，回夫二百人，入喀崇山谷采足额，乃告谢河伯，宴伯克，奖夫役之劳者。还，纳玉于粮饷局，俟和阗玉至，同入贡。"[79]这就说明，叶尔羌河每天最多有500人参与采玉，三天换一个地方，二两以下的不要，采到的玉石由官员现场监督登记造册，用毡包裹运抵叶尔羌办事大臣处，而后连同和阗所出的玉石一同押解至北京（图11-51）。

清代"岁贡"玉的数量，各种统计略有不同。《清实录》记载，和阗、叶尔羌两地每年贡玉在4000斤上下。《新疆图志》统计，和阗、叶尔羌两地每年产玉在7000—10000斤左右。《西域闻见录》提到"贡玉七八千斤至万斤不等"。《清宣宗实录》记载：道光元年（1821年）军机处奏，自清军平定阿睦尔撒纳和大、小和卓叛乱后，和阗、叶尔羌每岁贡玉是"四千余斤"。嘉庆十七年（1812年）因造办处所贮之玉甚属丰足，减采近2000斤。

虽然以上统计数据有些差别，但是我们可以大致估算出来，自乾隆二十六年（1761年）至嘉庆十六年（1811年），"岁贡"玉约4000—10000斤。嘉庆十七年至二十五年减至2000斤。

清道光元年因库储丰足下令停止岁贡。此后不久，南疆地区又连续发生骚乱，每年"岁贡"玉难以再实施，此后文献也没有相关记载，表明清代"岁贡"玉制度于1821年结束（图11-52）。

（2）"特贡"玉

"特贡"玉，是指宫廷造办处根据朝廷祭祀大典及皇室各种庆典的需要，派人到和阗或叶尔羌专门收集可以制作玉磬、玉册、玉玺、玉印等专门器物的玉料。特贡玉料基本上都采自山料，所以块度都比较大。

"特贡"玉始于乾隆二十六年（1761年），初采于"和阗迤南之哈朗圭山"，即现在的黑山，专供制作特磬之用，贡料共有12片。乾隆二十七年（1762年），又令于黑山采"进重华宫半度特磬料二片，备用玉四块，特磬料七片"[80]。其后，又将密尔岱山玉料作为特贡玉。据《西域水道记》载："（密尔岱）山与玛尔瑚鲁克山峰峦相属，玉色黝而质坚，声清越以长。"[81]乾隆"二十七年（1762年）八月，叶尔羌办事采进玉特磬料十一片，重千四百三十斤。十月，进玉特磬料十四片，

图11-53　乾隆　御笔"三希文翰"玉册

重千五百九十斤。是岁，又进玉特磬料十四片，重九百五十五斤。重华宫半度玉特磬料十片，重八十斤。备用半度磬料三片，重二十九斤六两。二十八年三月，采进正项磬料十八片，备用磬料二十六片。六月，复进正项特磬料十一片，备用特磬料十一片"[82]（图11-53）。

"特贡"玉在乾隆二十七年（1762年）至五十五年（1790年）的28年间，先后通过办事大臣采集大磬玉料、玉册材料及玉印材料多批。

嘉庆四年（1799年），地方官府将为"特贡"玉所采的3块分别重10000斤、8000斤、3000斤的大玉料运往北京，但因玉料太重，运输过于困难，玉料运至喀喇沙尔乌沙克塔勒军台时，嘉庆帝令弃之。从此以后，有关"特贡"玉的情况再无记载，"特贡"玉制度从此结束。

（3）官玉开采的管理

清代为了保护玉矿资源，对不开采的产玉矿区实施封禁政策。乾隆二十七年（1762年）在叶尔羌密尔岱山开采磬料之后，对叶尔羌河产玉的河床、玉山全面封禁，设哨所看守，不准民众上山或下河采捞玉石。

贡玉消耗了巨大的人力、物力和财力。不论"岁贡"还是"特贡"，当地都得派出民工并需解决人员、车辆及牲畜等支出。春秋采玉季节，也是春耕秋收时节，清政府征用的采玉人员都是青壮年，对地方百姓的生计影响甚大。乾隆四十三年（1778年），叶尔羌办事大臣一次摊派民工达3200人。乾隆五十六年（1791年）开采磬料动用民工300人且长达5个月之久，每个民工只得到很少甚至完全没有报酬。那些被征用的民工，既不能赡养家庭，还得自己负担生活开销，真是苦不堪言。对于贡玉的艰辛，乾隆也是知情的，一首乾隆三十六年（1771年）刻于和阗贡玉碗的御制诗道出了真情：

　　玉河当产琼瑶瑛，于思摄取久惯经。
　　了知非自璞中出，空传刖足泣楚廷。

诗中道出了贡玉的过程及对役使百姓引发的感慨，此诗出自乾隆笔下，也算难能可贵。

图11-54　王有德刻字石之一

图11-55　王有德刻字石之二

　　采玉的艰辛，在清道光年间山西忻州双堡村王有德留下的文字中，可见一斑。在这块石头上，刻有"大清道光二十一二年山西忻州双堡村王有德在此苦难"23个字（图11-54、图11-55）。

（4）官玉开采的腐败

　　清代官玉制度的出现，给贪官污吏带来了可乘之机，徇私舞弊现象屡有发生。乾隆三十年（1765年），和阗总兵和诚被叶尔羌办事大臣、副都统额尔景额参奏，其罪状之一是"私采哈朗圭塔克之玉，隐匿不进"，就是私采黑山玉料，加上重利盘剥当地民众和受贿金两等罪，被"正法示众"。乾隆三十四年（1769年），叶尔羌参赞大臣期成额因将入贡选剩的次玉分售给官兵而受到乾隆的申斥（图11-56）。

　　最严重的玉案是高朴案。高朴，镶黄旗人，原为侍郎，其祖父高斌为乾隆慧贤皇妃之父，其父高恒曾任盐政，叔父高晋为两江总督。乾隆四十一年（1776年），高朴作为乾隆"钦差"出任叶尔羌办事大臣。高朴以皇侄自恃，胆大妄为。此前，叶尔羌河、密尔岱玉山已经封闭并设哨所看管，且有专管大臣达三泰驻叶尔羌管理。高朴上任后见玉石利厚，便企图利用职权假公济私，遂呈奏乾隆："距

图11-56　乾隆画像

叶尔羌城四百余里有密尔岱山，产玉，久经封禁，回民往往私采，防范维艰，莫若以官为开采，间年一次，可杜怀窃营私之弊。"[83]乾隆信以为真，准其请。高朴趁机组织民工3000人，在3000人之外又私增民工200人，1776年用这3200名民工在密尔岱矿区采玉长达5个月之久，同时勾结达三泰出售"官玉"，导致农事荒芜，民怨沸腾。

高朴玉案是由一起清政府的人事调动而引发的。乾隆四十三年（1778年）三月，叶尔羌阿奇木伯克鄂对病故，驻叶尔羌办事大臣高朴奏乾隆皇帝以鄂对之子继承父职。乾隆认为，如此处理，使得叶尔羌阿奇木伯克一职成为他家的世袭职位，这种做法无异于唐朝藩镇制度。为了防微杜渐，乾隆决定将鄂对之子调补喀什噶尔，将喀什噶尔阿奇木伯克色提巴尔之弟调至叶尔羌任阿奇木伯克。新伯克到任后，当地百姓纷纷控诉其前任伯克鄂对与高朴互相勾结，摊派徭役，串通出售官玉等恶劣行为。

高朴知道后感觉情况不妙，便以元宝2500两贿赂新任伯克，以求息事宁人。新任伯克封贮元宝，向乌什办事大臣永贵告发，永贵立即转奏乾隆皇帝，乾隆下令严查。由于此案不仅涉及新疆当地，而且涉及全国，于是乾隆下令在全国范围内追查，办案人员在京查抄了高朴的家产，抄出高朴买卖玉料的信件；在苏州查到高朴打着"兵部右堂"旗号贩玉的船队，搜出玉石及玉制品40余箱，缴获价值十万两的玉料玉件；在直隶截获高朴9辆装载4000斤玉料的大车；在宁夏固原搜缴了埋藏在地下的玉石。整个案件共查出高朴在叶尔羌任职两年期间，收受伯克贿赂、贩卖玉石、贪污白银一万六千两和黄金五百两及无数珠宝玉石的罪行。高朴案共牵涉60余人，乾隆下令处死4人，除高朴外，还有叶尔羌伯克阿不都舒库尔和卓、钦差采玉大臣达三泰以及什呼勒伯克果普尔。

高朴玉案办案历时一年，除新疆的玉石产区外，还波及阿克苏、库车、辟展（今鄯善）、哈密、凉州、肃州、兰州、安西、西安、襄阳、扬州及苏州等地，没收了没有票照及与高朴有牵连的玉料或玉制品。乾隆为消除高朴使用大量徭役对地方的影响，对所有参加采玉的3200名民工，免除其应征的次年（1779年）税赋。乾隆四十三年（1778年）十一月再次传谕，"若经此次查办之后，复有私赴新疆偷贩玉石者，一经查获即照窃盗满贯例，计赃论罪，不复宽贷"，"密尔岱山宜永远封禁，当令守卡兵丁严行稽查"[84]。

高朴案发后，乾隆皇帝准备停止采玉两年，又因"或恐回人赴河内捞采，虽禁亦属有名无实"，便决定玉料不妨仍旧由官方收购，"嗣后凡采玉回人，量其多少美恶，或腾格、或绸缎布匹，量为给赏"[85]，送至京师。还规定禁止内地商人来新疆采玉和贩运玉石。同时由刑部颁令，今后"凡私赴新疆偷贩玉石，即照窃盗例计赃论罪"[86]，颁布刑律严禁私人贩玉。

高朴案件未发生前，叶尔羌、和阗玉河玉山虽然实行封禁，由皇家垄断，但未明令禁止玉料流通，新疆境内商人可以找到玉料并携带出疆销售，新疆境外的商贩亦可在新疆及沿途收购。高朴案后，玉石流通被视为非法，大多数商人受到没收玉石的处分，经营者一经查获就会被判刑，这对于当时新疆的玉料贸易是一个沉重的打击（图11-57）。

2. "私玉"的开采与贸易

"私玉"，是指由产玉地区当地的维吾尔族百姓或内地商人自行开采与销售的玉料。这种玉料的开采与销售在清朝统一新疆以前就广泛存在。

明宋应星在《天工开物》中记载："凡玉由彼地缠头回，或溯河舟，或驾橐驼，经庄浪入嘉峪而至于甘州与肃州。中国贩玉者至此互市而得之，东入中华，卸萃燕京。玉工辨璞高下，定价而后琢之。"[87]这段文献表明，即使在割据较为严重的明代，连接新疆与内地的玉料贸易始终没有中断，玉石之路还算畅通，玉料主要交易地点在甘州、肃州，这种情况一直延续至清康熙年间。而后的几十年，新疆与内地的玉料的私人贸易活动基本中断。

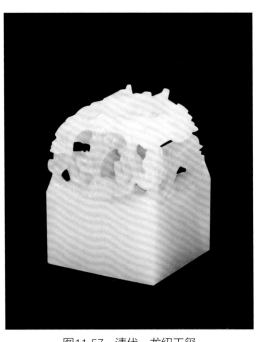

图11-57　清代　龙纽玉玺

乾隆二十四年（1759年）后，随着新疆局势的稳定，内地人不断进入新疆，玉料的私采与贩卖开始兴起，私玉源源不断地输往内地。乾隆三十六年（1771年），乾隆皇帝在其御制《和阗采玉图诗》注中说："和阗采玉充贡，岁有常例，余亦有私售者。岁为禁制，然利之所在，亦弗深求，且良玉仍供内地货肆之用耳。"[88]次年，他在《和阗采玉图诗》注中又说："回城采玉，取其岁职贡，不过赐以米布酬劳。今南中玉肆，所在率多精璆，一望之为和阗之产，可见回人及往来市侩，徇利透漏，然仍流通中华，可听之耳。"[89]《西域水道记》也记载，玛尔瑚鲁克山（今血亚诺特矿区）与密尔岱矿区相邻，所产玉"青质黑晕，若血沁然"，"回民常前往采取"。鉴于采玉贩运至内地的商人渐多，清政府于乾隆三十四年（1769年）在和阗设置哨卡，要求商人有通行证才能通过，"边外行商，往来皆须路引"，携物均须检查，玉石只准入官，不许在民间流通。同时封锁了和阗的哈拉哈什（喀拉喀什）、桑谷、树雅、哈朗圭山等几处产玉之地，禁止在这些地方采玉，只有玉龙喀什河尚未封禁。乾隆四十八年（1783年）又开放了桑谷、树雅。即使在这种高压之下，汉族、维吾尔族采玉贩玉之人仍深入矿区偷采偷运。清《西域总志·异域琐谈》形象地为我们描绘了当时贩玉的情景：朝廷在要道设立关津（关卡），防止偷运玉石，而"奸民（指汉人）行夹至关津，则埋玉于无人之地，携行李赴台验讫放行，而俟隙取之以去。至奸回（指维吾尔人）人等，多伏于深草、石岩，俟夜于山旁深入水底偷采、私凿，货于内地商民以取利。"[90]

嘉庆四年（1799年），清政府取消了乾隆实施了四十三年的禁例，赦免了之前因贩玉定罪的所有犯人，宣布贩玉概免治罪。同时，官方在和阗的哈拉哈什（喀拉喀什）、桑谷、树雅、哈朗圭山等几处采玉矿点全部停产，规定每年只有秋季在玉龙喀什河进行15天的采玉，所出玉石同叶尔羌玉一起进贡。同年四月，和阗办事大臣徐绩等官员向嘉庆皇帝陈奏："和阗向来玉禁綦严，回民等日用一切什物，俱赴叶尔羌采买，今既弛禁，应将各卡官兵撤回归伍，免致藉端扰累。更每年请于官玉采竣后，准商民请票出境，互相售买玉石。"[91]嘉庆皇帝当即允准，允许百姓"得有玉石，自行卖与民人，无庸官为经手"。至此，稽查玉石的所有哨所撤销，新疆的玉石在民间正式准予流通，过去禁采的产玉区实际上全部开放，民间采玉又恢复了生机。此后民间采玉兴起，大小胡麻地有

"汉人流寓者数百家，皆采玉为生者"[92]。虽然采玉人数剧增，但上等玉料却急剧减少。萧雄《西疆杂述诗》云："玉拟羊脂温且腴，昆冈气派本来殊。六城人拥双河畔。入水非求径寸珠。"[93]诗中还指出：采玉有时还损失惨重，"往往虚掷千金，未偿片玉"，"然偶有一探便得，或重才数两"。

私玉的开采量和贸易量究竟有多少，史无明载，但有一点可以肯定，私玉的开采与贸易量，要比官玉大得多。

玉禁取消后，官办的采玉生产仍然没有停止。嘉庆十七年（1812年），因"内廷历年所积，不可胜数"，遂将每年贡玉数由四千多斤减少到两千斤（包括叶尔羌所产玉石）。

第七节　民国时期和田玉料的开采

清王朝统治结束后，随着祭祀、宫廷活动的没落，玉制品出路减少，官府对玉料的需求大减，但民间用玉掀起了一个新的高潮，玉料的需求大增（图11-58）。

一、民国时期的主要玉矿

1. 大同玉矿

20世纪初，大同玉矿在停采多年后复采。一位姓马的奇台回族人（当时被百姓称为马大人、马奇台），曾经在现在的大同乡二村第三居民区（当地人称为塞热克雅尔，意为黄色山崖）组织了七八十人开采和田玉。当时他们采用的是矿洞开采的方式，主要出产青白玉，油性比较好。因开采方法比较古老，只有錾子、铁锤等简单工具，一个星期只能采出几公斤玉石。前后开采了7年，由于开采成本过大，产量逐渐减少，于1924年停采（图11-59）。

2. 马尔洋皮勒玉矿

马尔洋也是民国时期玉石的重要产地。据说当年开采过大同玉矿的马大人也曾经在马尔洋开采过。马尔洋现在有一宽1米多、长18米、深8米的矿坑，可能是民国时期的遗留，但坑内玉石已经被采完。采玉人夏天采玉，秋天用木排将玉料经大同河运到莎车，从莎车经和田过敦煌运到内地。

3. 密尔岱玉矿

民国时期，密尔岱玉矿仍然是新疆山料的主要出产地，密尔岱玉产量大、块度大、品种多、品质好，青白玉较多。许多体量较大的玉器作品都取材自密尔岱。

4. 和田玉矿

和田地区一直是新疆玉料的重要来源。民国时期，和田的产玉地点仍然是大小胡麻地。这时已有了羊脂玉的认知，"玉上品者，曰如羊脂"，同时也有了皮色概念，"其有皮者为价尤高。皮有洒金，秋梨，鸡血等名，盖皆玉之带璞者，一物往往值数百金，采者不曰得玉，而曰得宝"[94]。

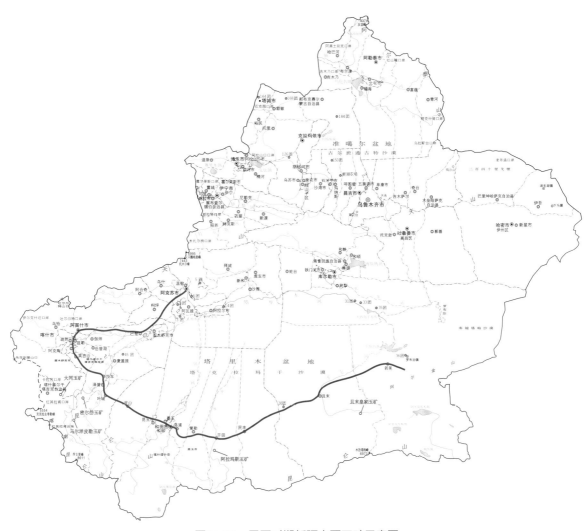

图11-58 民国时期新疆主要玉矿示意图

图11-59 通往大同乡玉矿的道路

图11-60　墨玉河出产的玉料

民国时期的和田玉料市场，已经大不如从前了，民国时期政府要员谢彬考察调研新疆，在其《新疆游记》中写道："入民国，商贩不来，采者绝迹，市场遂无玉矣。"[95]特别是1933年以后，由于南疆叛乱，导致内地进疆人数剧减，玉料开采基本停顿（图11-60）。

5. 于田玉矿

民国时期，于田是重要的产玉地点。于田县出玉的矿区是阿拉玛斯玉矿，玉矿位于新疆于田县南部的昆仑山上。矿床处于克里雅河支流阿拉玛斯溪谷的源头，海拔高4000—4500米，地势险峻，气候寒冷。山脚有一村称流水村，阿拉玛斯玉料在此转运，亦称流水玉。从流水村到阿拉玛斯玉石矿是一条崎岖的山路，牲畜驮运也要走两天，交通十分不便。

阿拉玛斯玉矿开采的起始年代在文献中没有明确的记载，应是在明代中后期就已开采，清代又重新进行了开采，乾隆、道光年间都有开采记载，道光以后停采，玉矿位置渐渐消失，采玉人已经不知道玉矿的具体位置了。新玉矿的发现带有一定的偶然性，1904年，当地猎人托达奎追寻受伤山羊时，在倒毙于深山绝壁的羊旁边意外拣到两块玉石，并卖得好价钱。消息传出，当地维吾尔族牧民陆续来到这里采集地表上的玉石，拿到附近的集市上兜售，这引起了人们的注意，采玉人循着这条线索，最后找到了玉矿，由此，阿拉玛斯玉矿又被重新发现，玉料重新进入市场。谢彬在《新疆游记》写道："玉出于南山，以流水山礤子为最良，其质虽逊大小胡麻所产，然得之甚易。故昔之礤诸者，专恃此以琢器，售之远方，盖亦昆阜之支也。"[96]这说明民国初期，阿拉玛斯（流水山）玉料已经很流行了。

当时各地采玉人听闻这个消息纷纷赶来进行开采，但多是个人的小规模开采。天津商人戚文藻听闻后便组织人员在此进行规模较大的开采，同时他想取得此矿山的专有开采权。民国七年（1918年），戚文藻通过于田县知事冯四经，向当时的新疆都督杨增新转呈独家试办流水山玉矿的要求，声称是他自己"勘明于田县南300余里之流水山地方，有碴子玉坎井一处，请发照试办"。但杨增新认为"商人一领执照到手，便取得矿业权，永远据为己有，即无异出卖矿山，习惯皆然，此系垄断办法。与其发照转令一人专利，何如仍作为官山，人人得以采取妥当"。于是他决定将玉矿收为官产，由大家共同开采，暂照百货统税章程征收税银。同时明确提出，不许戚家霸占矿产资源，也不私发给执照，戚家已经开的矿洞，其他人不得侵入制造事端。第二年10月，戚文藻重新申请矿业执照又遭到杨增新的回绝，仍只允许开采，不发给独家执照。虽然没有取得玉矿的专有采矿权，戚家仍然由戚文藻的后辈戚春甫、戚光涛兄弟在阿拉玛斯继续开矿。他们矿区的采坑深约40米，出产白玉、青白玉，其中白玉占1/3，矿口被称为"戚家坑"，由于此地海拔较高，开采的玉石多为冰块所包裹，所以阿拉玛斯玉矿又称"冰坑"。"戚家坑"玉料品质上佳，备受赞誉，深得当时各著名玉器厂家的青睐，俨然成为当时新疆上等山料的代名词。阿拉玛斯空气稀薄，气候寒冷，采玉条件极其艰难，每年只有5—9月能够开采作业，其他时间均为大雪封山。当时交通非常困难，仅有崎岖的山道可以进入玉矿，能用到的交通工具最多的是驴子，相当长的一部分路途还只能靠人徒手攀爬，开采出来的玉石也是靠人力从山上背下来。

民国十四年（1925年），戚文藻将此矿转让给天津人杨明轩，1926年杨明轩开始在"戚家坑"矿继续采玉，人们将"戚家坑"改称为"杨家坑"。此处开采的玉石主要卖给天津杨柳青玉石商人

图11-61　"戚家坑"全貌

图11-62　阿拉玛斯玉矿"戚家坑"（亦称"杨家坑"、冰坑）坑口

孙汇川，由他转卖到北京、天津等地。"杨家坑"玉石的出现，又一次引起了轰动，玉料质地好，加工后与子料无异，非常畅销（图11-61）。

　　阿拉玛斯历史上有"戚家坑"和"杨家坑"两个矿坑的说法，但如今此处只有一个矿口，并无其他矿口。为了搞清楚这两个矿口的关系，我们多次去阿拉玛斯玉矿勘查，并遍访多名有关人士，最后认定这两个名称是同一个矿点，只是开采的人和时间有先后不同，被后人叫了两个名称，误以为是两个矿点，其实二者都是指现在的阿拉玛斯玉矿（图11-62）。

　　1933年南疆发生暴乱，社会动荡，人心不稳，于田采玉业陷入冷寂，采玉者远遁他方，阿拉玛斯玉矿遂废。20世纪40年代，阿拉玛斯玉矿又恢复开采，一位国民党官太太曾率人在此地开过玉矿，但具体情况不详。后由几户汉人经营玉矿，进行过小规模的开采。

6. 且末皇家玉矿

　　民国初期，且末从于田分离出去，单独成县。建县初始，县志未能记载玉料状况，根据我们的实地调查，民国时期仍在原皇家玉矿的位置继续开矿，只是开采规模较小，产量不大，且时续时断。

7. 若羌玉矿

　　若羌玉矿清代时期一直出产黄玉，民国时期对该玉矿的开采并无记载。我们前往调查后得知，在现在富国岭玉矿附近发现有民国开矿的遗址，有采玉人的生活区，说明民国期间若羌玉矿的开采一直没有间断（图11-63）。

图11-63　民国时期若羌矿区生活遗址

二、加工与贸易

民国前期，玉料贸易兴旺，无论是子料还是山料贸易都比较正常，玉料价格也较高，有些玉料被用来制作仿古玉，玉料甚至有些供不应求。此时玉器制作也是多元化，民国二十一年（1932年）南京政府广泛征集新疆玉料制造国玺，时任新疆主席的金树仁令和阗（今和田）县长陈继善选送过印材。民国二十二年（1933年）后，新疆当局曾主张改良玉产品花色品种，多从生活实用品入手，和阗、莎车曾做过茶杯、盘碗、高脚酒杯、烟嘴、笔架、墨水壶、吸墨器、衣扣、笔筒、镇纸、玉尺、台球等。然而，他们忽略了玉石只有制成工艺美术品才能体现玉的价值这一常识，多制作生活实用器，结果费工多、成本高、产品粗、无创意，既糟蹋了玉料，又没有经济效益。当时的工艺效率极低，割断一个40厘米的玉石断面要用10—20个工作日，制作一个茶杯需要5天时间，一副台球需时12天，因此成本很高，市场需求很少，销路较差。

随着1933年南疆叛乱的爆发，内地和新疆贸易往来的减少，玉料的开采也不可避免地受到殃及，开采量急剧减少，贸易基本停顿，只有极少部分的玉料仍然在进行贸易（图11-64）。

图11-64　民国　玉器

第八节 新中国成立后和田玉料的开采

新中国成立后，关于新疆和田玉的调查研究不断全面深入，有关新疆和田玉勘探、开采、加工等各类资料著述数以万计。其中以新疆维吾尔自治区地质矿产局第十地质大队的地质调查资料，《新疆和田玉》《中国宝石玉石》《新疆宝石和玉石》等书籍，以及《珠宝玉石鉴定》《珠宝玉石名称》《和田玉鉴定与分类》《和田玉实物标准样品》等国家标准以及一些地方标准在新疆和田玉领域的影响较大。

一、新疆和田玉料的开采

新中国成立后，对玉料的开发非常重视。

1957年，新疆维吾尔自治区手工业联社开始在和田建玉矿。

1958年，新疆维吾尔自治区手工业联社开始在和田地区重新整理并开采玉矿，主要是对于田县玉矿进行调查。

1961年，新疆维吾尔自治区手工业局曾赴北京招聘技工，一面招聘一面组织生产。

1964年10月，新疆维吾尔自治区手工业局（当时与手工业联社一套机构两个牌子）组建玉雕组，共计13人，因陋就简地在手工业联社仓库内进行生产。

1965年，为满足出口创汇的需要，新疆维吾尔自治区地质局先后要求其下属的多个地质队在各自区域内开展宝玉石矿的勘查工作，和田地区是重要工作区域之一。为此，新疆维吾尔自治区地质局安排多个地质队开展了宝玉石勘查工作，特别是新疆维吾尔自治区第二地质大队（后改称第十地质大队）于1966年成立了玉石组，对塔什库尔干塔吉克自治县大同玉矿和于田县阿拉玛斯玉矿进行了检查评价，认定两矿储量可观，有较大的采矿前景，这些工作大大推动了新疆宝玉石的勘查进程。

1967年，全国第一届玉石生产会议在河南南阳市召开，新疆维吾尔自治区地质局、轻工局与和田地区手工业办事处及于田县等负责玉石生产的领导参会并赴内地玉器厂参观。新疆维吾尔自治区地质局据此安排多个地质队开展了宝玉石勘查工作，推动了新疆宝玉石的勘查进程。

1979年，国家地质总局制订了《地质工作三年调整纲要》，提出要把发展消费品等与人民生活紧密相关的矿产地质工作放到重要位置，加大了贵重矿种的投入和找矿力量，凸显了地质工作与经济发展需要相适应的要求。

1980年，地质部选定全国97个典型矿床进行深入研究，编写典型矿床研究报告内部出版。于田县阿拉玛斯和田玉矿就是其中之一，由第十地质大队分担此项工作，并取得了重要研究成果。

新中国成立后不久，对玉石矿的开采明确规定：任何单位和个人都必须通过申请、批准后，或取得采矿许可证才能采玉，对河流和农田的零星玉石允许个人拣拾。

改革开放以后，国家政策逐步放宽以致最后取消了对和田玉石开采、贸易的限制，和田玉的开采得以迅速发展，掀起了新的和田玉开发浪潮。在这次开发过程中，主要矿区逐渐修建了道路，已经能够将机械设备运送到矿口，开矿过程中使用了大量机械及先进的开矿技术。经过70余年特别是近40年的开发，新疆昆仑山沿线已经形成了几大玉料开采矿区，和田玉料的出产量已经达到了历史高峰，是数千年来和田玉的开发总量远远不能相比的。这些优质的玉料，为中国玉文化的建设，提

图11-65　新中国成立后新疆和田玉主要产地示意图

供了充足的玉料保证。

目前，新疆南疆玉矿主要分布在新疆所辖昆仑山–阿尔金山一带。西起喀什地区的塔什库尔干塔吉克自治县，中经和田地区，东到巴音郭楞蒙古自治州的若羌县，北至塔里木盆地边缘，南到昆仑山和阿尔金山主峰，全长约1300千米，宽约80—150千米，此地域范围内包括3个地州共14个县市，原生矿100余处。较有规模的有塔什库尔干–叶城矿区、皮山矿区、和田"两河"矿区、黑山矿区、于田矿区、且末矿区和若羌矿区7大矿区（图11-65）。

1. 塔什库尔干–叶城矿区

这一地区的玉矿主要分布在塔什库尔干塔吉克自治县与叶城县内，因而称其为塔什库尔干–叶城矿区。主要矿区有大同、马尔洋、密尔岱、血亚诺特、霍什拉普–喀群等矿区。

①大同地段。位于塔什库尔干县东部的大同乡北，叶尔羌河以西，距最近的公路约10千米，海拔3500—4500米。

大同古玉矿位于大同乡以北约10千米处，上矿道路崎岖难走，20世纪60年代至2000年曾经开采过，最近几年由于开采条件、开采权等方面的复杂原因处于停产状态。这一矿口所产玉料以青玉为主，有少量的青白玉，是青玉的主要产地（图11-66、图11-67）。

20世纪90年代以后，在距大同乡5000米的大同河对面山上又发现一座新的玉矿，储量不明，最初是由村民自由开采，后由村里统一开发，出产的玉料主要是青玉，还有少量青白玉。后经县里统一规划，承包给开发商，近几年，开发商一直在进行基本建设，边探边采。这一地段玉石产量不大，以青玉、青白玉为主（图11-68）。

图11-66 研究团队前往叶尔羌河考察

图11-67 研究团队前往叶尔羌河考察路上

图11-68 大同玉矿

图11-69　密尔岱玉料

图11-70　叶尔羌河子料

②马尔洋地段。马尔洋乡皮勒村（皮里村）是历史上的玉石产地之一。皮勒村是经济开发较晚的一个村落，2014年以前交通极为不便，只有少量玉料出产。2015年随着当地交通状况的改善，开始出产青玉，俗称"塔青"。这里的玉料裂隙较少，颜色以墨绿色为主。由于皮勒村的玉矿在叶尔羌河东侧的河壁旁，使用炸药采玉会使炸下来的玉料落入河中，因此，皮勒玉矿的开采方法以洞采为主，多用千斤顶将玉石撬动顶下，然后用工具取出，所以皮勒玉矿的玉料裂隙很小，比较完整。皮勒矿段玉料的特色是颜色黑青，玉质较好。

③密尔岱地段。密尔岱山玉矿位于叶城县西南，棋盘河上游，产玉地段长20余千米，宽1千米。资源丰富，至今仍是新疆玉料的重要产地。2008年的奥运徽宝玉材就出自密尔岱矿。这里的道路条件相对较好，年产量较大，以青玉和青白玉为主，白玉较少。2017年下半年因玉矿划在昆仑山自然保护区内，已经停止开采（图11-69）。

④血亚诺特地段。位于西合休乡要隆村，实际上就是清代的西合休玉矿。自20世纪80年代起，血亚诺特玉矿在古玉矿的基础上进行了整修，通往玉矿的道路已经基本修通。所产山料大部分为青白玉，玉质温润，但糖色较重。

⑤霍什拉普–喀群地段。这一地段主要出产叶尔羌河的子料，每年秋季，都有不少当地村民到这一地段两岸拣拾子料。子料颜色以青玉为主，质地较差。近年来，已经很少有质量较高的子料出产。目前，叶尔羌河喀群乡段正在修建喀群水利枢纽，水利工程建成后，这一地区的河滩拣玉将成为历史，叶尔羌河将划过曾经有河中采玉这段饱含诗意的历史烟云（图11-70）。

2. 皮山矿区

位于皮山县康西瓦村附近。这一地区是昆仑山的康西瓦断裂地区，新藏公路在此穿过。出产青白玉等玉料。近年来，在这一地区又发现了较大的玉矿，但开采条件艰难，开采时断时续，尚未进行大规模机械开采。

3. 和田"两河"矿区

"两河"是指和田地区的玉龙喀什河和喀拉喀什河，玉龙喀什河发源于昆仑山北麓，喀拉喀什河发源于喀喇昆仑山北麓，都由高山降水和高山冰雪融水补给。这两条河是举世闻名的"玉河"，是和田子料的主要产地（图11-71）。

玉龙喀什河又称"白玉河"，和田玉最好的子料绝大多数都产于这条河中。喀拉喀什河又称"墨玉河"，历史上曾称"乌玉河""黑玉河"。在这条河中，主要出产和田墨玉，这些墨玉呈暗绿色，外表风化后漆黑油亮，因而人们将其称为墨玉河。喀拉喀什河不仅出产墨玉，也出产碧玉、白玉，只是出产的白玉品质稍差。

20世纪80年代，人们重新开始大规模地在白玉河边拣拾子料，秋冬季节人数可达千人之多。玉石贸易者从现场拣玉人手中收购玉石，收购价格相对便宜（图11-72）。

图11-71　和田市玉龙喀什河一桥

图11-72　玉龙喀什河河道的寻玉人

图11-73　和田河挖子料

20世纪90年代以后，和田地区采玉人拣玉的数量已经远远满足不了社会对和田子料的需求，采玉人开始在河滩上使用简单工具挖掘子料，并有了集体协作的意识，许多人同时作业，共同挖掘，使和田子料的产出量急剧增加（图11-73）。

2000年以后，和田地区在"两河"流域开始使用大型机械设备来挖掘和田子料。这一时期，玉龙喀什河的挖掘地点主要集中在玉龙喀什河附近，大致分为三个地区：一是总闸口以南地区，指玉龙喀什河总闸口0千米处以南至80千米处河道两岸，采玉场分布在东、西岸河床上，这一地区有清代历史文献中记载的出产白玉子料较多的"大胡麻地"等。二是玉龙喀什河一桥以北地区，指玉龙喀什一桥以北10多千米处的河道两岸。三是古河道，指玉龙喀什河以东、洛浦县以西的古河床。

近些年，从黑山山口约100千米到和田河总闸口之间，无论新河道还是老河道，仍有多个地点在进行大规模的子料挖掘。其中比较知名的地点有：总闸口附近到六闸口，飞机场附近，玛丽艳开发区，恰尔巴格乡、英阿瓦提乡、吉雅乡、布雅乡、亚甫拉克乡等（图11-74至图11-79）。

通常采玉场出料后就在采玉场直接拍卖，拍卖过程相对封闭，参加拍卖的人多为有实力的玉料商人，人数不多，在几人至几十人之间，这就是通常所说的玉料一手拍卖。参加一手拍卖的商人将玉石拍到手后，一般会到和田的一些玉石巴扎（市场），如桥头、玛丽艳、吉雅乡等玉石巴扎交易。比起采玉场的拍卖，这些玉石巴扎是相对开放的市场，维吾尔族或汉族的玉料商在这里买入玉石，售往内地的大江南北（图11-80）。

4. 黑山矿区

黑山矿区分为两个地点。

①黑山矿区。位于和田县喀什塔什乡黑山村20千米处。主要出产"山流水"。黑山，古人又称"哈朗圭塔克"，是昆仑山的主峰之一。黑山矿区产玉地点位于阿格居改，也称阿格居改冰川，海拔约5000米。这里群山险峻，雪线以上终年冰川覆盖，千万年的冰川作用将海拔更高的原生矿床的玉料侵蚀、剥离、搬运，最后聚集在冰川之内。但每年夏季，部分冰川逐渐融化，会形成像人的舌头一样的

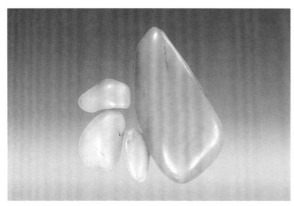

图11-74　和田河总闸口出产的子料

图11-75　英阿瓦提出产的子料

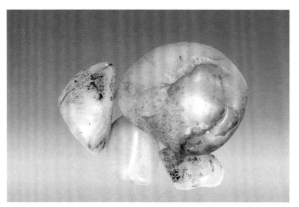

图11-76　恰尔巴格乡出产的子料

图11-77　吉雅乡、布雅乡出产的子料

图11-78　亚甫拉克乡杆旗大队出产的子料

图11-79　玛丽艳到索阿昆六道闸出产的子料

冰舌，这些冰舌高达数十米至百余米，随着夏季气温不断升高，冰舌会不断崩裂，玉料会与冰舌的冰块一起滚落河中，故在河中就可以找到玉料。这个矿化地带长十余千米，宽度不明，出产玉料以白玉为主，质量上乘。目前的采玉方法是在冰川下的冰河筑坝拦截，使冰川融化的冰水冲击冰川，加快冰川底部融化，形成更多的冰舌，并使其崩裂，进而发现更多玉料。在目前白玉河河床面临玉石资源枯竭的情况下，阿格居改一带的冰碛型玉矿将是宝贵的后备资源（图11-81）。

　　②奥米沙矿区。位于和田县喀什塔什乡奥米沙村南。海拔4000—4500米，清代就在这里进行过开采，新中国成立后也一直在开采。此处玉矿脉线较窄，产量不大。玉料颜色灰白，绺裂较多。近年来已开始进行机械开采（图11-82）。

图11-80　和田地区玉器市场

图11-81　通往黑山玉矿的道路

图11-82　奥米沙玉矿

5. 于田矿区

于田矿区位于于田县南80千米。以阿拉玛斯矿区为中心，包括阿拉玛斯玉矿、赛地库拉木玉矿、哈尼拉克玉矿、齐哈苦勒玉矿等几处矿点。

①阿拉玛斯玉矿。位于于田县阿羌乡流水村东南克里雅河支流源头柳什塔格山中，矿区海拔4600—4800米，是世界上罕有的白玉矿山，主要出产白玉和青白玉。

新中国成立以后，阿拉玛斯玉矿于1957年重新开采，此后持续开采至今，是新疆出产白玉的主要矿山。按生产状况可将此矿的采矿历程分为四个阶段。

第一阶段为建矿后的20世纪50年代，采用洞采方式的开采阶段。1957年，为开发利用好阿拉玛斯的玉石资源，于田县成立了玉石矿。当年招收职工40名，其中只有少数人懂采玉技术。采用洞采的方式，在原"戚家坑"矿点附近，利用錾子、榔头、铁钎等工具凿石开洞，然后用炸药爆破取料。出产的玉料因使用炸药的缘故，裂隙较多，成品率很低。这时矿工的生产和生活条件得到了改善，年均采玉量达三千斤，采出的主要是青白玉，约四分之一为白玉。

第二阶段为20世纪60年代，采用洞采与露天开采相结合的开采阶段。使用打眼放炮的办法，生产效率有所提高，但因用炸药爆破，炸碎了部分玉石，浪费较大。年产玉料平均约三千五百斤，其中白玉占三分之一，其余为青白玉，还有为数不多的青玉。

第三阶段为20世纪70—80年代，采用洞采的开采阶段。这一阶段采用电钻及风钻打眼，炸药爆破，坑道内已使用电灯照明，由于洞内不受风雨影响，工人的出勤率较高。全矿设四个坑口，两个掘进巷道，两个掌子面作业。但是洞采的作业面小，出渣量大，坑道以外的玉无法采集。此期年均采玉约四千斤，遇上大的矿体，年采玉量能达七八千斤或一万斤以上；遇到小矿体，年产仅一两千斤；如果未找到原矿体，则全年无收。80年代初，阿拉玛斯玉矿洞深已达50米，玉色变深，主体为青玉，白玉减少，销路不佳，采矿处于低潮，开采停顿下来。

第四阶段为2000年至今。2000年以后，新的开发商进入阿拉玛斯玉矿，开始采用人工开采，条件艰苦，产量不大，出产过一些上好白玉。而后，于田玉矿在负责人欧阳斌、张建国等人的带领下，取得了突破性的进展。先是修建了从流水村到阿拉玛斯的道路，又于2015年底修通了到阿拉玛斯矿区的道路，再于2016年修通了前往"戚家坑"的道路。道路修到"戚家坑"口后，大型机械

图11-83　20世纪70年代于田县玉石矿洞采时期遗留下来的机器

图11-84　阿拉玛斯玉料

就能够上去，玉矿开采速度大大提高了（图11-83、图11-84）。

②赛地库拉木玉矿。位于流水村东南方向，距流水村有27千米的山路。矿区海拔约4600米，基本无植被覆盖。现已有能通行车辆的道路，从流水村向东大约两个小时车程就能到达矿区。

赛地库拉木玉矿是于田矿目前最大的产料地点，整个矿脉长约3千米，宽约2千米，出产数量较大，每年在100千克左右，主要出产白玉与青白玉。2016年，该矿区的一个矿点曾发现了一处上千斤的青白玉玉料（图11-85、图11-86）。

③哈尼拉克玉矿。位于流水村南面，距流水村大概35千米。矿区海拔平均4500—5000米，气候变化无常，有终年不化的冰层。该矿的矿脉分布点较多，目前已知矿点有7个，出产白玉、青白

图11-85 赛地库拉木玉矿

图11-86 专家团队在赛地库拉木玉矿考察

图11-87　哈尼拉克玉矿

玉、青玉、青花，玉石品质很好，颜色质地均属上乘。哈尼拉克矿以前基本是人工开采，作业条件艰苦，工具是十字镐、钢钎、榔头，开采工艺原始，玉石产量低，采到的玉料要靠人背驴驮运下山（图11-87）。

哈尼拉克矿就是出产神奇的"95于田料"（简称"95料"）的矿区。1995年于田县玉石矿将阿拉玛斯包括哈尼拉克在内的玉矿承包给了维吾尔族工人买提尼亚孜，当年他就在哈尼拉克开采出了两千多斤的优质玉石，其中以白玉和优质青白玉居多，这一批玉料称为"95于田料"。由于哈尼拉克矿区路途遥远险峻，物资和玉石的运输全靠人背驴驮，加之发现出玉地点时已提晚至9月份，开矿难度远远超出了开采者的预估，所以"95料"的开采一直持续了整个冬季（图11-88）。由于矿区海拔在4500米左右，冬季极其寒冷，条件异常恶劣，加上采矿人员当时对该矿玉料的珍贵程度认识不足，开采时采用了爆破作业法，结果致使很多美玉都被炸成了碎块。1996年，该矿点又开采出了两千多斤玉料。当年在距离"95矿"20米处又发现了一个新矿点，又采出玉石五千斤左右，虽然品质上略逊于"95料"，但仍然是少见的优质白玉，其中一部分品质与"95料"相比丝毫不逊色。

"95料"具有白度上佳、质地细腻、结构致密均匀、油润度高等特点，一经上市就受到了人们的热烈追捧，价格从当年的每千克500元涨到目前的每千克几十万元（图11-89、图11-90）。

④齐哈苦勒玉矿。也是位于流水村南面，距离哈尼拉克矿不远。齐哈苦勒矿俗称"青花矿"，矿区平均海拔4700米，上山中途需要在克里雅河上空溜索道通过。上矿的道路从海拔约3400米爬

图11-88　"95矿"矿洞

图11-89　工人采到玉料

图11-90　"95于田料"

图11-91　齐哈苦勒玉料

升到4700米，山体斜度多在70°左右，向上攀爬十分危险，取料非常艰难。

齐哈苦勒矿区目前已知矿点有5个，出产的青花料白如凝脂黑如墨（图11-91）。该矿采矿点工作面狭小，作业时需要用安全绳防护，采玉条件艰苦且危险。直到现在开采工艺仍旧比较落后，仍是人工使用十字镐、钢钎、榔头等简易工具来开采。由于玉工驻地没有水源，需要从山下运水上来，加之采出的玉料需要人工背到中转站，再由中转站运送下山，采玉的艰辛程度可想而知。

6. 且末矿区

且末县位于新疆巴音郭楞蒙古自治州南部，昆仑山北麓，塔里木盆地东南缘，东与若羌县交界，西与和田地区民丰县接壤，南屏阿尔金山与西藏自治区为邻，北部深入塔克拉玛干沙漠与尉犁县相望，西北部邻阿克苏地区沙雅县，总面积14.025万平方千米。

且末玉矿区是新疆昆仑山–阿尔金山山系中阿尔金山山脉产玉的主要矿区。昆仑山和阿尔金山以且末县内的阿尔金断裂带为分界。

且末所产玉料的一个最大特征是，无论白玉或是青白玉都以糖色包裹而成，当地人叫"糖疙瘩"。到了内地中原后，均被玉器行业内部俗称"卡墙黄"。随着新中国成立之前且末玉矿的停采，"卡墙黄"逐渐淡出人们的视线，人们慢慢地不再知晓该玉矿的具体位置了。

1972年，北京玉器厂玉雕艺人王胡发拿着一块先辈留下的玉石山料，想寻求它的产地。他只是听师傅说这块料的产地在新疆，于是他便来到新疆和田，经当地专业人士辨认，断定此玉产地是在且末。同年，他郑重地给新疆维吾尔自治区人民政府致函，内容大致是：新疆的且末县有玉矿，出产和田玉，俗称"卡墙黄"。正是1972年的这封来信，改写了且末县玉矿开采的历史，1973年且末玉矿在政府的支持下开始开采。

1973年3月，且末玉矿的开采之路重新开启。首先，组织探矿队伍，由矿长张长江带队，包括后来的矿长田宝军在内的32人组成探矿先遣队，决定前往昆仑山深处寻找玉矿。探矿资金是从新疆维吾尔自治区工艺美术公司借的5000元，队伍准备从且末县城出发，向塔什萨依方向前进。塔什萨依是个古老而陌生的地方，整个探矿队伍中无一人去过这一地区，经过在且末县城多方寻找，终于找到一位当时已75岁高龄，35年前去过这一地区的向导，但在出发前10天，他突然胳膊受伤不能去了。矿区在哪里，通往玉矿的路又在哪里，整个队伍一片茫然。前进还有一线希望，后退是断然没有出路的，探矿队伍按照老人在地图上标明的方向按时出发。行进了10天以后，一座无路的冰大坂挡住了去路，张长江矿长坚定地要求继续前进，于是，探矿队员们开始在冰大坂上修路，经过十几

图11-92　且末塔特勒克苏玉矿开采面

天的奋战，他们终于在冰大坂上修出了一条178道弯的羊肠小道。翻过大坂后，他们看到一个山头有三个山洞，到了山洞口一看，洞口矿渣堆积如山，是一个古玉矿洞。队员们在矿洞里查找了十几天，一块玉料也没找到，就在大家绝望之际，忽然发现矿洞里清渣的道上有一块一千多斤重的大黑石头挡住了道路，他们在石头底下放了炸药，爆炸后白色的玉石暴露在大家眼前，采出第一块玉石后，大家欣喜若狂、信心倍增，接二连三地又发现了其他的玉石，他们连续工作了几个月，开采出了大量玉石（图11-92）。10月初，国家轻工业部、新疆维吾尔自治区工艺美术公司主持全国和田玉分配工作，且末采出的玉石全部按计划分配，且末矿取得了一定的经济效益。而后几年，且末不断有新的玉矿发现，1974年发现了塔特勒克苏3号矿，一个出玉地点的产出量就高达六万多斤。

　　20世纪70年代后期，由于且末矿的开采没有进行合理的规划，导致80年代初，且末已经发现的玉矿基本开采完。新的玉矿却还未发现，企业出现亏损，并面临着严峻的生存危机。这时已经是且末玉矿负责人的田宝军，根据古人的找矿理论和他本人多年的找矿经验，提出了"和田玉是按西瓜藤状分布"的理论。田宝军认为，昆仑山及阿尔金山在这一地区形成了千万个断层，断层是指有明显位移的断裂构造，和田玉就生长在这些断层的附近，一条玉线，犹如一根西瓜藤，采玉要顺藤摸瓜，和种地的道理一样，一根好的西瓜藤，会结出一个大西瓜，分支的藤会结出一个小西瓜，有些藤不结瓜。根据这一理论，采玉人找到了新的玉矿。同时，企业在政府的关怀和自我反思下，提出了一整套保护性开采的措施，对重点矿区进行深入调研，对且末玉矿重新进行了开发，出产了大量优质玉料，成为这一时期新疆和田玉山料的主要来源。

　　目前，且末有两个主要矿区：塔特勒克苏和塔什萨依矿区。

　　①塔特勒克苏矿区。塔特勒克苏，维吾尔语意"甜水"，位于且末县城东南方125千米处。其实"甜水"并不甜，每逢枯水期，上游流出的泉水又涩又咸，不过在夏季到来时流下的洪水倒是不

图11-93　且末玉王

咸。矿区位于且末县哈达里克河到塔特勒克苏之间长25千米的地带，包括哈达里克奇台和田玉矿床和塔特勒克苏和田玉矿床，海拔3500—4500米。塔特勒克苏玉矿是新疆古老的玉矿之一，在当地又被称为"皇家玉矿"。

这个矿区所产玉料质地细腻，颜色以青玉、青白玉为主，有少量白玉、青花、黄玉和糖玉。塔特勒克苏矿区出产了一些块度较大的玉料，如陈列在且末木孜塔格宾馆大厅的重达一万五千斤左右的大块玉料就来自这个矿区（图11-93）。

②塔什萨依矿区。位于且末县东南尤勒河到江萨依源头一带，包括塔什萨依玉矿床、江尕萨依上游矿点和其他20余处矿化点。矿化矿区，长十余千米，宽数百米，海拔4000米左右。塔什萨依矿区目前包括天泰矿、金山矿、8号矿、马尔沟矿、新矿、列王矿等数个矿点。在此之前且末出玉的主要矿区是塔特勒克苏矿区，塔什萨依矿区虽然也有玉料产出，但数量较少。

20世纪80年代，当时的玉矿开采者在这一地区进行探矿，找到了一些较大规模的玉矿，主要的出玉地点是列王矿点。90年代，随着探矿的不断深入，又在距离列王矿点5千米处发现了金山玉矿。金山玉矿开采出了质地优良的玉料，一时极为抢手。2012年且末县公开拍卖与金山矿临近的肃拉穆玉石矿的采矿权，天泰公司通过拍卖的方式取得了该矿的采矿权，并改名天泰玉矿。2013年天泰玉矿并购了金山玉矿。

天泰玉矿的开发者王守成在取得玉矿的开采权后，请来相关专家进行考察论证。专家们认为这一矿区比较适合露天开采，王守成采纳了这一建议，决定这一矿区采用露天作业的方式进行开采，并为此制定了详细的开采规划（图11-94至图11-97）。

随后，金山玉矿开始大规模地修路，并装备了现代化的机械设备。而后几年，金山、天泰矿区数十台挖掘机日夜作业，出产了大量优质的玉料，使玉石资源得到了最大限度的开发和利用。目前，天泰、金山等矿区已经成为昆仑山及阿尔金山开采规模最大、机械化程度最高、资源得到最大利用的矿区（图11-98至图11-101）。

塔什萨依玉矿区出产的玉料主要有白玉、青白玉、青玉及糖玉等。鉴于这一矿区玉料的特色，

图11-94　专家团队考察且末矿的途中

图11-95　专家团队在且末矿区考察

图11-96　专家团队考察且末矿区

图11-97 专家团队考察且末矿区

图11-98 且末玉矿开采面

图11-99 且末金山玉矿机械作业

图11-100 且末矿区生活区

图11-101 且末矿区矿工

王守成在听取专家的建议后，将其在金山、天泰矿区出产的玉料统称为"金山玉"。金山玉的特点是质地干净、细腻温润、颜色艳丽，硬度高、韧性好、油性强，是且末玉矿出产的高品质玉料的代表。同时，金山玉矿是新疆地区出产糖玉最多的玉矿，颜色靓丽，并发现了具有猫眼效应的糖白玉（图11-102、图11-103）。

图11-102　金山糖白玉料

图11-103　白色金山玉料

7. 若羌矿区

若羌是新疆的一个县。若羌矿区位于若羌县城的西南和南部，瓦石峡到库如克萨依一带，矿带是阿尔金山且末矿带一直向东延展至若羌的矿带。

20世纪80年代，随着且末玉矿开采规模的不断扩大，探矿范围逐渐向东扩展，慢慢进入若羌境内。若羌的黄玉储量很大，现有几个较大的玉矿都在开采中，它们是：英格里克玉石矿，主要产青白玉、白玉、糖白玉、黄玉；富国岭玉矿，主要产黄玉、青白玉；托克布拉克玉矿，主要产糖白玉、白玉、糖玉、青白玉。近年来在若羌米兰地区发现了新的玉矿，表明若羌玉矿带一直向东延展。若羌玉料以青白玉为主，少量黄玉，质地细腻，油性较好（图11-104、图11-105）。

图11-104　若羌玉矿

图11-105　若羌黄玉

二、和田玉料的销售

新中国成立后，国家对和田玉的交易仍然实行管控。玉石矿的开采明确规定：任何单位和个人都必须通过申请、批准后，取得采矿许可证才能采玉，对河流和农田的零星玉石允许个人拣拾。但要交由当时的和田玉石收购站统一收购，然后由国家统一分配给国内各大玉器厂。和田玉要运到内地，需要有和田政府部门开具的出疆证才能运出，否则将被没收。

20世纪80年代起，和田玉开始有小规模的交易，但处于较为保密的私人状态，大部分玉石要卖给和田当地的玉石收购站，由国家统一收购。90年代以后，和田政府放松但并未完全解除对和田玉料的管制，对于规模较大的和田玉交易仍然进行打击，甚至派人去内地追查非法交易的玉料去向。

2000年以后，国家对玉石交易完全放开，至此，和田玉料管控成为历史，人们可以随意买卖和田玉料了，和田玉料的交易迎来了空前的发展时期。伴随着子料的大规模挖掘和山料的开采，和田玉料不论是子料还是山料，交易皆迅速扩大。随着人民生活水平和审美情趣的不断提高，加之中国玉文化的传承和弘扬，玉器市场不断繁荣，玉料需求不断增加，导致了和田玉料供不应求，价格不断上涨的局面，优质的和田子料价格更是飞涨，如今已涨至以克论价的地步了。

第九节　历代和田玉产量估算

新疆和田玉的开采历经数千年，历朝历代对和田玉的开采数量并没有做过统计，即使是在信息极为发达的今天，新疆和田玉开采数量也没有准确的统计，因而，统计历代新疆和田玉开采数量极为困难。我们只能根据有限的资料来推断历代新疆和田玉的开采数量。

统计的主要依据有这样三点。第一，从历代出土或传世玉器的数量推算。这种推算方法主要用于元代以前的玉器。第二，从历代玉料开采手段分析。明代以前，新疆玉料的来源主要是和田地区的两条河与喀什地区的叶尔羌河的子料，这些子料只能依靠人工拣拾，数量有限。明代以后使用火药开采山料，开采数量有所增加。建国后由于采用机械开采山料，数量大增。第三，从有限的史料入手。如清乾隆时期，官玉（"岁贡"玉、"特贡"玉）每年的开采量在万斤以上，约等于现在的7—8吨，私玉的数量与官玉的数量差不多，也在7—8吨左右，因而推算出清代每年玉料产量约在15吨。

当然，新疆和田玉的开采数量，由于没有可靠的文献与数据参考，我们只能大致估计数量，历代开采数量大致如下。

1. 汉代中期以前和田玉的产量情况

汉代中期以前和田玉的产量情况不详。

2. 汉代中期至民国时期和田玉的产量情况

汉代中期至南北朝时期：按平均年产量1.5吨计算，则在710年中，共采玉约1065吨。

隋唐宋时期：按平均年产量2.8吨计算，以699年计，共采玉约1957吨。

元代：按平均年产量5吨计算，历时98年，共采玉约490吨。

明代：按平均年产量10吨计算，历时276年，共采玉约2760吨。

清代：按平均年产量15吨计算，267年中，共采玉约4005吨。

民国：主要是于阗阿拉玛斯玉矿、且末皇家玉矿等矿区出产玉料，共采玉约500吨。

这一时期产量合计约为：10777吨。

3. 1949年以后新疆各地和田玉的产量情况

密尔岱玉矿，共出产了玉料约2000吨。

血亚诺特玉矿，近十年来共出产了玉料约1500吨。

和田子料，在20世纪50—70年代每年出产约5吨，30年间共出产了约150吨。80—90年代平均每年出产约10吨，共出产了约200吨。2001—2010年平均每年出产约50吨，共出产了约500吨。2011—2020年平均每年出产约20吨，共出产了约200吨。合计出产了约1050吨。

于田玉矿，自1957年开采，20世纪60年代以前出产了约30吨，70年代出产了约200吨，90年代出产了约200吨，2000年以后出产了约2500吨。共计出产了约3000吨。

皮山玉矿，共出产了约500吨。

黑山玉矿，共出产了约500吨。

且末地区的塔特勒克苏玉矿区，1973—2000年共出产了约1800吨，2001—2010年共出产了约1000吨，2011—2020年共出产了约2000吨。合计出产了约4800吨。塔什萨依玉矿区，2010年前年产量较为稳定，每年出产约100—200吨，按每年150吨计算，近20年共出产了约3000吨。2011年至今出产了5050吨。且末地区玉矿合计出产了约12850吨。

若羌矿区，从20世纪90年代到现在，每年平均按100吨计算，30年共出产了约3000吨。

这一时期产量合计约为：24400吨。

同时，新疆昆仑山沿线的戈壁料从80年代至今，共出产了约500吨。

新疆和田玉自汉代中期以来至今的产量合计约为36000吨。

第十节　历代新疆和田玉的开采方法

新疆和田玉的开采方法，在前几节中已略有提及，本节将综合论述新疆和田玉的开采方法及工具运用。新疆和田玉有四种形态：子料、山流水料、山料和戈壁料，以下来具体谈谈这四种形态的和田玉开采方法。

一、子料的开采方法

1. 古代子料的开采方法

古代新疆和田玉子料的开采方法共有三种：捞玉、拣玉和挖玉。

（1）捞玉

捞玉是古人在新疆河流中采集玉石的一种方法，历史上著名的玉河有和田地区的玉龙喀什河、喀拉喀什河，喀什地区的叶尔羌河等。

历史上子料的开采方法主要是季节性捞玉，对此古代文献多有记载。最初的记载是吴越天福三年（938年）高居诲出使于阗所见到的捞玉情景。《于阗国行程录》云："每岁五六月，大水暴涨，则玉随流而至。玉之多寡，由水之大小。七八月水退，乃可取。彼人谓之捞玉。"[97]《新五代史》亦言："每岁秋水涸，国王捞玉于河，然后国人得捞玉。"[98]古代文献虽对捞玉有所记载，但由于古代对玉的信仰和崇拜，致使捞玉蒙上了许多神秘的色彩。我们通过在新疆进行实地调研和实验，得出几个看法如下。

①捞玉季节。和田河捞玉有很强的季节性。和田的河流，主要靠昆仑山的冰雪融化补给。夏季时气温升高，冰雪融化，河水暴涨，流水汹涌澎湃，这时山上的原生玉矿石经风化剥离后，被洪水携带着奔流而下，到了昆仑山出山口地带因流速骤减，玉石就堆积在那里的河滩上或河床中。秋季河水渐落，玉石显露，易于被人们发现，这时气温适宜，人们便可以入水捞玉了。可见，秋季是捞玉的主要季节（图11-106）。

②捞玉时间。在捞玉的季节里，对捞玉的具体时间也是有选择的。据《新唐书》记载："月光盛处必得美玉"，"玉璞堆积处，其月色倍明"[99]。意思是说，在月光之下，河水中的子料特别亮，如果见到月光下很光亮的石头，必得美玉。现代有人将此解释为：因玉多洁白润滑，反射率较大，故显得月色倍明。实际上，和田玉的折射率和反射率并不大，根本不具备很强的反光性，在夜晚明月当空的水中，与同一颜色的石英岩或大理岩砾石并没有什么区别，玉石并不存在因月光映射而亮度倍增的情况，至于玉工能够在月光下轻易辨别出河水中子料和杂石的区别应是经验丰富所致吧。由于有经验的捞玉者在晚上辨别水中之玉更容易些，因而，捞玉时间通常是秋季明月当空的晚上。

③捞玉方法。古代文献中记载的捞玉方法多是"踏玉"，认为捞玉人在河水中仅凭脚下感觉，便可以分辨出玉和石来。如《西域闻见录》云："遇有玉石，回子脚踏知之。"[100]事实上，这种通过人在水中行走，靠双脚来感知哪块是玉石的捞玉方法只能在短时间内使用，长时间在秋季夜晚冰

图11-106　和田河捞玉
情景一

图11-107　和田河捞玉
情景二

冷的河水中行走和浸泡，人的身体是根本无法承受的。有人曾在夏季的和田河中赤脚行走5分钟，便觉脚已麻木，上岸后很长时间还感觉脚部冰冷，其后数年都还有脚部不适的感觉（图11-107）。

　　古人河中捞玉的具体方法是：每年的春秋两季特别是秋季的月明之夜，在昆仑山和田玉龙喀什河与喀拉喀什河出山口河水较浅处，有识玉经验且身体健壮的多名女性结伴而行，沿着河滩边走边看，看到河中类玉的石头，便脱掉衣服，手挽手地下到河中将其捞拣出来。当然，对捞取上来的石头还需仔细观察、辨别其是否是真正的玉石。

④捞玉之人。古代文献中有"阴人招玉"之说，"其俗以女人赤身没水而取者，云阴气相召，则玉留不逝，易于捞取"[101]。意指女性更适合捞玉工作。古代官员认为玉聚敛了太阴之气，如有阴气相召，必易得玉，于是多用妇女下河捞玉，因而，在和田两条河里捞拣玉石的多是女性。尽管女性皮下脂肪较厚，耐寒性相对较好，但在冰冷刺骨的河水中捞玉也是极其辛苦和无奈的。

然而，元代时期，于阗的统治者为了获取玉石的高额利润，竟然驱赶于阗女奴在夏季水位较高时下河捞玉。据《佛自西方来——于阗王国传奇》载，元代，于阗的首领阿巴拜克曾强迫女奴隶下河捞玉，"每到汛期过去，无数赤裸的女奴隶就会像下饺子一样，在没过胸的河水中，寻找玉石"[102]。于阗河水系昆仑山雪水融化而成，寒冷刺骨，这种灭绝人性的捞玉方法，不知摧毁了多少维吾尔族女性的健康。

（2）拣玉

拣玉是古代人们在出玉河流的河滩采集玉石的一种方法。

拣玉并不是漫无目的地在河边翻拣，拣玉人需要有丰富的经验，能够根据河流冲刷的方向选择拣玉地点。这些地点往往在河流内侧的河滩，河道由窄变宽处和河心砂石滩上方的外缘。这些地方都是水流由急变缓处，有利于玉石的停积。拣玉行进的方向一般是自上游向下游推进，以使目光与卵石倾斜面垂直，易于发现子料。同时行走的方向要随太阳方位的变化而变换，一般需要人背向太阳行走，这样眼睛既不受阳光的刺激，又能清楚地判明卵石的光泽与颜色，判定其是不是玉石。谢彬《新疆游记》言："常以星辉月暗候沙中，有火光烁烁然，其下即有美玉。明日坎沙得之。然得者恒寡，以不能定其处也。"[103]该描述不是完全准确，因玉不会"火光烁烁然"，但玉确有与众不同的颜色，有经验的拣玉人还是能够根据卵石的颜色，判断出其是否为玉石（图11-108）。

拣玉的季节是自夏至秋，河的上游是初夏至初秋，下游可以稍晚些，中秋后河水开始结冰并逐渐封满河床，就无法拣玉了。于阗的河水受季节影响很大，夏季3个月拥有年径流的70%—80%，秋季骤减至10%左右，冬季基本无水。初夏时昆仑山积雪消融，每天上午洪水到达之前可以拣玉；夏季洪水到达较晚，每天中午还可以拣玉；初秋河水消退，河滩暴露，部分河床干涸，气候不热不冷，正是拣玉的好季节，可以整日拣玉。可见，一年之中拣玉的最好季节是秋季。

图11-108 和田玉龙喀什河景象

（3）挖玉

挖玉是指在河谷阶地、干河滩、古河道和冲积洪积扇上的砾石层中挖寻玉石。

挖玉在清代比较盛行，洛浦县设立于清光绪二十八年（1902年），该县主簿在《洛浦县乡土志》中记述了胡麻地挖玉的情景。那时挖玉者甚众，"小胡麻地在县北三十里，尽砂碛，因出子玉、璞"[104]，"任人挖寻，不取课税"，"寻挖者众，沿沙阜有泉，起房屋，植树木，以便客民寓居之所"[105]。

历史上挖玉的主要地点也是大小胡麻地。在大胡麻地出山口附近的河滩宽500—800米，自西南向东北蜿蜒展布，河滩中尽是卵石。今天有多处看上去呈盘状或漏斗状的洼地，内有卵石规则排列堆砌，即是古人挖玉遗迹。小胡麻地也是历史上挖玉的主要地点，考古学家黄文弼于1929年到小胡麻地考察时曾写道：当地人掘玉石之所，旁有干河川一道。河岸高二丈许，两旁沙碛迤逦断续不一，现水已干，唯有泉水南流，当地人即在河中掘起玉石。最佳丽者为白玉带皮者，俗称羊脂玉，以言白润如脂也，现不多见，亦无开采者。说明当时河滩表面的玉石已经被拣得差不多了，采玉开始采用挖玉的形式了（图11-109、图11-110）。

图11-109　和田白玉河人工挖玉场景

图11-110　和田白玉河挖玉后的场景

挖玉的方法就是使用简单的铁锹、铁镐等工具在河滩上挖掘，这种采玉方法的效率比捞玉高得多。

2. 现代子料的开采方法

新中国成立初期，和田开采子料仍然采取古代的挖玉方法，即使用简单的工具进行挖掘。改革开放以后，这种挖掘开始变成有组织地进行，挖掘面积也逐渐扩大。

20世纪90年代初中期，出现小规模的机械挖掘，开创了和田子料挖掘的新阶段。这种挖玉方法是：先用推土机将古河道或戈壁滩表面的浮土推开，露出卵石，然后用挖掘机将卵石挖出，倒在旁边，卵石堆放处围有一圈工人，他们会将卵石逐一仔细翻查一遍，发现子料后拣出。然后挖掘机再将新的卵石挖出倒出，工人们再进行分拣，如此往复。这种方法大大加快了挖玉的速度（图11-111）。

图11-111　玉龙喀什河挖玉

2000年以后，多用机械采玉法，类似于露天煤矿的开采方法。先用铲车铲去地表厚2—5米的沙土层，直到露出卵石，然后在卵石层中采玉。采玉方法有两种：一是如上所述在河床上直接用铲车铲起卵石转到另外一个方向慢慢抖落，旁边有数人站立，用工具（铁锹、犁耙等）从落下的卵石中拣出玉石。这种方法只能挖至河床下数米深，再往下挖便会有地下水涌出，所以采挖不到较深河段。二是在有地下水涌出的河段上，用铲车将水下的卵石铲出，装在卡车上，运到另外一个地方进行分拣，拣出玉石。

随后的几年，和田"两河"流域子料挖掘达到了高潮，机械开始大规模介入子料挖掘，到2006年时，数千台挖掘机械在和田白玉河道一字排开同时挖玉，数万人同时作业，场面极其"壮观"，玉龙喀什河流域机械挖掘子料也达到了历史的高峰。这时的子料供应充足，价格不高（图

11-112）。然而，这种竭泽而渔的毁灭性开采带来了极其严重的后果：一是已将"两河"流域的玉石资源开发殆尽；二是严重破坏了和田地区的生态环境（图11-113）。

图11-112 和田河附近停留的挖掘机

图11-113 白玉河挖掘后满目疮痍的场景

从2007年起，当地政府开始实施各种禁采措施，开展了"禁止乱采滥挖专项行动"，大型机械全部从河床中撤出，对无序采挖现象进行了一系列的整顿。

经过几年的整顿以后，当地政府开始有序挖掘。2012年，和田地区国土资源部门公开拍卖了数千亩开采地，主要分布在和田市、和田县、洛浦县、墨玉县，这些戈壁地都是古河道，出产了一定数量的和田子料。2015年，玉龙喀什河流域的子料挖掘又达到了高峰，和田地方政府将部分河道承办给承包商，这些承包商竭尽全力进行开发，白玉河古河道多处砂石料承包场每处都有几十上百台大型机械设备同时作业，有些地方深挖几十米，有些地方挖出了地下水（图11-114）。

　　随着子料出产数量的日益减少，和田河子料的开采方式在2016年又发生了变化。以往的子料开采虽然已经机械化了，但还只是机械化中的粗放生产方式。新的开采方式明显不同于以往，大致是这样的：挖掘者在有玉石的河床旁安装少则数条多则数十的大型砂石分拣传送带，传送带两边站有工人，采玉人先用推土机将河道上层的浮土推掉，然后用装载机将下面的卵石装上卡车运到传送带后端，工人将卵石送到传送带上，传送带旁的水管（水由卵石坑中已出水的地方抽出）将卵石冲刷干净，卵石在传送带上慢慢行进，站在传送带两旁的工人仔细观察，将其中的子料拣出。这种开采方法，极大地提高了子料的出产率，几乎每一粒子料都不会被放过，这样一来，和田子料的出产率大大提高了（图11-115、图11-116）。

图11-114　子料挖掘现场

图11-115　和田地区砂石料厂挖玉情景

图11-116　传送带挖掘子料

二、山流水玉料的开采方法

山流水玉料是和田玉的一种形态，是山料未进入河流的坡积矿，形状介于山料与子料之间，这一形态的玉料在山料原生矿到河流下游都有出产。新疆出产山流水料较多的矿区是黑山矿区。

黑山地区整个山顶都被厚厚的冰层覆盖，千万年的冰川作用将海拔更高的原生矿床的玉料侵蚀、剥离、搬运，最后聚集在冰川之下。夏天温度高时，冰川逐渐融化形成冰舌，有的冰舌高达数十米至百余米。随着夏季气温不断升高，冰舌会不断崩裂，伴随着雷鸣般的巨响，漂砾与冰块滚泻而下，跌落入河中，夹在冰川里的玉石会随着冰川的融化而暴露出来，在冰河中就可以找到山流水玉料了。因此，过去黑山采玉的方法只有等自然冰舌融化，到河中拣拾。随着时间的推移，冰舌自然融化所带来的玉料，已经远远不能满足采玉人的需求，他们开始借助机械来开采。这种机械开采法的具体操作程序是：采玉人在融化的冰水中间筑坝，将上游的冰水用坝拦住，令其改变方向，往回冲击冰舌下部，使冰舌快速崩裂，以使更多的山流水玉料露出，达到开采更多玉料的目的。但是这种方法具有一定的危险性，可能会导致冰川大面积倒塌，对采玉人造成人身危险。同时，这种竭泽而渔的做法会很快将含有山流水玉料的冰舌开发完，导致后人在此处无玉可采（图11-117、图11-118）。

三、山料的开采方法

我们认为明代以前新疆昆仑山没有开采过山料，原因前面已经讲过，即使是从明代开始开采山料，也不是那么容易的。玉石在昆仑雪山之巅，交通险阻，高寒缺氧，条件艰苦，开采不易，古代文献提到的"攻玉"就是开采山料的意思。山料开采主要有露天开采和洞采两种方法。

图11-117　黑山山顶的冰崖

图11-118　黑山河玉矿

1. 露天开采的方法

（1）火攻开采方法

火攻法作为中国古代玉石山料开采的主要方法，多在内地使用。具体操作是：找到玉矿以后，先判断玉料和两边围岩的状况，找出围岩的裂隙，并在裂隙中插上木材使其燃烧，在岩石受热后，速浇冷水，致使岩石裂隙扩大，再用硬器撬动，将破裂的围岩石脱落，夹在岩石中间的玉料就会显露出来。如果围岩上没有裂隙可供木材插入，也可以先将木材堆放在岩石上方，将其燃烧，再浇冷水，使岩石产生裂隙，再插入木头进行燃烧浇水采玉。

明代以后，新疆昆仑山采玉的方法主要是火药开采的方法，但表层玉料的开采也使用火攻开采方法，这种方法与内地古老的采玉方法基本相同，但也有不同之处。昆仑山的玉矿地表露头面积较小，玉料表面的裂隙很小，不足以插进木材进行燃烧作业。但昆仑山聪明的采玉人用自己的办法解决这个问题。他们发现玉矿后，尽量在玉石之间找到裂隙。一般来讲，昆仑山的玉石可能只有一些很小的裂隙，这些裂隙不足以插进木头，采玉人就想办法扩大玉石的裂隙，使其能够插进木头进行燃烧，为此他们发明了豆类膨胀法。方法是，先用小的树枝等工具将玉石矿体的小裂隙拨开，将绿豆放入其中，再将随身携带的水浇一点在上面，几天以后，绿豆膨胀长出豆芽，采玉人再将绿豆挖出，换进黄豆，再浇上水，待黄豆出芽后，矿体的裂隙也就增大了，这时玉石矿体如果出现晃动，使用火攻法即可将其挖出。我们今天已经有了现代化的工具，不必再使用这些原始的方法采玉了，但民间采玉人这种聪明才智着实令人赞叹。

由于昆仑山高寒缺氧，木材燃点较低不易燃烧，同时水的运输也非常不便，因而这种火攻法只适合应用在开采量极小的露头矿。

（2）火药开采方法

明代以后，昆仑山山料开始使用火药开采法。具体方法是：人们首先在山上找到露头的玉料，并据此找出玉料矿体的主脉，接着在玉料主脉的边缘找到围岩，用火药将玉矿两边的围岩炸裂，再用较为坚硬的铁质工具将围岩撬动剥开，位于围岩中间的玉料露出，就可以用工具将玉料取出了，这一层面的玉料开采结束，再接着开采下一个层面。这种开采方法的好处就是最大限度地保留了玉料，使其不受任何损失。

（3）炸药开采方法

晚清时，随着诺贝尔发明的炸药进入中国，昆仑山山料的开采开始大规模使用炸药。伴随着昆仑山炸药爆破的隆隆巨响，中国历史上使用了5000多年的火攻法，新疆山料使用了三四百年的火药法渐渐退出了历史舞台。

（4）大型机械开采方法

近20年来，新疆和田玉山料的开采进入了全新模式。每一座矿山都在大规模地使用机械，这些机械主要包括推土机和挖掘机，同时与炸药配合使用。大型机械开采的具体方法是：先用炸药将山上的花岗岩炸裂，然后用挖掘机将其剥离，露出玉矿，最后用挖掘机将玉料挖出。这种方法的使用，使现代山料的开采方法达到了前人从未企及的高度，采玉规模越来越大。采用这种方法的好处是，能将矿区的所有玉料一网打尽，充分开发玉矿资源。但耗资巨大，一座玉矿的开采，动辄需要几千万甚至上亿元的投资（图11-119至图11-121）。

2. 洞采的方法

洞采是开洞挖掘玉料的方法。其优点是工程量比较小，缺点是采掘得不够彻底。洞采有这样三种方法。

①手工洞采法。这种方法完全采用手工方法，采玉人找到玉脉后，顺着玉脉以铁锤、铁钎等简易工具开洞取料。这种方法开的洞一般不是很深，所取玉料有限。

图11-119　玉矿矿工调试机器

图11-120　玉矿开采场景

图11-121　机械露天开矿

②爆炸洞采法。这种方法类似于一般矿山的隧道开采。采玉人发现玉脉后，根据玉脉的走向用炸药爆破，开出洞口，向内进深，遇到玉脉以后，尽量使用风镐等工具开采，这样做不会破坏玉料。一般洞深有几百米，目前，昆仑山许多玉矿仍然采用这种洞采法开采（图11-122）。

③千斤顶洞采法。这种方法通常使用于有玉脉河段的峭壁上。河段的峭壁不能实施爆破，否则炸出的玉料落入河中无法取回。采玉人发现玉脉后，通常会在峭壁上开出一个仅能站人的小洞，然后用千斤顶摇动玉料，使其慢慢脱落。塔什库尔干马尔洋地区的山料就是使用这种方法进行开采的。

四、戈壁料的开采方法

戈壁料是原生玉矿山体经过某种地质现象破坏以后，山料崩落，由洪水带到戈壁滩，经过数万年风沙磨蚀以后形成的玉料。戈壁料留下了玉石最坚硬和致密的部分，表皮凹凸不平，布满圆滑的坑坑洼洼。戈壁料范围分布广泛。开采的方法一直是靠人工在戈壁滩上拣拾，最近几年采玉人开始使用一种类似农具犁耙状的工具，在戈壁滩较大范围内机械翻地，然后人工拣拾，大大地提高了戈壁料的开采数量（图11-123）。

图11-122 洞采法开采玉料的矿洞

图11-123 专家团队考察戈壁滩

从古至今开采新疆和田玉料的方法多种多样，它是中国人民智慧的结晶，无论在何等艰难困苦的条件下，历朝历代的中国人总是能够想方设法地将玉料开采出来，琢制成美丽的玉器，为9000年中国玉文化添砖加瓦。

注　释

[1]　王时麒, 等. 中国岫岩玉[M]. 北京: 科学出版社, 2008.

[2]　安徽省文物考古研究所. 凌家滩墓葬玉器测试研究[J]. 文物, 1989(4): 10-13.

[3]　顾实编. 穆天子传西征讲疏[M]. 北京: 商务印书馆, 1934: 202.

[4]　云希正, 牟永抗. 中国史前艺术的瑰宝——新石器时期玉器巡礼[M]//中国玉器全集编辑委员会. 中国玉器全集1: 原始社会. 石家庄: 河北美术出版社, 1992: 23; 尹达. 新石器时代[M]. 北京: 生活·读书·新知三联书店, 1955; 叶茂林. 甘肃青海宁夏新疆地区出土玉器概述[M]//中国出土玉器全集15. 北京: 科学出版社, 2005.

[5]　郭宝钧. 中国青铜器时代[M]. 北京: 生活·读书·新知三联书店, 1963.

[6]　唐际根, 何毓灵, 岳占伟. 殷墟玉器的发现与研究[M]. 北京: 科学出版社, 2005.

[7]　徐琳. 中国古代玉料来源的多元一体化进程[J]. 故宫博物院院刊, 2020(2): 94-107.

[8]　于明. 新疆和田玉开采史[M]. 北京: 科学出版社, 2018.

[9]　夏鼐. 汉代的玉器——汉代玉器中传统的延续和变化[J]. 考古学报, 1983(2): 126.

[10]　司马迁. 史记: 卷一百二十三: 大宛列传[M]. 北京: 中华书局, 1963: 3160.

[11]　沈起炜. 中国历史大事年表[M]. 上海: 上海辞书出版社, 2001: 120.

[12]　陈梦家. 玉门关与玉门县[J]. 考古, 1965(9).

[13]　平居诲. 于阗国行程录[M]//傅璇琮, 徐海荣, 徐吉军. 五代史书汇编. 杭州: 杭州出版社, 2004: 1942.

[14]　陈性. 玉纪[M]. 粟香室丛书本.

[15][16]　欧阳修. 新五代史: 卷七十四: 四夷附录第三[M]. 北京: 中华书局, 1974: 918.

[17]　宋应星. 天工开物[M]. 涂绍煃刊本, 1637（明崇祯十年）.

[18]　班固. 汉书: 卷九十六上: 西域传[M]. 北京: 中华书局, 1964: 3881.

[19]　魏收. 魏书: 卷一百二: 西域[M]. 北京: 中华书局, 1974: 2262.

[20]　魏徵, 等. 隋书: 卷八十三: 西域[M]. 北京: 中华书局, 1982: 1853.

[21]　欧阳修, 宋祁. 新唐书: 卷二百二十一上: 西域上[M]. 北京: 中华书局, 1975: 6235.

[22]　斯坦因. 沙埋和阗废墟记[M]. 乌鲁木齐: 新疆美术摄影出版社, 1994.

[23]　黄文弼. 塔里木盆地考古记[M]. 北京: 科学出版社, 1958.

[24]　殷晴. 于阗古都及绿洲变迁之探讨[J]. 和田师专教学与研究, 1983(6).

[25]　李吟屏. 古代于阗国都再研究[J]. 新疆大学学报（哲学·人文社会科学版）, 1989.

[26]　杨森, 杨诚. 敦煌文献所见于阗玉石之东输[M]//唐史论丛（第十三辑）. 西安: 三秦出版社, 2011.

[27]　岳峰. 和田玉与中华文明: 和田玉鉴赏与收藏[M]. 乌鲁木齐: 新疆人民出版社, 2013.

[28]　欧阳修, 宋祁. 新唐书: 卷二百二十一上: 西域上[M]. 北京: 中华书局, 1975: 6236.

[29][30]　意林: 尸子: 二十卷[M]. 录补景上海涵芬楼藏武英殿聚珍版逸文补景别下斋本.

[31]　黄盛璋. 《钢和泰藏卷》与西北史地研究[J]. 新疆社会科学, 1984(2).

[32]　黄盛璋. 和田塞语七件文书考释[J]. 新疆社会科学, 1983(3).

[33]　殷晴. 唐宋之际西域南道的复兴——于阗玉石贸易的热潮[J]. 西域研究, 2006(1).

[34]　周辉. 清波杂志[M]. 北京: 中华书局, 1994: 250.

[35]　马克思. 资本论[M]. 上海: 上海三联书店, 2009.

[36]　解缙, 等. 永乐大典: 卷一九四一七[M]. 影印本. 北京: 中华书局, 1986: 7199.

[37]　宋濂, 等. 元史: 本纪第八: 世祖五[M]. 北京: 中华书局, 1976: 153.

[38]　解缙, 等. 永乐大典: 卷一九四一七[M]. 影印本. 北京: 中华书局, 1986: 7199.

[39]　马可波罗行纪[M]. 沙海昂, 注. 冯承钧, 译. 北京: 商务印书馆, 2012: 89.

[40]　平居海. 于阗国行程录[M]//傅璇琮, 徐海荣, 徐吉军. 五代史书汇编. 杭州: 杭州出版社, 2004: 1942.

[41]　欧阳修. 新五代史: 卷七十四: 四夷附录第三[M]. 北京: 中华书局, 1974: 918.

[42]　宋应星. 天工开物[M]. 涂绍煃刊本, 1637（明崇祯十年）.

[43]　赵汝珍. 古玩指南[M]. 吉林: 吉林出版社, 2007.

[44]　高濂. 遵生八笺: 卷十四: 燕闲清赏笺[M]. 弦雪居重订, 明万历刊本.

[45]　李时珍. 本草纲目: 金石之二[M]. 上海: 上海科学技术出版社, 1993.

[46][47][48][49]　张星烺. 中西交通史料汇编: 第一册[M]. 北京: 中华书局, 2003: 524–525.

525[50]　阿里·玛扎海里. 丝绸之路: 中国一波斯文化交流史[M]. 耿昇, 译. 北京: 中华书局, 1993.

[51][52]　张廷玉, 等. 明史: 卷三百三十二: 西域四[M]. 北京: 中华书局, 1974: 8608.

[53]　宋应星. 天工开物[M]. 涂绍煃刊本, 1637（明崇祯十年）.

[54]　阿里·阿克巴尔. 中国纪行[M]. 张至善, 编. 北京: 生活·读书·新知三联书店, 1988.

[55]　张廷玉, 等. 明史: 卷三百三十二: 西域四[M]. 北京: 中华书局, 1974: 8625.

[56]　阿里·阿克巴尔. 中国纪行[M]. 张至善, 编. 北京: 生活·读书·新知三联书店, 1988.

[57]　罗·哥泽来滋·克拉维约. 克拉维约东使记[M]. 杨兆钧, 译. 北京: 商务印书馆, 1957: 157.

[58]　傅恒, 刘统勋, 于敏中. 皇舆西域图志: 卷四十三: 土产一[M]. 清文渊阁四库全书本.

[59]　袁大化. 新疆图志: 中国边疆丛书第一辑: 卷60: 山四[M]. 第2247页.

[60]　长白七十一椿园. 西域闻见录[M]. 东京书林刻本, 1801（日本宽政十三年）.

[61]　姚元之. 竹叶亭杂记: 卷三[M]. 北京: 中华书局, 1982.

[62]　魏源. 圣武记: 卷三[M]. 上海: 上海图书集成局, 1903.

[63]　长白七十一椿园. 西域闻见录[M]. 东京书林刻本, 1801（日本宽政十三年）.

[64]　长白七十一椿园. 西域闻见录[M]. 东京书林刻本, 1801（日本宽政十三年）.

[65]　《新疆文库》编委会. 西域图志校注[M]. 乌鲁木齐: 新疆人民出版社, 2013: 737.

[66]　弘历, 蒋溥. 御制诗集·七十[M]. 内府铅印本, 1879（清光绪五年）.

[67]　萧雄. 西疆杂述诗[M]. 台北: 广文书局, 1958.

[68]　苏尔德等. 新疆回部志[M]. 台北: 成文出版社, 1968.

[69]　杨丕灼. 洛浦县乡土志[M]. 清光绪三十四年抄本.

[70]　杨丕灼. 玉河八景词[M]//杨丕灼. 洛浦县乡志. 清光绪三十四年抄本.

[71]　于田县地方志编纂委员会. 于田县志[M]. 乌鲁木齐: 新疆人民出版社, 2006: 781.

[72]　于田县地方志编纂委员会. 于田县志[M]. 乌鲁木齐: 新疆人民出版社, 2006: 782.

[73]　于田县地方志编纂委员会. 于田县志[M]. 乌鲁木齐: 新疆人民出版社, 2006: 693.

[74]　徐松. 西域水道记[M]. 北京: 中华书局, 2005.

[75]　清实录新疆资料辑录. 第2620页.

[76]　苏尔德. 新疆回部志[M]. 北京: 成文出版社, 1968.

[77]　弘历, 蒋溥. 御制诗集·七十[M]. 内府铅印本, 1879（清光绪五年）.

[78]　徐松. 西域水道记[M]. 北京: 中华书局, 2005.

[79]　徐松. 西域水道记[M]. 北京: 中华书局, 2005.

[80][81][82]　徐松. 西域水道记[M]. 北京: 中华书局, 2005.

[83]　清史列传: 卷16, 高朴传.

[84]　清实录新疆资料辑录. 第2857页、第2865页.

[85]　清高宗实录: 卷1070, 乾隆四十三年十一月己丑.

[86]　清仁宗实录: 卷39[M]. 影印本. 北京: 中华书局, 1799（清嘉庆四年）.

[87]　宋应星. 天工开物[M]. 涂绍煃刊本, 1637（明崇祯十年）.

[88]　傅恒, 刘统勋, 于敏中. 皇舆西域图志: 卷四十三: 土产一[M]. 清文渊阁四库全本.

[89]　傅恒, 刘统勋, 于敏中. 皇舆西域图志: 卷四十三: 土产一[M]. 清文渊阁四库全本.

[90]　李吟屏. 论历史上和田的采玉和蚕桑生产[J]. 新疆大学学报（哲学·人文社会科学版）, 1988(3).

[91]　清仁宗实录: 卷43[M]. 影印本. 北京: 中华书局, 1799（清嘉庆四年）.

[92]　钟广生. 西疆备乘: 卷二: 矿产[M]//全国图书馆文献缩微复制中心编. 中国边疆史志集成（新疆史志）.

[93]　萧雄. 西疆杂述诗[M]. 台北: 广文书局, 1958.

[94]　宋应星. 天工开物: 下卷: 珠玉第十八卷[M]. 涂绍煃刊本, 1637（明崇祯十年）.

[95]　谢彬. 新疆游记[M]. 兰州: 甘肃人民出版社, 2002: 225.

[96]　谢彬. 新疆游记[M]. 兰州: 甘肃人民出版社, 2002: 225.

[97]　平居诲. 于阗国行程录[M]//傅璇琮, 徐海荣, 徐吉军. 五代史书汇编. 杭州: 杭州出版社, 2004: 1942.

[98]　欧阳修. 新五代史: 卷七十四: 四夷附录第三[M]. 北京: 中华书局, 1974: 918.

[99]　欧阳修, 宋祁. 新唐书: 卷二百二十一上: 西域上[M]. 北京: 中华书局, 1975: 6235.

[100]　长白七十一椿园. 西域闻见录[M]. 东京书林刻本, 1801（日本宽政十三年）.

[101]　宋应星. 天工开物: 下卷: 珠玉第十八卷[M]. 涂绍煃刊本, 1637（明崇祯十年）.

[102]　颜亮, 赵靖. 佛自西方来——于阗王国传奇[M]. 北京: 中国国际广播出版社, 2012: 144.

[103]　谢彬. 新疆游记[M]. 兰州: 甘肃人民出版社, 2002: 225.

[104][105]　杨丕灼. 洛浦县乡土志[M]. 清光绪三十四年抄本.

第十二章
玉器的雕刻工艺

"工欲善其事，必先利其器"，这里"器"指的就是工具。中国历史上每一次"民富国强"局面的出现，都是从"利器用"开始的。人类的发展史，在每个前进的阶段，不论是社会发展阶段还是朝代更新伊始，总是以工具的改进和技术的进步作为民富国强的动力。

中国玉器的历史发展也不例外，每一次玉雕艺术高潮的出现，总是和工具的革新分不开，所谓的"三分手艺，七分工具"。

中国古代玉器主要以闪石玉为主，它的摩氏硬度在6—6.5之间，其他的玉雕原材料，如翡翠、水晶、玛瑙等，摩氏硬度为7，大部分比钢铁高，所以玉石的雕琢显然不能直接使用钢铁制成的刀、凿来刻，而必须使用特殊的专用工具。

古代治玉工具，文献中记载极少。《诗经·小雅》有"他山之石，可以攻玉"，"他山之石，可以为错"。《诗经·国风》则有："如切如磋，如琢如磨。"切、磋、琢、磨四字概括了骨、牙、玉、石的施治方法，尤其是"琢、磨"二字，说明了古代玉器的制作方法，既非刀削，亦非刻划，而是石的琢和磨。这种琢、磨用石，应包含两层意义。一种为治玉的石质工具，如石砣、石刀、石钻、抛光用的磨石等，主要应用于史前与夏商早期，金属工具未普遍使用之前。另一种就是治玉必不可少的媒介——解玉砂。早期的解玉砂，就是普通的砂石，里面含有较多的比玉硬的石英砂颗粒，在与玉的接触过程中起到磋磨去料的关键作用。以砂石解玉，也使得治玉工艺最终从治石工艺中分离出来，成为一门独特的精细手工业。解玉砂，在生产实践中也逐渐分离、精选，唐宋以后已有某地产砂优质的记载，清代更是记述治玉的不同工序需用不同的解玉砂：黑石砂、红石砂、黄石砂、石榴子石砂、宝石砂、金刚砂等。

青铜工具的使用是治玉的一大变革，而春秋以后冶铁技术的发展又使得玉雕工艺酝酿着新的变革。虽然春秋战国时期还很难断定玉雕工具已完成由铜到铁的替换，此期玉器也依旧能找到青铜工具制作的痕迹，可以说铜、铁工具并用的时期亦经历了相当长的时间，但是汉代玉器的制作完全可以说是铁质工具使然，从此也开始了以铁工具为主流的中国古代玉雕工艺史。

　　工具的使用、进步最重要的载体就是治玉砣机的发展，它在不同时期有不同的变革。笔者依据杨伯达先生关于中国治玉砣机分为五代的观点，将中国治玉工艺史分为五个发展时期。

　　第一为原始治玉时期，出现并发展于新石器时代，以后的主要治玉工艺在此期多已发明。主要使用石质治玉工具，利用线切割或片切割玉材，刻划纹饰多使用石器。此时可能已出现了坐式或半地下坐式的原始砣机，使用横轴立砣旋转，手给动力，多人分工合作共同操作。砣具可能以石、木、骨、陶等自然材料而非金属材料制造而成。

　　第二为铜砣几式砣机治玉时期，基本相当于夏商至春秋晚期。此时，砣机已明确出现，时人跪坐之姿，故使用几式砣机，安装青铜砣具，手给动力，操作上渐趋成熟，因为有了青铜金属工具的参与，速度加快。

　　第三为铁砣几式砣机治玉时期，从战国至南北朝时期。因人们还是席地而坐，砣机依然为几式砣机，但因为冶铁技术的提高，铁工具开始普遍使用，改用铁质砣头。此时虽依然是手动力阶段，但因铁质工具比青铜更为尖利，速度进一步提高。

　　第四为铁砣桌式砣机治玉时期，从隋唐到清再到20世纪60年代初。此期因家具的抬高，砣机发展为高凳桌式，解放了双脚，使用铁质砣具，一人操作，足踏旋转，即为明清使用的水凳。此时因脚给动力，动力加大，手脚协调使用，速度更快。

　　第五为现代治玉时期，自1960年以后迄今，砣机机身由木质改为铁质，砣头改为人工金刚砂与砣片铸合在一起的钢砣，由足踏动力改为电动力，解放了玉工的双脚，速度更快。

　　以上五个时期，基本从中国治玉工艺中工具的发展进步而来，虽然对应了某段的历史时期，但需要指出的是，任何一门工艺技术的进步都是一个逐渐摸索、长期使用积累经验的过程，技术的改革也是先在小范围内试验，然后逐渐推广、传播，不仅受到地域的限制，其地区经济发达程度也至关重要，一个技术的完全推广、更新，其时间跨度相当长。

　　古代玉雕工艺是一门纯粹的手工艺，从史前石质工具为主体的玉雕工具过渡到青铜工具，再到铁质工具，经历了几千年才最终定型，其间因地区发展不平衡以及经济水平的限制，不同材质工具的并用阶段是存在的，不会因朝代的更迭而猝然更新，也不会导致技术的立即进步。五个分期尤其是前四期并不与历史朝代的分期完全吻合，而存在渐变进步的特点。技艺的保守性决定了治玉工具更新的缓慢性，故中国玉器的雕琢常有造型纹饰以及技术革新缓慢滞后的特点。其中最重要的治玉工具——砣机就是在缓慢发展中逐渐变革的。

　　在没有高凳出现以前，几式砣机一直是玉雕工艺中重要的载体，人们席地而坐，似乎决定了砣机的式样，由史前到商周再到秦汉，由非金属工具过渡到金属工具，虽然我们无法在文献中找到这种几式砣机的图像，但通过留下器物的雕琢线条，依然能猜测这种几式砣机的模样。

　　隋唐以后，高凳逐渐走入人们的生活，改变着他们的起居方式，但如明代宋应星《天工开物》中明确描绘的高凳式砣机，是否在唐代已完全取代几式砣机，笔者还持怀疑态度。隋唐五代之时，玉器的碾制并不发达，至少目前考古出土与传世者甚少，工具的革新可能是一个缓慢的过程。因工匠习惯不同，地域不同，故长期以来几式砣机可能与高凳式砣机存在并用的阶段。从治玉痕迹及玉雕艺术的发展看，高凳式砣机完全取代几式砣机应到宋代以后定型并发展。

　　钻杆式工具也是玉雕工具中的一个重要组成，其结构比起砣机来简单得多，也灵活得多，主要由拉丝弓、杆和钻孔工具组成，用手拉丝弓可使杆转动以带动桯钻或管钻旋转。

　　钻杆式工具在史前已发明，其间虽然经历了由石质钻头发展到金属钻头的过程，但简单灵活的形式基本没变。实心钻孔工具在史前出现没有任何异议，因为不仅在多个文化遗址中发现了石质钻头，而且凌家滩文化中还发现了带有螺丝纹的石钻头，这为史前发达的钻孔工艺做了最好的诠释。

钻杆式工具和钻孔技术的成熟、发展在许多玉雕工序中发挥着作用，尤其在镂空、掏膛、去料、深浅浮雕去地中均扮演着重要角色，甚至在一些阴刻线、字迹的刻划中也少不了实心桯具的身影。清代乾隆年间大型玉雕的出现，钻杆式工具发挥了巨大作用。将中国古代玉雕工艺推向顶峰，钻杆式工具功不可没。

中国古代玉雕工具和治玉工序的完善发展是相辅相成的。治玉业发展到清代不仅能在李澄渊的《玉作图说》中看到完整的一套工序，而且为了适应碾制过程的复杂和精细工艺，无论是宫廷造办处，还是苏州玉器行，都细化有画样、选料、锯钻、做坯、做细、光工、刻款、烧古等行业工种。一件玉器需要这些工种的玉匠分工合作才能完成，这是玉雕行业繁盛和市场化的标志。

玉雕工艺中还有一个不可忽视的要素——速度。滴水穿石，水之所以能穿透石头，除了日积月累的时间外，重要的就是速度，所以在现代高压的力量下，才有了因速度极快可以用水切割钢板的机器，穿石更不在话下。这个速度在玉雕工艺中是起到相当重要作用的。

史前时期，在纺轮、快轮制陶已经大大发展的社会背景下，史前简易钻杆式工具的出现，利用轴旋转的原理，已经使钻孔速度加快了。砣的出现，必然使切割速度加快，能随心所欲地雕琢线条。只是史前的砣头可能为石、为木、为竹，即使借助解玉砂的磨削之功，因阻力太大也无法与以后的金属工具相比。商周以后金属砣具的出现又一次提高了工具速度，许多复杂而难度较高的工艺出现。治玉在几式砣机、解玉砂、金属砣具以及更快的速度中得到了进一步发展。

东周至汉代，铁器逐渐广泛应用，铁比青铜工具更锋利，铁质砣具的速度更快。隋唐以后高凳桌式砣机的出现，使脚踩动力替代了手动力，动力加大，速度亦会更快。这也是在同样铁质砣具的条件下，隋唐明清的玉雕工艺比前代更为先进的原因。而现代电动砣机更能说明这个问题，就如电影中的快镜头一般，治玉的速度一下提高了上千倍，这是古代社会无法比拟的。这里唯一要说明的是，砣具速度的提高，治玉工艺水平的提高并不代表玉雕艺术水平的提高。

在中国古代玉雕中，还有一个重要的因素不容忽视，那就是——人，即中国古代的治玉者。治玉者的身份地位与其他所有手工艺者的不同之处在于，他们有一个由高到低的地位转变。我们目前还无法确定新石器时代的这些神秘玉器是谁雕琢而成，但可以肯定的是，当时治玉者或者玉器设计者的地位并不低，能设计玉器并掌握高难度雕琢技巧的人，可能也是本部族的显贵者，掌握着一定部族的神权。巫乎？显贵首领乎？玉匠乎？不得而知，只是可以肯定，关乎玉器的设计者及当时治玉业者的地位是较高的。

由此，中国古代治玉工艺受到砣机、砣具、解玉砂、动力和治玉者五方面的影响。在人的作用下，前四方面的每一次变化都使得治玉工艺更进一步，从而创造了古代玉雕艺术辉煌的成就。

这是一个漫长的过程，古人将治玉称为琢玉、磨玉甚或碾玉，而非刻玉，不仅描述了玉器的施治方法，而且最为形象地表现了玉器制作的缓慢、不易，需要精心地去琢、去磨、去碾，而非一挥而就地刻。所谓"玉不琢，不成器；人不学，不知道"。玉之雕琢成器与人之成材得道，均不是一蹴即成的。

第一节　古代玉器的雕工

一、玉雕工艺的起源

1. 玉石分化

"玉，石之美者。"这句古人对玉的界定表明了玉、石之间特殊的关系，早期的玉离不开石，玉、石同源。而探讨中国古代玉雕工艺的起源也一定离不开远古石器制作技术的发展，两者有着密切的关系，可以说玉雕工艺是从治石工艺中分离出来的。

在制作石器的过程中，可能早至旧石器时代，人们偶然发现一些美丽的石头做出来的器物具有一种神秘的光泽，特殊的质地，其光滑莹润令人喜爱，从而将它们从石器中区分出来，其中就包括了闪石玉、玉髓、玛瑙、水晶等天然美丽的矿石。慢慢地古人提升了对玉料的鉴别能力，从偶然的拾得到专门的寻找，并将玉料专用于制作装饰品及精神层面的象征性礼器。这是玉器出现并发展的一个渐进过程，也是从玉石不分到玉石分化的过程。

目前我们所见到中国最早的真玉文化（即闪石玉文化）出现于距今9000年左右的黑龙江小南山文化，但这未必是中国真玉文化的开始，估计在此之前，应有一个漫长的玉石分化的过程。

虽然还不清楚玉器最早何时出现，但有一点是可以肯定的，即玉器和石器的制作工艺密不可分，玉雕工艺是从石雕工艺中脱胎而来的。这一点从两个方面可以得到证明：一是许多玉器上的加工痕迹和石器上留下的制作痕迹十分相似，尤其表现在一些玉质工具上（图12-1）；二是目前发现的许多新石器时代玉雕作坊是与治石工场合为一体的，其中不仅有玉器的生产，也发现有大量石器的生产和石质工具。如江苏丹徒磨盘墩遗址及浙江塘山、德清杨墩等多处良渚文化时期治玉作坊遗址，不仅出土有玉器、玉料，还有各类石器及石质工具。这不仅说明治玉工艺最早源于治石工艺，部分玉器的生产可能是石器生产的一个分支，而且石器反过来也是治玉的主要工具，这些作坊出土的一些石质工具很大一部分可能是治玉工具。

玉石分化以后，玉器渐渐不再作为某种生产工具，而逐渐成为远古人们的一种精神寄托，不仅仅扮演装饰品的功能，更多的是一种和神或上天沟通的工具。所以许多新石器时代的玉器，有着精美神秘的花纹、奇特生动的造型，这些是石质品中所缺乏的。人们赋予玉器更多的精神的因素，成为人神沟通的载体。故

图12-1　新疆楼兰西南出土玉斧

治玉工艺虽源于治石工艺，但在雕纹及研磨抛光方面却比治石工艺更进一步，有着自己独特的工艺手法。以后逐渐发展成为专门的玉雕手工业，有专门的玉雕工匠并有一套完善的玉雕工序。

2. 砂创造的奇迹

可能就是在磨制石器的过程中，原始先民发现了砂子的神奇效果，将砂子用于石器的制造。他们发现用麻绳或石器掺和不同粒度的砂浆（砂子和水），不仅可以将许多石器剖切规整，而且能够磨制精细，抛光精亮。同时，用尖状器蘸着砂浆还可以在器物上打出各种孔洞，例如江西修水跑马岭出土的磨制石刀上的钻孔即是如此制作（图12-2）。由此，砂子的磨削作用被人们发现并熟练应用，它为玉器的制作创造了可能性。

尤其在进行管钻钻孔时，砂子的媒介角色明显见效。一些质地较软的材料，如竹管、骨管得以借助砂浆将坚硬的石器钻穿，这大大拓宽了古人的视野。从此，工具的软硬不再是问题，以硬碰硬被软硬兼施所代替，麻绳、皮条、竹管、骨器等各类质地较软的工具都可以成为治石及玉雕的工具。

在治玉过程中所用的砂子，我们又称其为解玉砂。最初人们使用的解玉砂，可能就是在河岸边随机取得的，粗细不匀。但在治玉的过程中，性脆的砂子逐渐被磨削、脆裂为更小的颗粒。将之逐步收集起来可能是最早无意识地分选解玉砂。逐渐地，人们就会有意识地筛选不同粒度的砂粒。粒度较粗的砂子可以用来开璞、成形，粒度较细的砂子则用来辅以雕纹、抛光等。治玉的各个过程，利用不同粒度的解玉砂，最终得到精润光滑的玉器（图12-3）。

图12-2　江西修水跑马岭出土的磨制石刀及其上钻孔示意图

图12-3　江苏张家港市东山村遗址发掘的崧泽文化90号墓随葬一件石锥（质地为含铁量较高的矿石）、一件砺石、一堆石英砂，可能是一套制玉工具，石英砂可能为当时所用的解玉砂

二、夏商周时期玉器的雕工

夏商周时期（此部分的周包括西周到春秋）是玉器工艺技术进一步完善并发展的时期。

目前所说的夏代玉器，以考古出土的二里头文化期玉器为主，所见虽少，但出现了一些较大的玉兵器和精美的柄形器。

商代玉器留下来的虽不多，但从河南殷墟出土玉器中可以一睹商代王室玉器的风采。《史记·周本纪》载，商纣王登鹿台自焚之时，将最好的宝玉环绕周身与其共焚。《逸周书·世俘解》又称："凡武王俘商旧玉亿有百万。"[1]"亿有百万"虽说只是古人描述数量多的一个概称，但从中可知，殷王室当时应拥有数量可观的玉器。如果考察出土玉器，则会发现商代的治玉工艺，无论是研磨、切削、勾线、浮雕、钻孔、抛光，还是玉料的运用和造型创作，都达到了相当高的水平。

目前周王室用玉情况虽然不明，但各诸侯国出土的玉器十分可观，尤其是具有礼制意义的成组佩玉大量出现。这些组玉佩均由一个个小型玉件组成，多数都精工细刻，使用工具与工艺技术比之前期更为先进、稳定。

（一）夏商周时期的玉雕工具与玉雕作坊

1. 玉雕工具的变革

如果说新石器时代是否使用砣机还有所争议的话，那么进入夏商周时期，砣机在治玉工艺上的应用是毫无疑问的。只是，此时的砣机样式应和当时人们的坐姿有关。

殷墟出土的玉石人，使我们了解当时人们的坐姿是所谓的"跪坐"，即臀部坐落于两足之上[2]（图12-4）。四川金沙遗址出土的商代晚期石人亦为此种坐姿，可见跪坐已成为大江南北一种普遍的坐姿。它一直延续到汉魏时期。

这种坐姿就是我们俗称的席地而坐。当时家具中较高的桌椅并未出现，只有较矮的"几"。据此，杨伯达先生复原出当时所用的跪坐几式砣机（图12-5）。在19世纪的印度，宝石工匠们还在使用这种坐姿砣机，可以一人手拉加动力旋转砣机（图12-6）。

从装置上说，这种砣机应该比原始砣机有了更多进步。毕竟一种离开地面的家具——"木几"已经出现，将砣具安置在木几上十分方便。但当时最重要的进步应该是砣头质地的进步，金属青铜砣头取代原始的石质砣头应是治玉工具的一大技术变革，所以此期又可称为铜砣几式砣机治玉时期。

图12-4　玉人像（商代，殷墟妇好墓出土）

图12-5 跪坐几式砣机
使用示意图

图12-6 19世纪印度砣机
使用示意图

　　这种技术变革可能在新石器时代晚期已经出现，当时可能已经进入到铜石并用时期，山东龙山文化玉器上出现的双勾阴线的精美花纹，如果不使用金属砣具，很难想象是如何完成的。而进入商周青铜时代，青铜器的大量使用亦可带动治玉工具的革新。青铜铸造的可塑性，可使治玉的青铜工具做到刃薄而锋利，圆形工具可以砣磨出细而婉转流畅的线条，这是石砣无法比拟的优越性（图12-7、图12-8）。

　　而金属片状工具及尖锥状工具在切割和钻孔上比以往更锋利且易于掌握。如殷墟商代遗址中出土过青铜钻；江西新干大洋洲商代大墓中也出土有形制和规格大小不一的铜刻刀15件，均为实心长条体，有锋利的刃部或尖锥，推测它们可能是用来作切割、雕琢或桯钻钻孔的工具。

　　但是，不可否认，青铜工具的出现并没有完全取代原始的石质治玉工具，从二里头文化时期至西周前期的一些玉器雕琢中，开料、成形、划线等工序还常常能看到石砣、石质片切割和石尖锐器划刻的痕迹。河南安阳商代遗址曾发现砂岩扁薄长刀，估计也是加工切割工具。

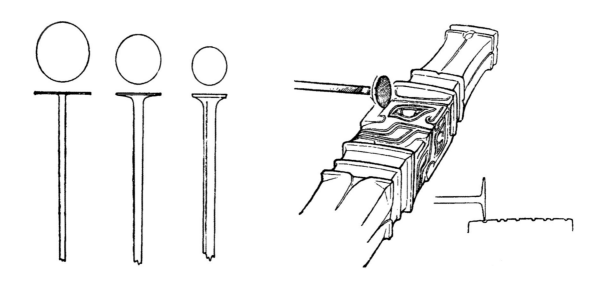

图12-7 复原商代用的青铜金属琢玉砣子   图12-8 琢玉时砣子的使用方法

金属薄片砣具取代原始环形片状厚砣具的过程是一个极慢的渐进过程，不同地区还存在着差异。虽然，商代玉器上普遍出现的细线花纹，表明了薄片砣具使用的普遍化。但从某种意义上说，青铜在当时被大量地用于制造礼器、容器、武器，并没有大量应用于生产工具。商周时期遗址中都有不少石质生产工具出土，至少说明早期铜器在生产中并不占主要地位，估计直到铁工具的普遍使用，石质工具才完全被取代。所以，可能直至西周早期，原始的石质工具还在持续使用。铜石并用的玉雕方式并没有结束，只是有了金属工具的参与，许多原本做得不好的剖切、刻划、雕琢可以做得更好了。也因为铜工具的出现，奠定了中国琢玉设备、工具、辅料以及基本工艺的基础，以后的几千年中只有工具和设备的改善，在基本技法上没有发生太大的变化。

"工欲善其事，必先利其器。"相对于玉器工艺技术而言，更是"三分手艺，七分工具"，也正是由于工具的改进、技术的革新，商周玉器中出现了许多制作规整、形制繁复、纹饰精美的玉器，它们与当时青铜器纹饰的繁复、精细相比毫不逊色。玉器也并没有因为青铜器的崛起而动摇其神圣的地位，反而与青铜器一样成为礼器的象征。

2. 玉雕管理与制作机构

商周时期，王室拥有各种各样的百工作坊，其中就有专设的玉府，管理治玉手工业。

《周礼》中记载，当时设立玉府，其职责是掌管"王之金玉、玩好、兵器，凡良货贿之藏"[3]。而其下设的"玉人"专门管理着和玉有关的一切事务，主要是用玉的礼制，王所需要的玉瑞、玉器之事，如圭、璧、璋、琮等。至于治玉的工匠，《周礼》中则又称其为"刮摩之工"。但是，有一定概括意义的"玉人"一词则成为治玉工匠最常用的代名词。

"玉人"这一特定名称直至春秋战国之时还在使用，《孟子·梁惠王下》："今有璞玉于此，虽万镒，必使玉人雕琢之。"汉魏以后，"玉人"逐渐不再特指雕琢玉器的工匠了，而是有了更为广泛的意义：或者特指玉雕的人像，或者多称美丽的女子。南宋谢枋得《蚕妇吟》："不信楼头杨柳月，玉人歌舞未曾归。"[4]

玉府，是中国文献记载最早的专业治玉机构，所管辖的玉人（刮摩之工），也是文献记载中最早的专业治玉工匠，其萌芽可以追溯到新石器时代，那时可能已经出现了职业的治玉者，地位可能也远比商周时期要高。但是商周时期玉府的出现，使玉人定格为职业的手工业者，世代相传，成为替王室贵族服务的奴仆。古老的治玉工艺就这样口耳相传、世代相袭下来。

正是有了王室的财政支持，玉工可以不断地改善生产工具，利用青铜金属制作先进的工具，提高工艺技术，为宫廷生产各式各样的玉器，从而形成繁荣的治玉局面。另外，从目前的考古资料看，商代的方国和西周时期各诸侯国都出土有大量的玉器，如晋国、虢国等都应有自己的玉作。

1975年，河南安阳小屯村北约40米（妇好墓之东约100米），发掘了两座房子（F10、F11）和一个灰坑。F10房中出土物有石璋残片、铜刀、铜镞和制作精致的小型玉石雕刻品、绿松石、蚌器等。F11房内出土600多件圆锥形石料，260余块长方形磨石残块和少量的玉石雕刻品、原始瓷器等遗物。从上述两座房子的出土物判断，发掘者认为此处可能是磨制玉石器的场所，而出土加工材料的数量，也反映出这一治玉作坊的规模较大。

此处距离妇好墓不远，因出土有4块玉料和几件完整的圆雕艺术品，包括俏色玉鳖、玉双龟、玉鳖、石虎和石鸭等（图12-9、图12-10）。有学者认为它可能为商代晚期一处专为王室磨制玉石器的场所。其中俏色玉鳖和石鸭为同一种石料所做。细磨石、铜刀、石锥、锥形石料可能是治玉工具。俏色作品的出现说明当时玉工在作品设计上能因料施工，并在色彩上加以取舍进行创作。而玉双龟龟背上的回纹菱格，其阴线显然是以金属砣具刻划，说明此作坊中已使用砣具。

图12-9　玉鳖（商代，安阳小屯F11出土）

图12-10　玉双龟（商代，安阳小屯F11出土）

（二）夏商周时期的玉雕工艺

玉雕工艺发展到商周，虽然治玉的工序与新石器时代没有什么不同，但是由于有了金属铜工具的参与，生产效率大大提高。铜可以打造成各种形状的工具，这就使切割、研磨、刻线、碾轧、勾彻等工艺变得比以往容易起来。此时玉器的制作更为规整、精致。纹饰的雕琢亦很精美，在阴线刻划的基础上，大量地利用减地浮雕、双勾阴线的方法起阳线，使纹饰线条更为立体、挺拔。此期无论是切割成形还是纹饰雕刻、镂空均比前期有较大的进步，同时管钻工艺、玉石镶嵌工艺，器皿掏膛工艺均比以前有所创新，出现了一些工艺水平颇高的玉器。

1. 切割成形

此期的切割成形依然有片切割、线切割、砣切割三种。它们因使用不同的工具，所留下的痕迹亦不相同。金属工具比石质工具更能胜任大型器物的切割，玉器成形更为规整。而此时线切割的应用比史前时期少得多，例如在玦口的切割中，大多已使用片切割和砣切割，很少见到线切割开口，所以玦口也少见因抖动导致的凸凹不平，而是宽窄一致且平直规整（图12-11）。

夏商时期，大型玉兵器多见，它们不仅锋棱尖锐流畅，而且体量较大，有些长达半米到一米，如河南二里头夏代遗址、湖北盘龙城商代遗址及商代晚期到西周早期的四川金沙遗址等都出土了很多大型玉兵器（图12-13）。这种现象固然有政治背景和文化背景的因素，但最重要的一个原因就是玉雕工艺进步的支持。

这些玉兵器在切割技术上十分先进，因为要把半米长的玉片切直、磨平，做出薄刃、脊线、锋线，并使它们平直，弯度和弧度适宜，是非常困难的，所以在切割磨制中，不仅要选择好工具和粒度适宜的解玉砂，还要十分小心地切磨，不能把刃边碰出缺口。而这些大而薄的片状玉器的出现，没有铜切片工具的使用是难以想象的。选出完整而没有裂纹的玉料，并将其切割成薄的片状玉兵雏形，就意味着此件玉质兵器已经完成了大半，后面的刻纹以及打磨、抛光的难度比起切割成形已经容易得多了（图12-12）。

另外，在研究此期的玉器切割成形过程中，还发现有"成形对开"和"对开成形"的切割成形方法。"成形对开"为先将玉器外形做好，再切割一剖为二，故两件器物造型一模一样（图12-14）。而"对开成形"则是先对一块略成形的玉材切割为二，再分别对两件器物进行加工，故虽然两件器物从外形看十分相似，但细部镂空或雕琢处不尽相同，两件东西无法完全重合（图12-15）。四川金沙

图12-11　卷云纹玉玦（西周，陕西扶风云塘村出土）

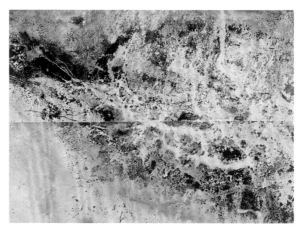

图12-12　玉璋上留下的片切割痕（商晚—西周早，四川金沙遗址出土）

图12-13　玉戈（商代，湖北武汉李家嘴盘龙城五期出土）

图12-14 成形对开切割玉璋（西周，山西曲沃晋侯墓地出土）

图12-15 玉凤 对开成形技法

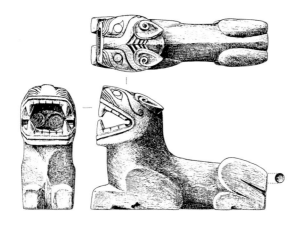

图12-16 蛇纹石卧虎（晚商至西周，四川金沙遗址出土）

遗址、河南殷墟商墓和山西侯马晋侯墓地均发现有利用"成形对开"或"对开成形"法完成的玉器，它使琢玉速度大大加快，提高了制作效率。

2. 钻孔技术

这时因为有了铜质工具的参与，钻孔技术比新石器时代更为先进，尤其是管钻工艺，在长达十几厘米的细圆柱形器上两面对钻孔，可以做到对钻精准而且管壁较直。另外，管钻不仅用于打孔，还广泛地用于雕刻、镂空、去料成形及掏膛工艺中（图12-16、图12-17）。管钻下来的较大圆形玉料，还可在中心打孔，制成璧、环、瑗的形状，设计成其他玉器，这种利用钻芯制成的玉器，有时能看到外壁残留的螺旋纹。而此时的桯钻，因钻头逐渐磨损变细，孔依然多为外大内小的马蹄形眼。

3. 雕纹

玉器的雕纹此时变得流畅生动，尤其是弯曲线条的琢制，舒展而自如。在纹饰线条的雕琢中，如果是直线条，以青铜片蘸解玉砂还可来回摩擦琢出，但对于弯曲的线条，尤其是弯

图12-17　人面纹玉佩（商代，河北藁城台西村墓出土）

曲度较大的如兽面纹的眼睛、鼻子等处，来回的直线摩擦运动很难转弯自如，此时，使用圆形砣具就能发挥其停留于一点雕琢的优势，能够使线条弯转流畅。

从出土商周玉器的纹饰看，基本已为青铜金属砣具砣出，有阴刻线、双勾、阳线浮雕等技法。

商代纹饰较为图案化，线条在转折处较为方硬，曲度、翻卷都不统一。阴线在转弯时外侧多留有粗的毛道，证明为砣具蘸解玉砂琢成。曲线则是逐段接续而成，时有断开或交叉，尚不能很好地连贯（图12-17）。

西周中期以后，原垂直琢下的阴线逐渐变为一侧壁垂直，另一侧斜坡，断面呈三角形的阴刻技法，俗称"斜刀"或"一面坡"工艺，产生这种效果有两种方法：一种是以梯形的轧砣碾轧而为，这是工具上的创新；另一种是在雕琢中运用倾斜的手法，利用砣具之侧面砣出。这种一面坡工艺利用器表面、沟直壁、沟斜壁的不同反光和阴影，每一转侧都反射不同的光线，既可充分表现玉材莹润的特点，又可呈现出立体感和层次感，是玉雕工艺上的明显进步。另外，与商代劲健倔强的线条不同，西周中期以后玉雕多用圆转灵活的图案化曲线表现，曲线的转折回旋富有韵律感，和商代古朴强直的风格迥异，开始发展出西周的雕琢特点。

（1）阴刻线

阴刻线在商周玉器上应用很广，使用工具的方式也较多。直线条可以用金属片状工具蘸解玉砂和水在器物上来回磨蹭刻划阴线，也可用金属砣具雕琢阴线。曲线条则大多以砣具琢刻。

商周时期还出土较多的有领玉璧，又称凸唇璧，璧环面常留有阴刻的同心圆痕，有些密集，有些稀疏，估计是将玉璧固定于砂盘一类的机械工具上，用砂岩类磨石工具接触或施压于玉璧环面，转动砂盘，玉器上就会旋磨出同心圆痕。不过，那些有规律的多组同心圆纹的制作不排除使用青铜圆盘的可能性（图12-18）。

在新石器时代玉器上出现刻划符号后，商周玉器上开始出现铭文，文字多为砣刻阴线（图12-19）。

（2）阳线浮雕

商周时期出现了一些阳线浮雕的作品，不但形象生动，而且表现工艺也较复杂。它们或者在平面上起阳线浮雕，或者在不同的平面上起伏变化，是一种碾轧效果的体现，也是使用不同形状、大小、粗细的砣轮，在解玉砂作用下做出起伏变化纹饰的结果。

商周时期的阳线浮雕比阴纹线条要复杂得多、费工得多，作品以商代居多，大多是先在玉雕阳线的两侧琢阴线，再用"减地"或"压地"的雕法，把二阴线外侧地子平均减低或抹斜，使阳线凸出，凸起的阳线是高出平面的。这里需要高超的打磨技术，将线条以外的部分磨平。在较复杂的

图12-18 有领玉璧（商晚期，河南殷墟妇好墓出土）

图12-19 商晚期 "小臣𫲗"玉戈文字

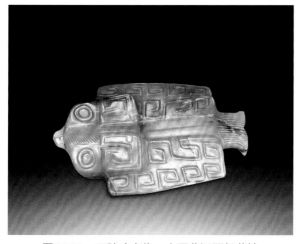

图12-20 玉鸮（商代，山西曲沃晋侯墓地 63号墓出土）

图12-21 玉鹰（商晚期，河南殷墟妇好墓出土）

玉雕中，先用"减地""压地"手法突出耳、目、头、足的形体轮廓，然后再用阴、阳线表示细部（图12-20）。

（3）双勾为阳

夏商之时，玉器雕琢中流行一种双勾阴线纹，是以两条紧邻阴刻线的方式使中间的阳线突出，雕琢中既不减地，也不浮雕，线条并不高于平面，但视觉上却有阳线的效果，又称"双勾""双阴挤阳""假阳线""双勾碾轧"。它是铜工具所能达到的最好效果，多用于动物、人物的眼睛及身体纹饰的刻画（图12-21）。

（4）斜刀工艺

西周时期，器物纹饰雕琢流行一种斜刀工艺，又称"一面坡"工艺。工匠先用细砣雕琢内侧线纹，再用带有斜坡的轧砣雕琢外侧线纹，或者直接将砣具倾斜使用也可有此效果。雕琢时工匠手法的运用非常关键，这样器物纹饰就形成一边陡直，一边斜坡的状态，抛光完成后，玉器在光与影的反射中，极富立体感。这种"一面坡"工艺是西周玉器纹饰雕琢工艺的一大特色（图12-22）。

图12-22　凤鸟纹玉柄形器（西周，河南三门峡虢国墓地出土）

图12-23　玉琮（商代，江西新干大洋洲遗址出土）

图12-24　玉牛（商晚期，河南安阳小屯11号墓出土）

（5）浮雕

此期浮雕作品以平面浅浮雕为主，如前面提到的阳线浮雕。高浮雕作品较少（图12-23）。

（6）圆雕

商周时期的圆雕器较多，以动物与人物为主，但器形一般较小。器身装饰或简单，或华丽。殷墟妇好墓出土带有宽柄的踞坐玉人，衣服纹饰雕琢得十分精细。圆雕动物件也是这一时期的主流，如蛙、龟、象、熊、牛、螳螂等，身上多饰以流行的双勾阴线、阳线，也有光素无纹者。这些立体雕刻比平面浮雕又复杂许多（图12-24）。

4. 镂空

商周时期镂空技术进一步发展，因为有了青铜工具的使用，镂空技术复杂化。镂空形准，孔眼平滑，无史前线切割的高低不平。有的镂空与纹饰结合，变化自如，对形象烘托得较为细腻。从镂空孔眼进行分析，当时已经出现了弓弦镂空的方法：以竹制弓，以铜丝作弦，常常以钻孔与铜金属线具相结合，先打钻孔，然后将铜丝弦穿入孔眼中，借助磨料来回搓动，把各种弯曲孔眼搜镂出来，孔眼走线准确，棱角清晰。最后也可用铜扁条把眼内地子磨平，使孔眼壁平滑（图12-25、图12-26）。

5. 铜内玉兵器的制作

有学者通过对商代出土的一些铜柄玉兵器进行考察和X射线检测，发现几件出土铜柄玉兵器的玉刃和铜柄之间的结合并非通常认为的镶嵌而成，而是通过铸造的办法使其形成的，为了避免在铸造时玉会炸裂，铸前必须对玉件进行预热，当达到理想的预热温度后，再进行铸造[5]。这种金属与非金属结合铸造的技术，不仅是商代玉器制作工艺上的一个发明，在中国铸造史上也是一个了不起的创举（图12-27）。

图12-25 龙形玉佩（商晚期，河南殷墟妇好墓出土）

图12-26 人龙纹玉璜（西周晚期，河南三门峡虢国墓地出土）

图12-27 铜柄玉矛（商晚期，河南安阳大司空村出土）

图12-28 玉平刃柄形器（商代，湖北杨家湾盘龙城出土）

图12-29 玉簋（商代晚期，河南殷墟妇好墓出土）

6. 镶嵌

此期十分兴盛的镶嵌工艺大多数是青铜与绿松石的镶嵌，也有玉器与绿松石，或玉器与其他质地的器物镶嵌在一起，如漆、木、绢帛等，但因年长日久，被镶嵌物则已经腐烂不见，多留下作为嵌件的玉器（图12-28）。

7. 掏膛

商周时期，玉质器皿开始出现，这不仅需要较高的磨圆器壁的技术以及在弧形器壁上琢制纹饰的技术，最重要的是需要较高的掏膛工艺。

此时掏膛技术还是一个难度较高的工艺，要求工艺技术比较全面。不仅选料要完整，无绺裂、少杂质，而且切割出形、掏膛去料也非常复杂，要求器形规矩，膛壁薄厚均匀。这一系列工艺复杂、费时、费工，是琢玉工艺的全面体现。所以此时出现的玉质器皿并不太多，而且为降低研磨难度和提高成品完好性，选用材料的硬度和致密度都不太高，以蛇纹石玉与石质器皿较多，真正质地较好的闪石玉质器皿较少。掏膛一般采用管钻去料，再以砂石修磨膛内（图12-29）。

8. 活链

活链又称掏雕。江西新干县大洋洲商代遗址中出土了一件侧身玉羽人（图12-30），为人鸟合一的神人形象，令人称奇的是在人佩饰高冠尾部有三个相套的链环，这是目前发现最早的活链工艺。此外，四川金沙遗址中也出土了一件环链形器，为3个小型玉环，环环相套。以后有此工艺的玉器要到战国早期曾侯乙墓中才又见踪迹。

活链技术在玉器制作中属于难度较大的玉雕工艺，直至今天也非一般工人能做。这件羽人像，质地并非硬度高的透闪石玉，而是摩氏硬度只有2的叶蜡石，这在某种程度上降低了琢制难度，但这种活链技术的发明却是玉雕史上的一大创造，为后世活链、活环技术的发展进步奠定了基础。

9. 打磨与抛光

商周时期玉器的打磨与抛光比史前更为细致，打磨不仅用砂岩磨石，也用微粒极细的解玉砂，这也使得抛光器表更为光润明亮（图12-31）。但是，此期也有部分玉器仅制作出器形，并不进行专门的打磨与抛光，可能专为丧葬使用。

10. 微痕观察

微痕观察是研究这一时期玉器工艺的重要方法，近年来，随着科学技术的进步，学者们能用较以前更为先进的仪器观察，从而得到更为准确的工艺信息（图12-32至图12-35）。

夏商周时期是中国古代玉雕工艺史上十分重要的时期，砣具的大范围使用，青铜工具的参与，使得工艺技术发生了质的飞跃。此期，后世基本的工艺技术和工序均已出现，虽然有些还具有原始性，器物制作还略显笨拙，技术也欠熟练，普及程度也不广。但是，工具与技术的改进毕竟促进了工艺的发展，为以后铁质工具的广泛使用以及砣机工艺的进一步改进打下了基础。

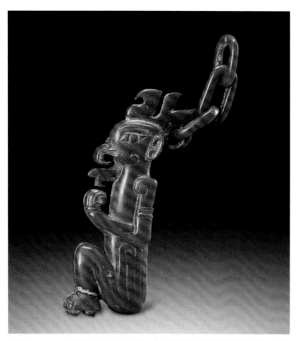

图12-30 玉羽人像（商代，江西新干大洋洲遗址出土）

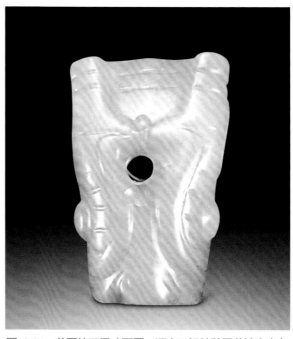

图12-31 兽面纹玉佩（西周，河南三门峡虢国墓地出土）

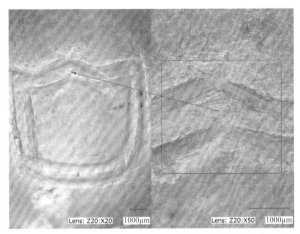
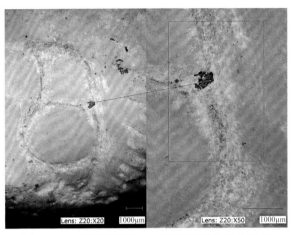

图12-32　妇好墓玉器M5：361阴刻线局部纹饰放大50倍　　　　图12-33　妇好墓玉器M5：376眼睛纹饰放大50倍

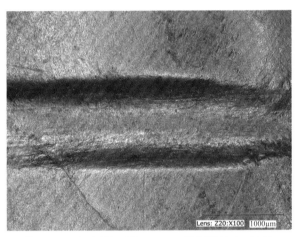

图12-34　妇好墓玉器M5：378阴刻线放大100倍　　　　图12-35　妇好墓玉器M5：565阴刻线放大150倍

三、战国至魏晋南北朝时期玉器的雕工

（一）战国至魏晋南北朝时期的玉雕工具和玉雕作坊

1. 工具的再次革新

玉雕工艺的进步总是最大程度地表现在工具的革新上，春秋中晚期铁器的应用对玉雕业来说是又一次工具的变革。

商周时期青铜工具的使用虽然相对于史前是一次较大的工具革新，由此带来各种玉雕品种的出现也是工具革新的结果，但因铜工具硬度并不十分高，切磨玉石的同时，也会快速地磨损工具本身，这在一定程度上影响到玉石的细加工，同时也增加了成本。许多工艺，如活链、活环，玉器皿掏膛等虽已发明，但难度很大，无法普及并有较大的发展。可见工具的软硬还是影响到了玉器的制作。而战国至汉代玉器能够取得如此高的艺术成就，完全与铁工具的使用有着密切关系。

据目前考古发现，最早人工冶炼的铁器出现在战国中期以后，铁器应用到社会生产和生活的各个方面，西汉时期，应用铁器的地域更为辽阔，政府在全国设铁官49处。东汉时铁器在社会生产和生活中最终取代了青铜器。

由此看来，战国时期玉雕工具可能还处于铁工具和铜工具并用的时期，至汉代铁工具最终取代了青铜工具。

铁工具的使用标志着中国琢玉开始了新的更高阶段，也标志着中国玉雕工艺技术的成熟。工具的革新进步使东周玉器向深浮雕立体工艺发展，至汉代玉雕工艺进入了一个辉煌的时代。从史前的石质工具到商周的青铜工具，发展到汉代的铁质工具，并一直延续到20世纪五六十年代，铁质工具历经两千多年，成为中国玉雕工艺中的主导工具。

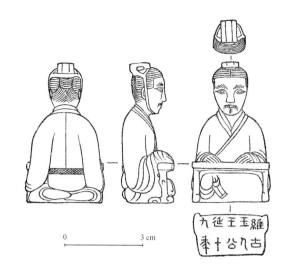

图12-36　刘胜墓玉人线图

但另一方面，此时并未出现可坐的凳子，人们还是跪坐（图12-36）。那么当时使用的砣机，仍是商周时期的几式砣机，并未有大的改变，玉工的双脚也并未解放出来，砣玉的动力还是来自双手，只是砣头工具逐渐由青铜质变为铁质，如后世所用的高凳式砣机并未出现，所以此期又称为铁砣几式砣机治玉时期。

2. 玉雕作坊

春秋战国之时，在王城及各诸侯国宫廷，均有玉雕作坊，这些作坊根据各国经济实力大小不等。王城延续西周之制，手工业作坊较全，洛阳东周王城遗址就发现铸铜、制陶、治

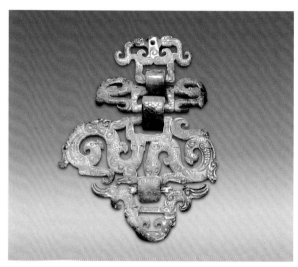

图12-37　四节龙凤形玉佩（战国早期，湖北曾侯乙墓出土）

玉石、制骨、冶铁等多项手工业遗址。虽然各诸侯国的治玉作坊遗址还有待进一步考察，但从文献及考古发现出土玉器的数量及玉器风格的差异看，许多诸侯国均有自己的玉雕作坊（图12-37）。

春秋战国时期的楚国玉器无论从造型、纹饰，还是玉雕工艺上都领先于其他各国，在阴刻、深浮雕、浅浮雕、减地、镂空、镶嵌技艺上均十分先进，尤其是活链技术，达到了空前的进步，对以后汉代玉器的制作有着较大的影响。

从出土的楚式玉器看，楚国宫廷曾有较大的治玉作坊，并拥有一批技术先进的工匠。著名的和氏璧的故事也讲到了楚国的"玉人"：楚人和氏得玉璞于楚山中，献给楚王，厉王、武王均使玉人相之，认为非玉而石，先后刖其双足，后和氏泣血而涕，楚王又命玉人理其璞而得宝，称为和氏之璧[6]。这说明了楚国有自己的治玉工匠和治玉场所。

经过各国混战，秦建立了大一统的帝国，因国祚短促，留下的玉器很少，但从史料中还是能发现秦不仅有皇家帝国的治玉业，而且文献中还记载了中国玉器发展史上最早留下姓名的两位玉工：孙寿和烈裔。

《册府元龟》引《世本》曰："秦兼七国称皇帝，李斯取蓝田之玉，玉工孙寿刻之，方四寸，斯为大篆书，文之形制为鱼龙凤鸟之状，希世之至宝也。"[7]

晋王嘉撰《拾遗记》记载："始皇元年，骞霄国献刻玉善画工，名裔……刻玉为百兽之形，毛发宛若真矣。"又言曾刻两白玉虎，不仅形象生动，连虎身上的毛都栩栩如生。这位名裔的玉工，又被人称为烈裔[8]。

继秦之后，大一统帝国进一步巩固，社会稳定，玉作手工业也有了较大的发展。

汉代玉器的制作，自上而下有三个体系：一为皇家治玉，二为地方诸侯国宫廷治玉，三为民间治玉。

皇家治玉，不仅工艺较好，对各诸侯国也具有指导意义，所以汉代玉器总体说来各地共性较多，个性较少，尤其是葬玉玉衣的制作较为统一。当时皇家专做日用玉的作坊可能为少府下所属的"尚方"或"御府"。

皇家玉作中葬玉的主要管理职能部门是东园，也隶属于少府，主做"陵内器物"。东园制作葬器，其所做"东园秘器"，成为一种皇室葬器的统称，文献中常有皇帝将东园秘器赐给臣下助葬的记载。东园所制葬玉一为皇室专用，二作为赏赐分赐各处，尤其是玉衣的制作，大多是由中央统一制作再分发给各个诸侯王的（图12-38）。目前出土玉衣的一致性也反映出玉衣的生产大多数是在一个作坊中进行。如河北定州市北庄中山简王刘焉墓出土的玉衣，有"中山"的字样，说明这套玉衣与别的玉衣在同一作坊中生产，为防止混乱而题字区别。

汉代第二个重要的治玉体系是地方诸侯国宫廷治玉，它是国家治玉的重要补充。汉代各诸侯国大都有自己的治玉作坊，尤其是经济实力强盛者，其治玉业也较为发达，如楚国、梁国等。

地处岭南一带的南越王赵佗曾向汉文帝进"白璧"一双，故南越国宫廷中也应有规模较大的玉器作坊。而南越王墓中出土的具有僭越之嫌的"帝印"玉印也只有南越国宫廷作坊才敢制作（图12-39）。

图12-38　金缕玉衣（汉代，河北中山靖王刘胜墓出土）

图12-39　南越王墓出土的玉印拓本
1. "赵眜"（D33）；2. "泰子"（D80）；3. "帝印"（D34）

图12-40　东晋　白玉龙纹鲜卑头　　　　图12-41　白玉龙纹鲜卑头拓片

　　汉代第三个治玉体系——民间治玉。这并非指普通老百姓制作玉器，而是相对于皇室和诸侯国治玉而言，带有一定的商业性质。服务对象可能为贵族、士大夫。规模可能不大，制作有精有粗。从葬玉来说，民间治玉应该是仿制王侯用玉的。

　　玉器少有铭文，目前墓葬中出土的玉器很难界定哪些是皇家统一制作，哪些是诸侯国自己制作，更难界定民间治玉作坊的作品。但笔者认为，汉代用玉毕竟有一定制度，玉器本身也是纯粹的奢侈品，基本被垄断在王侯贵族以上的阶层手中。对于那些墓主地位达不到王侯级别，而本身又相当富有或有一定社会地位的富商贵族来说，其所用玉器可能就是这些专门制作玉器的民间作坊的产品。

　　在这三个制作体系中，皇家治玉无论从玉料来源还是玉器制作工艺上都具有官方的垄断地位，所产玉器质优工好。各诸侯国王室治玉则是其重要补充，而民间治玉可能仅是少量的私自行为，未必在制作中得到政策许可，所以汉代出土的大多数玉器集中于王侯墓葬中，王侯以外的墓葬，从出土玉器总体看来，数量和质量均远远低于王侯墓葬。

　　魏晋南北朝时期，玉业不振，可能仅各个朝廷中存在治玉业，制造供王室使用的玉器。如上海博物馆所藏"白玉龙纹鲜卑头"，背后左右两列刻铭："庚午，御府造白玉衮带鲜卑头，其年十二月丙辰就，用工七百。将臣范许，奉车都尉臣程泾令，奉车都尉关内侯臣张余。"[9]这是历代玉器中罕见有记载器物名称、制作机构、制作年月、制作工时及监造官姓名的作品（图12-40、图12-41），原一直认为此为南朝宋文帝的御用带饰之物，后经王正书先生考证，晋时内务府总管为少府卿，其下设专掌库储的"广储司"，晋时即被称为"御府令"。此件鲜卑头前面有所缺失，推证为东晋太和五年（370年）时，皇室宫廷玉作"御府"制作的玉带头。如此，这件小小的玉带头带给我们的信息就是东晋皇家的玉作机构是"御府"，制作这么一件玉带头用工七百，并有监造官。

（二）战国至南北朝时期的玉雕工艺

　　此期的玉雕工艺，如商周一样有开料、成形、雕刻、打磨、抛光几大工序。

　　在审料过程中，玉工已经积累了丰富的识别各种材料的经验，可以根据不同的玉料因材施艺。对质料细腻的青玉、白玉等闪石类玉料，雕琢精细，费工费时，抛光亦好；对玛瑙、水晶等质硬性脆的材料，因易脆、易裂，不宜琢制得过于纤巧，同时因料值不高，也不宜费工太大，故常以制作串饰为主；对那些质松性软的材料，如孔雀石、绿松石等，摩氏硬度为2—4，也不宜琢制得过于纤细，又因细部抛光难度较大，所以多采用浑厚些的琢制，常雕琢为珠类作品和用于镶嵌的材料。

用玉的主体依然是闪石类玉料。尤其到了汉代，张骞开通西域后，玉路的畅通使优质的和田玉得以源源不断地进入中原。致密、细腻的和田玉要求工艺更为精致，打磨抛光后更显玉质的温润光泽，而铁质工具的大量使用也使此时工艺达到新的高度。

此期是中国古典主义玉雕艺术蓬勃发展的阶段，尤其是汉代玉器，将战国玉器的造型、纹饰发展到了极致，又充分利用大一统帝国的优势，玉器造型向大型、雄伟、气势磅礴上发展，纹饰布局看似对称，实则灵活多变，龙、螭、凤等姿态多样，肌肉矫健，充满着张力，达到了中国古典玉雕艺术的一个高峰。

战国到汉代，玉雕工艺还有一个显著的特点就是葬玉的发达。葬玉有一套专门的制作体系，虽然在工艺上，葬玉的制作工序和日常用玉没有太大的差别，但是工艺的精细程度却有着很大不同。许多葬玉仅仅刻出潦草的线条，有些器表的切割痕、打稿痕还清晰可见，打磨抛光亦不精细，甚至不抛光，保留了较多的治玉过程中的痕迹。而从考古出土玉器看，凡是日常生活中所用的玉器，如各种佩饰、用具，则大多精工细琢，打磨抛光，制作过程中留下的工艺痕迹也常常被磨掉，很少保留。这也是汉代日常用玉和葬玉需要区别看待的一个特点。

从战国到两汉再到魏晋南北朝，玉器制作逐渐走向高峰，又跌落至低谷。尽管如此，治玉工序同以往并没有太大的区别，战国到汉代玉器工艺中还是表现出了许多先进的特点。

1. 开料成形

此期开料成形过程中，使用铁丝线锯或直条锯，也可用圆盘铡砣切割，均加水及解玉砂，使用的工具视玉工习惯及玉料大小而定。锯或砣的边刃很薄，表明使用金属工具的锋利（图12-42）。满城汉墓玉璧和玉衣片上的平直锯痕，锯缝一般宽1—1.5毫米，也有的宽只有0.35毫米。

因铁质工具硬度及韧性均较青铜工具好，切割水平提高，这时玉器器表已很少出现凹凸不平的现象，加之后期打磨精致，开料所留痕迹已很少见到，仅在一些葬玉器及未完工的玉器中，会因打磨粗糙或还未打磨而留下痕迹。

金属片状工具可以做准确的切割，适合成对片状器的制作，故常在分剖开来的玉料上留下互相对应的切割痕迹，战国秦汉时期成对玉龙形佩身上常能发现这样的痕迹。此时"成形对开"和"对开成形"器增多（图12-43）。

另外，有些玉器的成形会利用边角料就料取材制作，如将玉璧切下的边料制成玉龙等（图12-44）。

在去料成形的过程中，娴熟的管钻工艺也常常被利用，器物表面会留下大小管钻的痕迹，如龙与螭的身体弯曲转弯处及腿爪关节处，凤鸟尖喙处，脚爪蜷尾处，玉剑格的銎孔等处以管钻去料，因管钻处大多不再修磨，故会留下一个个圆形管钻痕（图12-45）。这也是战国秦汉玉器上常见的一个现象。

2. 玉与金属相结合的工艺

战国以后，玉与金属结合的工艺已经超越了商周。镶嵌工艺和拼接工艺都十分成熟和发达，不

图12-42　龙形玉璧（战国早期，湖北曾侯乙墓出土）

图12-43　龙形玉佩（战国早期，湖北曾侯乙墓出土）

图12-44　玉璧与龙形玉佩（战国中期，湖北江陵望山出土）

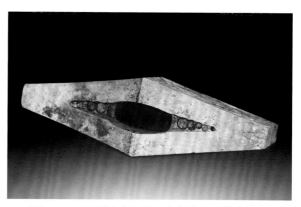

图12-45　玉剑格（汉代，广州南越王墓出土）

仅数量有所增加，质量、工艺难度都相当高。玉与铜、铁、金的镶嵌结合达到了完美的程度，装饰华丽，光彩夺目（图12-46）。

此时多节玉带钩的制作，可以说前无古人，后无来者。目前所见出土的这类玉器并不太多，且集中在战国晚期至西汉早中期，以后各代均未发现如此的治玉工艺，估计技术已经失传。典型代表如南越王墓出土的九节铁芯龙虎玉带钩（图12-47）。

与多节玉带钩制作方式相似的玉器还有战国多节龙纹玉璜（图12-48）。而战国秦汉时期的玉柄刀或削，柄内常残留有铁屑，也是相同的制作工艺。

玉具剑是两汉最为兴盛的器物，常用于铜剑和铁剑上，铜剑一般剑首与剑格以铜相铸，剑璏与剑珌则以玉为之。而铁剑最高规格者常玉剑首、剑格、剑璏、剑珌四件成套（四川也曾出土五件一套的玉剑饰）。玉剑首与玉剑格与铁剑直接嵌在一起，而玉剑璏和剑珌则与剑鞘相连，故出土的玉具剑常见有铁锈的痕迹（图12-49）。

而汉代王侯墓葬中常常使用的金缕玉衣、银缕玉衣、铜缕玉衣的拼接设计也是独树一帜，工艺上的繁复可见一斑。如河北满城中山靖王刘胜墓出土的金缕玉衣全长1.88米，共用玉片2498片，金丝约1100克。玉片以金丝连缀，每片玉片上均单面钻孔以供金丝穿过，玉片切剖均匀，形状多样，有正方形、长方形、半月形、梯形、三角形等，有些厚度仅1毫米多。玉衣的出现是汉代金属与玉拼接工艺结合的一个创新（图12-50）。

图12-46 战国 铜鎏金龙虎嵌玉龙剑首

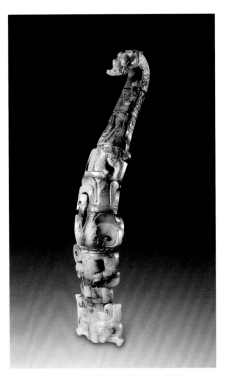

图12-47 九节铁芯龙虎玉带钩，
（汉代，广州南越王墓出土）

图12-48 龙纹玉璜（战国，河南辉县固围村出土）

图12-50 河北满城中山靖王刘胜墓玉衣金缕连接法

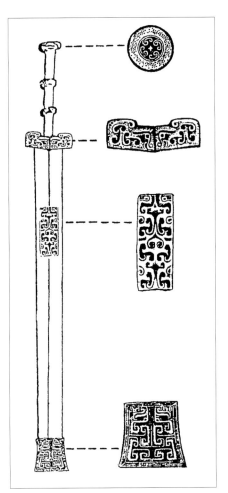

图12-49 玉具剑的使用方式

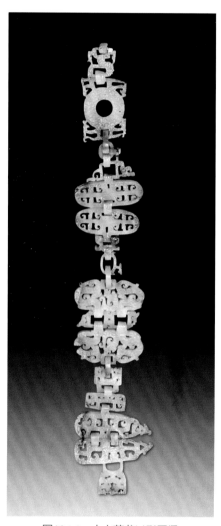

图12-51 十六节龙凤形玉佩
（战国早期，湖北曾侯乙墓出土）

图12-52 战国 龙凤勾连谷纹玉樽

3. 玉器的活环套接技术

活环掏雕技术自从在江西新干大洋洲商代大墓中和金沙遗址中发现以来，考古出土实物中此技术少有发现。似乎沉寂了几百年，直到春秋晚期到战国早期，活环套接技术陡然兴盛并成熟起来，出现了许多精品，曾侯乙墓出土的活环玉佩是目前所见此期最高端的活环技术应用，墓中出土的四节龙凤形玉佩和十六节龙凤形玉佩做工十分精致，为硬度较高的闪石玉雕琢而成（图12-51）。

活环技术的应用可以使玉佩形象随意变化，打破了玉料长宽厚的局限，通过活环移位，达到巧用材料的目的，从而增加材料使用和调动的能力。

汉代活环技术进一步推广，不仅被应用于许多器皿的盖、耳等部位，而且仿造铜铺首衔环做法，制成玉铺首衔环。商周青铜器中，活环者较多，但对于商周玉器的制作，这还是一个难度较大的工艺。战国以后，玉器造型仿制铜器衔环的技术已不再是难题，故在器皿中、装饰题材中经常使用（图12-52）。

4. 钻孔工艺

此期玉器的钻孔工艺十分成熟，钻杆式工具被应用于玉雕的许多方面。钻头由铜管到铁管，由铜桯到铁桯，较细长的玉管内孔也可打得很直。但如果两面钻，有时也会出现台阶痕，只是外大里小的喇叭口形状已基本不见。串珠的打孔更为普遍，战国、汉代墓中常常出土有玉珠、绿松石珠、玛瑙珠等，在直径还不到1厘米的单件小珠上打出细小之孔，用金、银丝线等穿缀而成，十分绚丽多彩。

大口径的金属管钻出现于春秋战国以后，最大直径可达三四十厘米，可以管钻玉璧的外轮廓，所以此期玉璧外廓大都可见细密的旋痕（图12-53）。南越王墓最大的一件玉璧直径达33.4厘米，内外孔壁均有平行细线纹，应是使用大口径管钻钻孔的痕迹。陕西西安枣园南岭汉墓出土的一件玉璧，外径达43.2厘米，也有管钻的旋痕。管钻工具的进步，为战国秦汉时期玉璧的大量出现创造了技术上的条件。

　　管钻裁切下来的边料也可继续做成玉佩或玉觿（图12-54），也有被保留下来雕琢为玉璧的出廓纹饰。

　　管钻、桯钻工艺除打孔以外，还被广泛应用于玉器工艺的各个方面，如利用管钻去料成形，利用桯钻掏雕活环，甚至玉器上的刻划纹饰，也有使用细小桯钻的。战国晚期到汉代，器皿类玉器明显增加，这是熟练运用管钻工艺进行掏膛的结果，故深腹的器物里常常留有管钻痕。

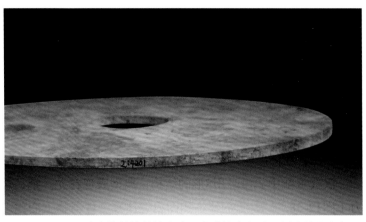

图12-53　玉璧边缘管钻的旋痕（河北满城中山靖王刘胜墓出土）

5. 镂空技术

　　春秋以后，镂空技术被大量地应用于玉器雕刻之中，战国时出现了一个小高潮，主要用于片状器物的镂雕，同时也出现了少量立体镂雕作品，其工艺风格一直影响到汉魏时期。镂空方式如前期一样主要还是先打轮廓线，再穿孔定位，然

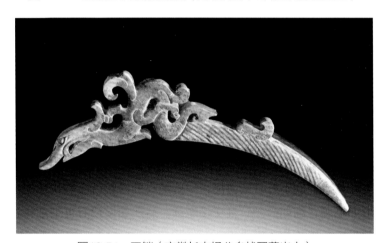

图12-54　玉觿（安徽长丰杨公乡战国墓出土）

后加金属线锯拉切成各种形状，也有以钻孔组成镂雕的一部分。金属线状工具使用时将线锯固定在弓形把手的两端，以手握弓把来回拉动，故常在切割面上留下细密的直线痕迹（图12-55）。

　　一些打磨不十分精致的汉代剑璏的内孔常会留下一道道细密的直线痕，有时也会留下穿孔的痕迹。这一般是用"搜弓子"方法搜出的，是金属铁丝运用的结果，尖角利落。有时也会用一种较粗的金属条锉拉，这种工具也有称其为"拉条"（图12-56）。

图12-55　玉剑格镂雕凤
　　　　纹（南越王汉墓出土）

图12-56　玉剑璏（汉代，故宫博物院藏）

6. 玉器的纹饰雕刻

在继承前代玉雕技术的基础上，这一时期阴刻、浮雕、镂雕、圆雕等工艺进一步发展，尤其是圆雕类玉器有所增加，突出造型与玉质美，如汉代的玉天马、玉辟邪、玉熊等（图12-57）。器物身上也大量装饰各种夔龙纹、云纹、卷云纹、谷纹、蒲纹、涡纹、乳钉纹等，均是先定位，再以阴线、浮雕或减地浮雕等工艺手法结合雕琢。浅浮雕玉器大多以减地法制作，先做出纹饰，再去地使纹饰凸出，纹饰的整体高度一般不凸出于边框。

汉代玉雕中大量运用S形的结构，典型表现在龙、螭、凤鸟等身体的扭曲上，充满着力度和张力（图12-58）。汉玉的纹饰构图也往往在一件器物上变化多样，少有一模一样的对称作品，即使构图对称，其具体细节纹饰也不尽相同。如果器物的正反面均有纹饰，也不完全相同。

金属砣具已经完全应用于玉雕的各个方面，单阴线、双阴线、顶撞地纹等。砣具在雕琢过程中，走砣准确、平稳，但在勾划弧形或圆圈纹时，因工具锋利，速度加快，常在线纹弯转处出现歧出的短线。同时，在显微镜的放大观察下，能看到走砣的痕迹（图12-59-1、2，图12-60-1、2）。

战国晚期到汉代玉雕中常有一种说法——"游丝毛雕"，如明人高濂在《燕闲清赏笺》中描述"汉人琢磨，妙在双钩碾法，宛转流动，细入秋毫，更无疏密不匀"[10]，其效果则"交接断续，俨若游丝白描，曾无隙迹"。其实这是因为使用铁工具速度加快，而工匠掌握得还不够熟练的结果。铁的硬度比青铜高，所以雕刻速度比青铜工具快，速度的加快，使得解玉砂在砣具下快速游走，而工匠如果控制不好砂的游离，一些细小的砂粒就会被快速碾出线条，在线条旁边形成细细的线痕，形如毛刺，细如游丝，且交接断续。后期如果没有再细细将这些毛道打磨掉，就形成了特殊的工艺效果。所以称为"游丝毛雕"（图12-61-1、2）。这种还保留有游丝毛雕的玉器并不多，大多数玉器都已在后期打磨抛光时将其磨掉，只有少部分打磨不精者会留下游丝毛雕的效果。

西周时的"一面坡"工艺发展到春秋以后，有各种变体，立体感增强。其中一种独特的阴线雕琢法就是俗称的"汉八刀"，战国晚期玉璧上已经出现，汉代多见，常表现在玉蝉、玉猪、玉翁仲及一些夔龙、夔凤纹双区或三区玉璧上，其实并非名称说的那样以八刀雕琢而成，而是一种斜砣

图12-57　玉辟邪（汉代，陕西渭陵出土）

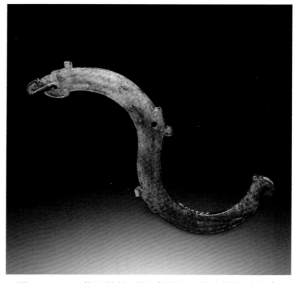

图12-58　玉龙凤共体形佩（战国，故宫博物院藏）

图12-59-1　玉舞人（西安大白杨西汉早期墓出土）

图12-60-1　双凤鸟纹玉璧（西安大白杨西汉早期墓出土）

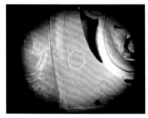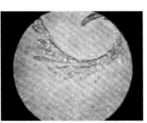

观察点　　　　　　　观察点放大60倍

图12-59-2　玉舞人阴刻线微痕

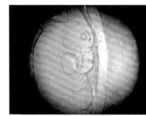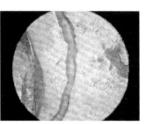

观察点　　　　　　　观察点放大60倍

图12-60-2　玉璧阴刻线局部微痕迹

图12-61-1　蒲纹玉璧（陕西长安县茅坡村西汉中期墓出土）

图12-61-2　蒲纹玉璧中三角纹及边线处微痕

　　方法的使用，又称"大斜刀"，砣锋犀利，一气呵成，几乎不见砣的连接痕迹，阴线底部也抛光锃亮，给人以刀片切的感觉，看起来十分简练利落（图12-62、图12-63）。

　　钻孔工具不仅常用来去料，其去料方法也常常成为纹饰雕刻的一部分，尤其在汉代的浮雕动物的眼睛或周边及转弯处，常有管钻或桯钻留下的痕迹。另外，也有用桯具在勾线转弯处钻磨圆形凹痕，强化纹饰的弯转。

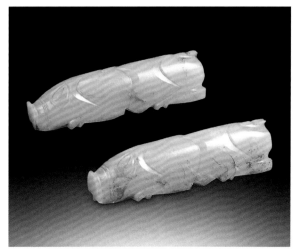

图12-62 汉八刀玉猪（西汉，
江苏扬州邗江甘泉姚庄出土）

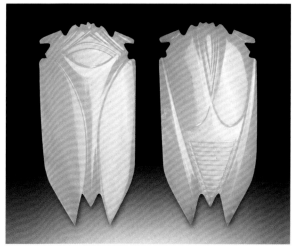

图12-63 八刀玉蝉（汉代，江苏扬州甘泉姚庄出土）

此期玉器还有一种手工刻划的现象，尤其在
战国汉代玉器上的刻字及某些玉器中的纹饰。主
要有刚卯、严卯上的刻画文字（图12-64），有
些玉璧、玉环外侧壁的刻画文字等。这说明当
时玉工运用了一种比玉硬得多的工具，可能为
刚玉或金刚石之类，字迹较浅，但这种现象除
表现在文字上以外，并不普遍。

7. 各种玉璧的制作

蒲纹璧、谷纹璧、涡纹璧、乳钉纹璧等
是战国秦汉时期常见的玉璧，那上面一个个旋

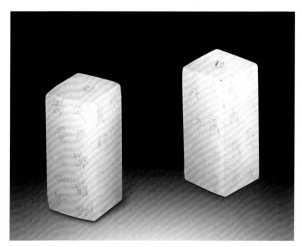

图12-64 玉刚卯、严卯（东汉，安徽亳州凤凰台
1号墓出土）

涡、一个个谷芽、一个个六角蒲纹都显得十分整齐划一，制作规整。

蒲纹玉璧因线纹交织如蒲席而得名，制作此类玉璧，一般先砣切打稿三对平行线，平行线之间
形成的纹饰就是蒲纹。蒲纹制作不需要减地，只要砣切工整就行，故一个个蒲纹粒之间会有一个个
凸起的小三角形颗粒（图12-65-1、2）。如果制作涡纹玉璧和谷纹玉璧，则将六边形内的凸粒修磨
成旋涡状的涡粒或谷粒（图12-66-1、2），边缘减地打磨掉即可，如果去地打磨得较为彻底，则将
平行线也打磨掉，仅留下一个个饱满的谷粒或不饱满的涡粒。涡纹顶部并不特别突出，但因有一道
旋转的阴刻线，圆心会产生凸起的感觉。汉代白玉质的玉璧常常琢以谷纹。而一些打过蒲格的蒲纹
上有时也琢旋涡状阴刻线，成为蒲格涡纹（图12-67）。

战国、汉代的谷纹一般谷粒饱满凸出。谷纹分两种，一种是阴线保留的谷纹（图12-68），还
有一种是不再保留谷粒上的阴线，而是将其打磨抛光掉，后者制作工艺更为复杂（图12-69）。涡
纹也有此两种，但以带阴线者为多。

另外还有一种乳钉纹，分V字形连线的乳钉纹、阶梯式连线的乳钉纹及半球形的乳钉纹三种。
前两者多出现于佩饰玉器上，后者多出现在玉璧上。玉璧上的乳钉纹，先用砣具雕琢三对平行线纹
定位后，再将六角形周边减地琢磨成半球形的凸起，状似乳钉。形状饱满，光洁明亮，凸起的乳钉

图12-65-1　蒲纹玉璧（陕西长安县茅坡村西汉中期墓出土）

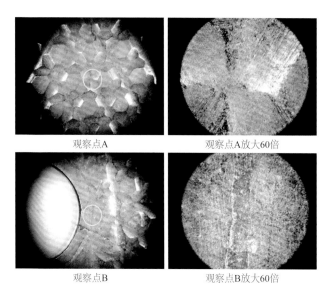

观察点A　　　　　观察点A放大60倍

观察点B　　　　　观察点B放大60倍

图12-65-2　蒲纹玉璧中三角纹及边线处微痕

图12-66-1　涡纹玉璧（陕西长安县茅坡村西汉中期墓出土）

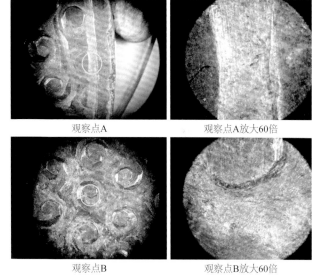

观察点A　　　　　观察点A放大60倍

观察点B　　　　　观察点B放大60倍

图12-66-2　涡纹玉璧旋涡及边线微痕图

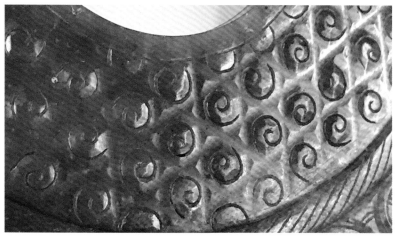

图12-67　玉璧上的蒲格涡纹（故宫博物院藏）

图12-68　玉璧上带阴线的谷纹（故宫博物院藏）

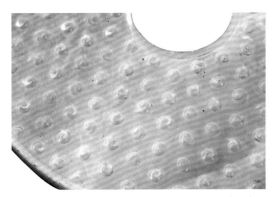

图12-69　汉代玉璧上不带阴刻线的谷纹（一）

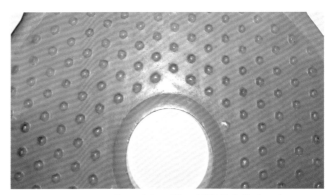

图12-70　汉代玉璧上不带阴刻线的谷纹（二）

并非圆形，而是六边形。从制作工艺上看，实际上乳钉纹是立体的蒲纹，琢制方法与蒲纹相同。蒲纹璧之蒲纹一般与玉璧平面平齐，除砣切底线外，没有过多的减地，而乳钉纹之乳钉则凸出于器表，采用减地法使乳钉凸出，同时也将原蒲纹之间的小三角颗粒减磨去，仅留下一个个颗粒饱满的乳钉（图12-70）。

8. 抛光

战国中后期至西汉早期，玉器的抛光达到了十分精美的地步，尤其表现在生前使用的玉器上，有些玉器几乎达到了玻璃光的效果（图12-71）。但在一些葬玉中，常常未进行抛光或抛光粗糙。

9. 俏色

和田玉子料传入中原后，玉工利用玉料的皮色设计制作，显示了当时玉器设计者的审料水平有很大提高（图12-72）。

10. 改制器

改制器在此期较为常见，主要原因还是因为玉料的珍贵，人们不舍得将破损的玉器丢弃。也有将前朝遗留下来不明功用的玉器，改制成他器的。但此期大多的改制器出现于丧葬用玉中，如玉覆面、玉衣、玉枕、玉棺等。

图12-71　西汉早期抛光精亮的龙形玉佩

图12-72　玉鹰（西汉，陕西咸阳元帝渭陵出土）

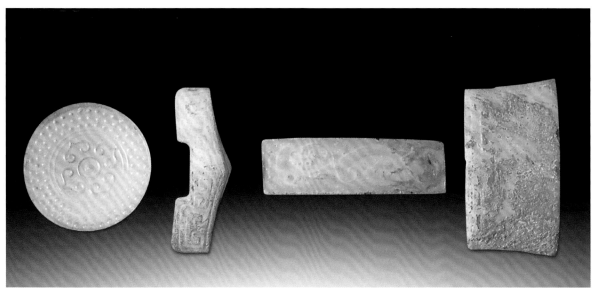

图12-73　琉璃剑具（江苏扬州邗江西汉墓出土）

11. 仿玉玻璃器的制作

中国古代国产的玻璃器大多为仿玉器而来，在玉料不足的情况下作为替代品，也被称为琉璃。

在陕西、湖南、广东、河南、江苏等地出土有较多的战国秦汉时期玻璃璧，汉代也有较多的玻璃蝉、玻璃剑饰等。器物以模铸法制成，器表留有模印的痕迹，纹饰不是很清晰，破损处可见玻璃的贝壳状断口（图12-73）。

战国到秦汉魏晋南北朝时期的玉雕工艺，开启了中国玉雕业使用铁工具的历史，也正是因为玉雕工具的改进，战国晚期到汉代的玉器制作达到了古代玉雕业的一个小高峰，而后一个玉雕的高峰期要晚至清代。但是，相比后世的玉器，战国晚期到西汉的玉器更富有创造性，不少玉器构图打破了传统的对称平衡，赋予玉器造型极强的灵动感，且无失衡之态，玉匠有着丰富的想象力和创造力，较少受形式、纹饰束缚，作品线条夸张，富有力度和动感，尤其是各种龙纹、凤纹、螭纹的雕刻。故此时出现了大批经典之作，在工艺、纹饰和造型艺术上都达到了前所未有的高度。

四、隋唐至明清玉器的雕工

（一）隋唐至明清的玉雕工具及玉雕作坊

1. 玉雕工具的完善及最终定型

隋唐至明，玉雕工具在坐具的逐渐演变中走过了又一次革新并最终定型。此时重要的已经不是工具质地的变化，而是砣机的抬高、动力的改变以及玉雕工具最终定型的完善。

砣机的高矮是随着家具的变化而改变的。没有桌椅以前，人们席地而坐或坐在矮床上，吃饭、看书、写字和休息主要用几和案。桌子的出现目前所见最早在东汉时期。魏晋以后，随着房屋的增高，居住面积加大，家具也相应地增高，种类增多，引起了人们起居和坐卧方式的变化，由席地而坐逐渐发展到垂足而坐。

人们起居方式的改变，使得重要的玉雕工具——砣机的抬高自在情理之中。

明代宋应星在《天工开物》中描绘有琢玉图，其中的砣机已经是十分成熟的"足踏高腿桌式砣机"，一人操作，以脚踏为动力来源（图12-74）。

至此，中国古代玉雕工具中最重要的工具——砣机，经过几次变革而最终完善定型：由原始砣机到倚坐或跪坐操作的几式砣机，再到足踏高腿桌式砣机。原始砣机的面貌还不十分清楚，而以隋唐为分水岭，之前主要以几式砣机为主，可能由多人操作或一人操作。而工具则经历了非金属砣具、青铜砣具、铁质砣具三个时期。最后一个时期以足踏动力为主，在砣机上一人操作即可完成玉雕的大多数工序。

最终定型的这种足踏动力砣机的出现，不仅节省了人力，提高了效率，而且由于动力的加强，砣头旋转的速度更快，玉雕速度明显加快，从而使玉雕工艺水平有了一个明显的提高。

除了砣机以外，清代也有专做某项活计的特殊工具，镟床就是其中的一种。清代镟活较为发达，清宫中大量的玉碗是依靠镟活制作出来的，有专门的镟床。

此时的钻杆式工具也有了进一步完善并达到了其使用的高峰。钻头除铁质空心管钻头和实心桯钻头外，部分皇家或贵族玉作中可能也使用了质地坚硬，摩氏硬度达到10的金刚石。它们大多都是进口，如扶南（今柬埔寨）、天竺、波斯，《新五代史》中说到10世纪时甘州回鹘也出产金刚钻，并成为朝贡的礼物。

钻杆式工具按使用方式可分为两种。一种是固定在砣机上的钻杆式工具。由于砣机演变为足踏高腿桌式砣机，实心钻和管钻均可以装在砣机上，以足踏做动力治玉。钻杆的固定也使桯钻及管钻的旋转更为自如，转速也更快，加工时既可玉料转动，也可钻杆转动（图12-75）。另外一种为非固定式钻杆工具，它由

图12-74　《天工开物》中的砣机

图12-75　人物纹玉山子（宋，故宫博物院藏）

一钻杆与一横杆配合，横杆两端结绳，将绳缠绕于钻杆上，拉动横杆，钻杆即可转动，模样就如20世纪中期还存在的锔瓷（锔碗）行业，锔者钻孔时，手拿的也是一个钻杆和横杆结合的工具，横杆两端要和钻杆顶端连绳，下压横杆便可以使钻杆转动。这种古老的钻孔方式被用在生活的许多方面。

玉雕所用之解玉砂，在人们的逐渐摸索中，已有了固定的产地，并有高下之分。主要产地有邢州、忻州、玉田、大同等地。《天工开物》云："中国解玉砂，出顺天玉田与真定邢台两邑，其沙非出河中，有泉流出，精粹如面，藉以攻玉，永无耗折。"[11]

另外，此时玉雕工具的质地，在文献中也有多种记载，除了主要的普通铁质砣具、前文提到的金刚钻外，《天工开物》中还记载了一种镔铁刀："（玉）既解之后，别施精巧工夫，得镔铁刀者，则为利器也。"[12]

图12-76 叶尔羌玉云龙纹瓮（故宫博物院藏）

镔铁是古代使用的一种优质钢，原产于西北，以镔铁制成的治玉工具，比普通铁质治玉工具更为锋利或坚硬。此时随着社会的进步，我们并不排除一些玉工改良玉雕工具的可能，利用多种材料，按照自己的玉雕习惯来做工具，提高治玉功效。

另外，清宫在乾隆二十八年，为琢磨一件云龙纹大玉瓮，引进了陕西关中地区所产的一种"秦中钢片"，非常锋利，使得本来按常法二十年才能完工的玉瓮只耗费六年就已完工。这种"秦中钢片"到底是何物？现在还无法证实，笔者认为可能是钢砣；有人认为是清宫造办处档案中所记的"火链片"，是一种当时山西生产的人造磨料。用它们来雕镂玉器比常法更为快捷，尤其是应用于大型玉雕。无论怎样，这应是一种工具和技术上的改良（图12-76）。

2. 玉作及玉雕工匠

隋唐以后，玉器制作和使用状况发生了很大的变化。一方面，历史背景的不同，统治思想有所变化，使玉器在社会生活中的地位有所下降，尤其是明以前，为皇家礼制制作的玉器数量大为减少。另一方面，城市经济的兴起，市民阶层的扩大，玉器逐渐向世俗化、商品化转变，大量实用性、装饰性的玉器开始出现，民间玉作兴起，玉器产品出现于街巷店肆，使得较为富裕的百姓也能拥有。因此玉作渐渐有了官作与民作之分，宫廷玉作和民间玉作均有长足发展的阶段，清乾隆时期的玉作更是达到了中国玉雕史的顶峰。

隋朝国运短祚，文献中未见宫廷玉作的记载，但隋文帝的统一也使治玉业开始走向稳定发展，从西安隋代李静训墓出土的金扣玉杯、玉兽、玉钗、玉扣、玉戒指、玉小刀等玉器中可见一斑（图12-77）。墓主人李静训，只是一个9岁的女孩，其父李敏，曾被隋文帝杨坚养于宫中，外祖母杨丽华是隋文帝长女，周宣帝皇后，其母为周宣帝之女，李静训从小生活在宫中，所以墓中出土的玉

图12-77 玉兔（隋代李静训墓出土，国家博物馆藏）

图12-78 玉铊尾（陕西唐昭陵陵园出土）

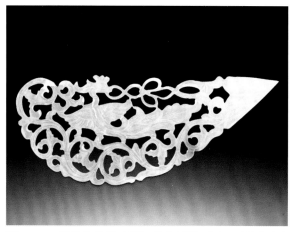

图12-79 凤纹玉簪花（浙江临安吴越国马王后墓出土）

器，基本可以视为隋代宫廷玉作的产品。

隋代的治玉工匠，名见者有万群、何通。传为唐代颜师古所撰的《大业拾遗记》中记载，隋炀帝看中殿脚女吴绛仙，但当时她已嫁玉工万群为妻，故万群可能为当时宫中玉工。何通是太府丞何稠的父亲，由北周入隋，据记载他"善斫玉"（《隋书·何稠传》）。

唐代，玉器出土不多，宫廷玉器面貌并不十分清楚，陕西唐昭陵陵园出土的玉铊尾（图12-78），可视为唐宫廷用玉。唐代宫廷玉作由少府下设的治署管辖，主官为"令"。

《唐会要》中曾记载一个小故事：唐德宗命玉工做玉带，其中一件玉銙误坠地受损，玉工六人就私下用数万钱到市场买了块玉来补上坏的玉銙，等到献给皇帝时，德宗指其所补者问："此銙光彩何不相类？"[13]玉工们叩头伏罪。故事说明唐代民间玉作的存在，玉产品作为商品在市肆中流通。

五代十国，整体玉雕业并不兴旺，但各国基本上都有自己的玉雕作坊，吴越国可能是其中规模最大的，曾多次向北宋王朝进贡奇珍异宝，数量甚巨。其中开宝九年（976年），宋人祖诏钱俶入朝，钱俶贡奉犀玉带及宝玉金器等5000余件，从中可见吴越国用玉数量之大，如果没有自己的治玉业且不具有一定规模，是很难满足贡奉玉器需要的。浙江杭州市临安区康陵发现的吴越国二世文穆王后马氏墓，出土了70余件玉饰，以片状妇女饰件为主，玉质大多为白玉，切割得很薄，技术高超，代表了吴越国宫廷玉作先进的玉雕技术（图12-79）。

另外，当时后晋、前蜀、南唐以及于阗小国等，也都有自己的玉雕业和玉雕工匠。例如，成都前蜀国王王建墓中曾出土一套刻有蟠龙纹的玉带，上有银扣两个，玉銙七方，圆首铊尾一方，均刻龙纹，在铊尾背面刻铭文记载：永平五年，后宫发生大火，第二天在火中找得宝玉一团。玉工皆说，玉经火不好看了。皇上却认为，此乃天生神物，怎能被火损坏！遂命玉工剖解之，果然玉质温润洁白，虽良工也不曾见过。将其制成大带，其銙方阔二寸，铊尾六寸有五分。并以灵异及皇上圣德，谨记此铭文（图12-80-1、2）。

宋代，官家玉作属文思院管理，隶属尚书省下工部。除文思院外，宋徽宗时曾令童贯在杭州、苏州置造作局，为皇室生产玉器。南宋偏安一隅，杭州因有吴越国时期留下的治玉基础，设置官办玉作坊也在情理之中。

宋代治玉工匠，又称为"刮摩之工"。文献中留下姓名者有赵荣、林泉、崔宁、陈振民、董进等。如宋真宗大中祥符元年（1008年），要刻琢封禅用的玉牒册，文思院玉工说用玉很难刻琢，宰相请用珉石代替，宋真宗认为以石代玉奉天，可能不合乎礼，就遣中使询问玉工，玉工中有名赵荣者，言太平兴国中，曾与众工治美玉为牒册，岁余方就，放置于崇政殿库。于是取而用之。又有元代陆友仁撰《研北杂志》："曾见白玉荷杯，制作精妙，上刻'臣林泉造'。"[14]可见赵荣、林泉均为宫廷玉作名师。

宋代手工业中的封建隶属关系较前代松弛，无论是官营还是私营手工业作坊中，都出现了许多雇佣工匠。封建隶属关系的松弛，有利于劳动者生产积极性的提高，原来在官营玉作的雇佣匠人，也可转向私营玉作。

这些私营玉作称为"碾玉作"，宋吴自牧的《梦粱录》中记载南宋杭州城内的繁华，其市肆团行中就分有各种行、作，

图12-80-1　云龙纹玉带（五代，前蜀国国王王建墓出土）

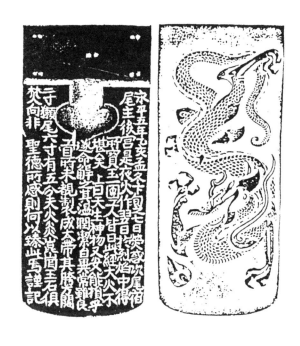

图12-80-2　前蜀王建墓玉大带铊尾拓片

其中就有"碾玉作"。宋代民间玉器的琢制就来自各地的"碾玉作"。《东京梦华录》述及北宋汴梁街头："每日自五更市合，买卖衣物、书画、珍玩、犀玉。"[15]杭州也有专门从事玉器买卖的店铺。《西湖老人繁胜录》记述了宋代一家名"七宝社"的店铺里所贩玉器的品种，有"珊瑚树数十株内有三尺者、玉带、玉梳、玉花瓶、玉束带、玉劝盘、玉轸芝、玉绦环、玻璃盘、玻璃碗、菜玉、水晶、猫眼、马价珠。奇宝甚多"。从一个侧面反映了宋代民间玉作业的情况，也展示了民间玉器交易的繁盛。

相继与北宋、南宋对峙的辽、金，其玉雕业是在俘获大量汉族工匠的基础上发展起来的。《金史·舆服志》中记载刻琢春水纹饰的吐鹘玉带，说明金代不仅有自己的玉作业，而且生产具有自己民族特色的玉器。

元代，大军南下之时，烧杀屠掠，但唯有工匠得免一死。元代治玉业已有一定的规模，设立

“诸路金玉人匠总管府”，下属有玉局提举司、金银器盒提举司、玛瑙提举司、金丝子局、瓘玉局、浮梁磁局、温犀玳瑁局等。另外，元世祖之时曾设“杭州路金玉总管府”[16]，其中就管理碾玉业的生产。

另外，元至元十六年，置“大同路采砂所”，管领大同路民户一百六十户，每年采优质解玉砂二百石，运到大都，用来给玉工治玉使用。

元代玉雕工匠，史籍并无留下姓名者，唯相传著名的道教全真教祖师邱处机，擅长治玉的各种技艺。

邱处机，道号长春真人，生于金熙宗皇统八年，历南宋和金，后入元，他曾游历于新疆、甘肃、陕西、河南等地，传说他能“掐金如面，琢玉如泥”，他到北京城后，皇帝封其高官，并请他掌管造办机构。北京白云观有一块载有邱长春与玉器行渊源的石碑，石碑位于白云观云集山房东侧，名《白云观玉器业公会善缘碑》，碑文叙述了尊崇长春真人为玉器业祖师神的原因：言其修道时曾“遇异人，得受禳星祈雨、点石成玉诸玄术”，西游返京后，住持白云观，“念幽州地瘠民困，乃以点石成玉之法，教市人习治玉之术”[17]。由此，燕京的石头也变为瑾瑜，由粗涩变为光润，治玉有良法，攻采玉料不再担心玉材不足。在燕京城中，治玉业成为首屈一指的行业。玉器行人感激长春真人，在元时已认邱真人为祖师，每到其诞辰之时，都来拜祝，后集议创立玉行商会。乾隆五十四年（1789年），又在白云观创立玉行布施善会，发放馒头。民国二十年，改名为“玉器业同业公会”。次年在白云观立此碑表述对邱处机的感恩报德之忱（图12-81）。

图12-81　白云观玉器业公会善缘碑

由此看出，治玉行的人，已将邱处机神仙化，认为其有“点石成玉”之术，笔者考察白云观中关于邱处机生平事迹道行的其他碑文，皆未发现有此说，故教人治玉与点石成玉均应为子虚乌有之说。据白云观老道长忆述：旧时北京玉器行业中的人与白云观道侣关系十分密切，道侣视玉器业人为“居士”，互以师兄弟称呼。清代，全真教与清廷内宫及权贵相交频繁，声势高涨，玉器行人从商业利益出发，再加之对邱真人的崇奉，奉其为祖师也情有可原。

所以，历史上的邱处机并非治玉之师，这只是治玉业中的一个传说、奇闻故事而已。

明代的宫廷服务机构，主要由宦官二十四衙门组成，即十二监、四司、八局。其中十二监中的御用监，管理着官方玉作。御用监所造玉器，有明确款识者，为故宫所藏的一件春水玉（图12-82），在边框上琢制“御用监造”和“大明宣德年制”，这也是目前所见唯一的同时刻有治玉场所和年款的玉器，也是御用监制作玉器的实证。

明代中后期，民间玉雕业逐渐繁荣昌盛起来，在南方的苏州，逐渐形成了一个治玉中心，这和江南地区资本主义萌芽，经济发达有关。北京虽然是北方的治玉中心，但正如《天工开物》中所说的"良工虽集京师，工巧则推苏郡"[18]。

当时苏州的知名玉匠很多，苏州地区陆子冈之治玉，鲍天成之治犀，朱碧山之治金银，赵良璧之治锡，马勋之治扇，周柱之治镶嵌，吕爱山之治金，王小溪之治玛瑙，蒋报云之治铜，皆十分有名。这些知名手工艺工匠的社会地位较高，很多和文人缙绅交往，作品也成为文人、豪富所追捧的对象，产品价格往往高出普通者数倍（王世贞《觚不觚录》）。贺四、李文甫、陆子冈、王小溪都是治玉高手，其中以陆子冈名气最大。

陆子冈，江苏太仓人，常居于苏州，其具体生卒年代不详，但在嘉靖之时已经成名。

陆子冈之名，在明代当时的文献和清代文献中就有"陆子冈"与"陆子刚"两种写法。

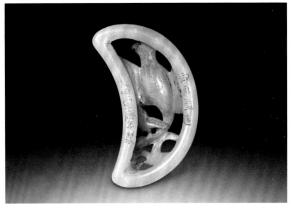

图12-82 "大明宣德年制"春水玉（故宫博物院藏）

笔者在故宫所见到的清宫旧藏的子刚（冈）款玉器，也是两种写法都有。所以陆子冈、陆子刚到底为一人还是两人，真是很难断定。

明人王世贞将陆子冈排于吴中各种工艺名匠之首，张岱在《陶庵梦忆》中也称陆子冈治玉为"吴中绝技之一"，"上下百年，保无敌手"[19]。

如此高的名气，作品理应是精美绝伦的。但笔者见到故宫所藏的刻有陆子冈款的玉器，风格却迥异。以器皿为多，真正如文献中所说良工苦心，精工细作者并不多。有些作品，刻工粗率，实难将其与名气极大的陆子冈联系起来。而且各种款式都有，有些一件器物上能刻琢多个陆子冈款，精工与粗率者皆有。如此看来，可能因陆子冈当时名气太大，已出现了仿品，后来就被当成了一种品牌的象征，成为高档玉器的代名词。明代就已有仿冒和盗用，这一现象一直延续到清，甚至当今的玉雕业（图12-83-1、2）。

清代宫廷玉作主要为造办处。顺治年间，清宫内务府已设立造办处。初在紫禁城皇宫内廷养心殿置造办活计处，康熙四十七年（1708年）年全部迁出，后又将部分作坊设在慈宁宫南、白虎殿（今废）北的一带青瓦建筑里，负责制造各种物品。养心殿造办处成为一个沿用的名称，其实就是清宫内务府造办处。根据《养心殿造办处各作成做活计清档》，雍正时造办处各种活计档中就有玉作，说明它是从康熙延续而来。乾隆时期启祥宫内也曾设有玉作。

另外，在圆明园和紫禁城中均有"如意馆"。这两个如意馆内都曾设有玉作，归属造办处管理。

北京在元明时期就是玉器制造的集中地，有着自己的工匠，称为"北匠"，来自苏州等南方民间玉作的工匠称为"南匠"。造办处的玉匠主要由北匠、南匠组成。当时著名的玉匠有杨玉、许国

图12-83-1 子刚款合卺杯（故宫博物院藏）

图12-83-2 合卺杯拓片

正、陈廷秀、都志通、姚宗仁、邹景德、陈宜嘉、张君选、鲍德文、贾文远、张德绍、蒋均德、平
七、朱云章、沈瑞龙、李均章、吴载乐、干振伦、庄秀林、姚肇基、顾位西、王尔玺、陈秀章、朱
鸣岐、李国瑞、王嘉令、朱时云、朱永瑞、朱佐章、朱仁方、刘进秀、李世金、蔡天培、六十三、
七十五、八十一等，后三者系披甲旗人，其他大多数是苏州织造选送的，工艺水平很高。这里有擅
长刻字的玉匠朱时云；擅长鉴定，能指点"学手玉匠"的姚宗仁等。在玉匠中能画样、选料者做领
衔，来自苏州的南匠姚宗仁、邹景德等能够画样、选料，处于领班地位。

　　所以要征调苏州玉工的原因，从档案看，主要是苏州玉工技术"精练"，北京刻手"草率"，
正如乾隆诗中所说"相质制器施琢剖，专诸巷益出妙手"[20]。苏州专诸巷是江南治玉业聚集的地
方，这也是对苏州玉工的最高评价。

　　苏州玉工雕琢风格典雅纤细，较之北京工手所做之器更能将玉之灵性体现出来。所以苏州来的
玉匠成为宫中玉雕主力也自在情理之中。

　　造办处除自己制作玉器供宫廷使用外，还分派活计给各地作坊。乾隆时期为宫廷制作玉器的，
尚有苏州、扬州、杭州、江宁、淮安、长芦、九江、凤阳等地。

　　清代民间玉作也十分繁荣昌盛。上述地区为皇家服务的玉作，同时也带动了当地民间玉作业的
发展，尤其在苏州、扬州地区，形成了两大民间治玉中心。

　　苏州在明代已是治玉中心，集中于苏州阊门外专诸巷，那里作坊林立，高手云集，琢玉的水

砂声昼夜不停，比户可闻。道光时，苏州阊门外就有琢玉作坊二百多家，盛极一时。陆子冈、姚宗仁、都志通均出自专诸巷玉工世家。苏州治玉同行业间，实行专业分工，有开料行、打眼行、光玉行等，已形成一定规模生产。当时还组织了同业工会，以周王（宣王）为他们的祖师，在周王诞辰时，展出名人的杰作及前辈艺人的作品，借祭祖之名，进行观摩。

苏州治玉以精巧见长，当时习俗，农历八月半左右，豪门阔户要常设玉器玩物，开门供人观赏为乐。

扬州是清代另一重要的治玉中心。扬州玉作以大取胜，玉如意、玉山子是其特色玉雕，故而清宫造办处常令其制作玉山、著名的《大禹治水图玉山子》《丹台春晓玉山》均是由扬州玉作制作。民间小玉作坊也以山子、佩饰件见长。

清代新疆叶尔羌地区是西部的琢玉中心，据档案记载，当地的维吾尔玉工善琢制玉剑上的玉柄，常见马首柄、花形柄和光素柄等，有的错金并嵌宝石，具有阿拉伯艺术纤巧细腻的风格。另外乾隆中晚期，已有中国的江南玉工在叶尔羌建立自己的作坊，他们和当地维吾尔族玉工参与仿制了大批伊斯兰风格的玉器，不但可接受清廷的疆吏委托制作，成品也可销往内地。

另外，当时北京、杭州、天津、上海、广州等地都有民间玉作。清宫造办处如意馆活计过多，工作不敷应急时可以临时外雇玉匠，说明当时北京还有独立的制玉业和身份自由的玉匠。在乾隆五十年（1785年）前后，北京的珠宝市和廊房二条一带已经逐渐形成了珠宝玉器业的商业街市，这些街市上的玉器店铺许多都是前店后厂的形式，自家就有玉器作坊。光绪年间，除廊房二条外，崇文门外花市一带也有许多玉器作坊，附近的青山居则是珠宝玉器行行内的交易市场。广东、云南等地，清末时则以碾琢翡翠见长。

清廷覆灭，造办处也随之瓦解，下属的作坊都散了摊子。民国初年，北京的玉器作坊有七八家，较大的有三家，工匠都有几十人以上，如廊房二条梁幼麟开的荣兴斋，廊房三条刘启珍的宝珍斋，炭儿胡同高姓开的玉器作坊。他们所用的高级工匠，不少是原先宫中造办处的工匠。后来，玉器需求量增大以后，玉器作坊在北京有了进一步发展，也形成了许多珠宝玉器的集散中心。

（二）隋唐至明清的玉雕工艺

隋唐以后，从总体上看，玉雕工具已经基本定型，有的只是不同时代、不同地区、不同工匠、不同习惯带来的个别特殊工具使用和工匠治玉习惯的差别。如前朝一样有切割、钻孔、成形、雕刻、打磨、抛光等工序，使用浮雕、圆雕、阴刻、透雕、镂雕、镶嵌等工艺技法。到清代乾隆时期，中国古代玉文化发展到了最为繁盛的阶段，玉雕工艺集历代之大成，创作出了中国古代玉雕史上最为辉煌的大型玉雕。

这一时期，我们也在文献中看到了完整的治玉工序，即清末李澄渊所作的《玉作图》，这是李澄渊于光绪十七年（1891年）应英国医生卜士礼要求而作。他"历观玉作琢磨各式绘以成图"（《玉作图》序），每图旁边都附有文字说明，不仅画了工匠治玉操作的场景，而且还将重要工具一一注明，可以说是玉器制作的连环画，也是一部纪实的工艺图画。其以图文并茂的形式将治玉工艺分为：一、捣沙，二、研浆，三、开玉，四、扎碢，五、冲碢，六、磨碢，七、掏膛，八、上花，九、打钻，十、透花，十一、打眼，十二、木碢，十三、皮碢13个工序。其中"捣沙图"和"研浆图"在书中合为一开，即一图二说，三至十三等11个工序各为一开，共12开。图说非常详细（图12-84-1至12）。

图12-84-1　捣沙图

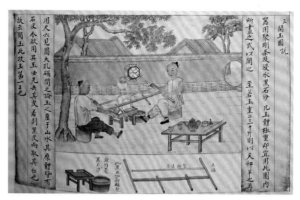

图12-84-2　开玉图

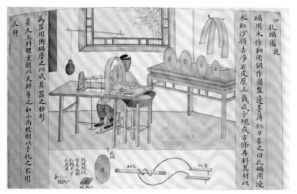

图12-84-3　扎砣图

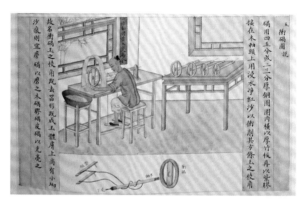

图12-84-4　冲砣图

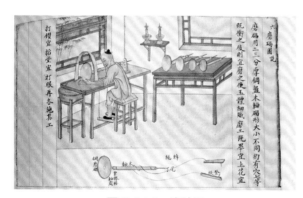

图12-84-5　磨砣图

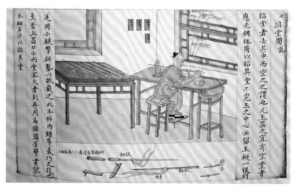

图12-84-6　掏膛图

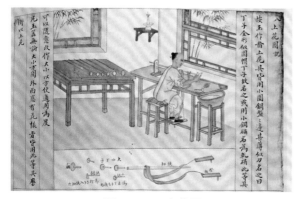

图12-84-7　上花图

图12-84-8　打钻图

图12-84-9　透花图

图12-84-10　打眼图

图12-84-11　木砣图

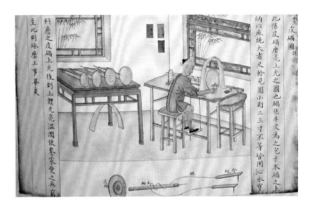
图12-84-12　皮砣图

中国古代玉器发展至此，从先秦时期的神秘主义，到战汉时期古典主义玉雕的辉煌，再到魏晋南北朝时期的衰落，隋唐以后玉器走向生活化、世俗化，直至清代达到玉雕工艺的顶峰，走过了一个辉煌的、独具特色的历程。

1. 隋唐五代时期

隋唐时期经济发展，国力强盛，大唐盛世带来对外来文化强大的包容能力，当时绘画、书法、雕塑艺术等都呈现出新的气象。唐代玉器上也反映出广泛吸收域外文化的新风格，玉器制作趋向写实，走出了此前玉器神秘主义的象征，以实用玉器为主体，以人体装饰玉为主流，集材质美与工艺美于一身，更注重玉器的观赏性与实用性以及浓郁的生活气息。

但隋唐玉器的生产不如以前，一方面，由于玉器的神秘性减弱，中国玉器彻底地由神秘主义走向了实用主义，由神圣走向了世俗。另一方面，其他艺术品的发展也冲击着玉器的生产。如唐代金银器，工艺技术精湛，已成为当时工艺品中最为辉煌的品种，大有取代玉器之势；大型石刻造像、雕塑的流行，气势雄伟，也有取代玉器小巧精致之势。

虽然如此，隋唐时期的治玉工艺，依然在以下几个方面独具特色。

（1）器皿类玉器的制作

唐代玉质器皿类器物比前朝增加很多，这和唐代泱泱大国，西域各国前来朝拜，带来玉料，丝绸之路畅通发达有关。玉料充足，可选的大件玉料增加，使玉质器皿的制作增加。这些玉器皿掏膛要采用多次钻孔切割才能完成，但器内基本不见制作痕迹，说明打磨技术先进。另外，唐代器皿在造型上大量吸收外来文化，用中国自身传统的治玉工艺碾琢出许多具有外来文化特色的玉器，从工艺本身来讲也是一个极大的进步。

西安何家村窖藏出土的玛瑙羚羊角形杯，以天然玛瑙制作，身体抛光精致，内膛打得较深，口鼻端装有可以装卸的笼嘴形金帽，内部有流与杯腔相通，可用之饮酒，设计十分巧妙（图12-85）。

（2）玉带碾琢工艺发展

玉带是唐代王公贵族最为重视的玉器，具有一定的礼玉性质。完整的玉带在北朝时就有发现，如咸阳底张湾北周若干云墓出土的蹀躞玉带（图12-86），但是唐代仍然是玉带碾琢最为发达的时期之一。西安地区发现玉带较多（图12-87），为研究唐代玉带形制、特征、治玉工艺乃至唐代舆服制度和中外文化交流都提供了十分珍贵的实物资料。

（3）镶金嵌宝工艺与玉的完美结合

金与玉的结合在先秦就已出现，汉代发现多例金玉结合的例子。但到隋唐时期，金与玉的结合不仅兴盛，金也不再如前朝般处于从属地位。金、宝石等在复合玉器中已不是配角，这是吸收外来文化并广泛应用的结果，是珠宝金玉复合工艺的有力见证（图12-88）。

图12-85　玛瑙羚羊角形杯（唐代，西安何家村窖藏出土）

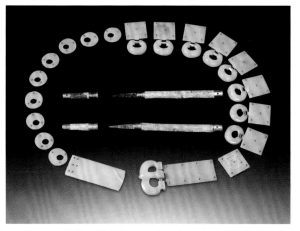

图12-86　蹀躞玉带（北周，咸阳底张湾若干云墓出土）

图12-87　狮纹玉带（唐代，西安何家村窖藏出土）

图12-88　镶鎏金嵌宝珠玉臂环一对

（4）善用各种阴刻线刻划纹饰

隋唐玉器，喜用较为密集的阴刻线装饰细部，各类铁线描，线条飞动、流畅。一些大型圆雕作品，阴线砣痕深且有力，不仅显示出雕琢工具锋利，而且表现出玉工已能较为熟练地运用高砣凳雕琢大型玉雕（图12-89-1、2）。

五代时期玉器受唐代玉器和金银器的影响，不同国家、不同地域治玉工艺的侧重点有所不同。浙江杭州市临安区康陵出土的吴越国二世钱元瓘的马王后墓，共出土玉榇面、玉步摇、玉佩、玉镶嵌件70余件，以片状饰件为主，玉步摇上还悬挂着小玉坠。这些饰件大多用于妇女的头饰，厚度在0.1—0.6厘米之间，因为切割工艺先进，玉料切剖较薄，多数半透明，加之透雕技法的充分应用，器物显得玲珑剔透（图12-90）。另外，杭州雷峰塔地宫出土的五代玉器在制作工艺上出现组装立体玉饰件，这些立体拼装的玉饰件也为玉雕工艺开拓了新的领域（图12-91）。

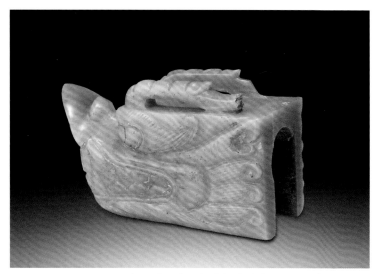

图12-89-1　玉龙首（西安市东南郊唐曲池遗址出土）

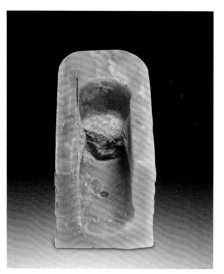

图12-89-2　玉龙首反面

图12-90　玉灵芝花片（五代吴越国时期，浙江临安
玲珑镇后晋天福四年康陵出土）

图12-91　玉善财童子（五代，杭州雷峰塔地宫出土）

2. 宋辽金元时期

经五代十国后，宋朝统一中国，出现了较长时间的安定局面，并先后与辽、西夏、金、元南北对峙。这一时期的玉器，远离了先秦汉代抽象、神秘、夸张的特色，继续着隋唐以后玉器写实化、世俗化的发展趋势，立体感增强，清新活泼，更有浓郁的生活气息，以生活用器、装饰品、赏玩器为主流。宋朝城市经济的发展，也促使玉器作为特殊商品进入流通市场。

而辽金元在长期与宋朝接触中，接受、吸收了宋朝的用玉制度，他们的玉工大多为俘掠来的宋代工匠，在玉材选用、碾琢技巧上均步宋玉后尘，玉雕工艺一如宋朝，但造型纹饰上逐渐形成了各自民族的特色。

此期虽然考古发现玉器较少，但所见玉器品种依然多样，在玉器雕琢中有以下几个特点。

①玉雕受当时成熟的绘画和雕塑艺术的影响，向立体化方向发展。此时最具特色的雕琢手法即为镂空透雕，镂雕作品激增。人物、花卉、动物、山水等玉器，往往运用此法，当时称为"透碾"，通过灵活运用各种实心钻和空心钻工具，充分结合圆雕、浮雕、减地等多种技法，表现层次，使玉雕作品渐渐摆脱了扁平片状造型，具有一定的厚度，图案也有较大的深度，构图景致深远，向多层次的立体玉图画发展。同时以深阴线表现花茎叶脉，以细阴线刻划细部，所谓的"枝皆剔起，叶皆有脉"。这种立体玉图画集绘画、雕刻之长，形神兼备，直接影响到清代的玉山雕琢（图12-92）。

元代常见的各种纹饰帽顶，则是另一类空间感更强的立体玉图画。其雕琢亦采用多层镂雕、深雕、阴线相结合的方式，多层次镂空，用实心钻前后锼孔，并利用圆形或椭圆形的形制，以增强空间感。这类玉器为元人头上所戴之帽顶，在元代十分流行（图12-93），但到了明代，由于服饰的更张，人们已渐渐忘却了其原来的用途，更多地将其装饰于炉上，成为炉顶，并仿其形制，制作出大批炉顶，每一个炉顶均是一幅立体的玉图画。

②文房用品、香囊、帐坠、扇坠乃至各种实用容器大量增加，具有民俗与吉祥纹饰造型的娃娃、摩睺罗（磨喝乐）以及有谐音的吉祥物开始出现，成为新的玉器品种。其中莲孩玉是较为多见

图12-92　春水图玉绦钩环（江苏无锡元代钱裕墓出土）

图12-93　莲鹭纹帽顶（北京元大都遗址出土）

的宋代玉佩，它与宋代生活习俗有关，逢七夕或其他节日，儿童都要摘取莲花荷叶执玩，效仿摩睺罗（磨喝乐）。其来源于唐代化生求子的习俗，但到了明代就衍生为具有莲生贵子或佛教莲花贵子寓意的吉祥玉，故莲荷也是宋金之时十分喜爱的题材（图12-94）。

③宋代仿古玉器兴起。闲逸与富裕阶层崇尚复古，金石学兴起，促进了古玉研究的热潮，玉器被作为文物成为贵族文人搜罗的对象，宋徽宗本人也喜欢金石。

北宋吕大临编撰的《考古图》，其中著录了十三件古玉器，开中国玉器著录、研究之先河。南宋赵九成的《续考古图》，也著录有古玉器三件。由此带来对古玉器的热爱，当时的仿古及伪古器成为一种时尚开始出现。目前发现的唐、五代玉器中几乎没有仿古作品，而文献记载较早仿秦、汉玉器的为宋代作品，但是，即使如此，宋仿汉之作品完全可以辨识。

宋代的仿古器是基于喜爱古物的基础上，在新制玉器上采用某些古器物上的纹饰而来，而伪古器则是纯粹在利益的驱使下，以商业欺骗为目的制造的伪古物。从此，各朝代制作的玉器除了具有自身时代特色的本朝器物以外，都存在着仿古玉器和伪古玉器两大类。

④宋辽金元之时，玉器材料的设计利用水平很高，常常费尽心思，不仅俏色工艺常被利用，而且还不惜染色、烧色，力图使一件玉器作品达到色彩与玉料的完美结合。

明人曾推崇宋工制玉，"不特制巧，其取用材料亦多"，为后人所不及。并举宋人琢高尺许的"张仙像"，将玉绺巧雕琢为衣褶，如图画一般。又载所琢玄帝像，利用玉料中一片黑色雕琢为头发，而面部和身体、衣服则是纯白无杂色，充分利用了俏色做法，感慨"近世工匠，何能比方？"（《遵生八笺·燕闲清赏笺》）足见当时俏色工艺利用之精（图12-95）。

而此期玉器除利用天然子料的玉皮色外，也常利用染色来弥补玉料外皮没有色彩的缺点。

⑤元代玉器延续宋金而发展，玉雕作品有粗有细，透雕复杂，难度增大。但总体看来，较之宋玉的清新妩媚，雕琢手法渐趋粗犷，器物大多留有较明显的雕琢痕迹，尤其在镂雕作品的背面及缝隙间，常可看到钻头痕和钻锥出的线痕，往往不再修饰磨去。另外，元代作品常爱用"重刀"，如在动物颈、四肢等处。而植物杆、茎、叶中常常砣出深线，每一片叶、每一朵花均深雕凹入，枝叶折合，翻卷自然，交错叠压，如同现实中之花卉，具有极强的立体感。

图12-94　童子形玉佩（宋代，国家博物馆藏）

图12-95　卧虎纹玉佩（金元时期，国家博物馆藏）

图12-96　渎山大玉海（北海公园藏）

⑥大型玉雕开始出现。目前虽仅见北海团城所放置的《渎山大玉海》，但这是大型玉雕作品的开始，为以后清代宫廷大型玉雕的制作提供了技术上的参考（图12-96）。

渎山大玉海，高70厘米，口径135—182厘米，最大周长493厘米，膛深55厘米，重约3500千克。据《元史》记载：至元二年（1265年）十二月己丑，"渎山大玉海成，敕置广寒殿"，此时元世祖忽必烈虽已称帝，但距元立国（1271年）还有6年，说明此玉造之时相当于南宋末年，或为元初之前，可能为当时蒙古汗所置造作局所制，玉匠可能原为金代玉匠，工时不会少于五年。玉海外壁浮雕海龙、海马、海鹿等海兽，出没于海水、江崖之间，这件大型玉雕曾在乾隆十年至十八年间经过约四次修复和琢磨，内壁上还琢刻有乾隆颂玉瓮诗三首及序文，故并不容易分辨出元代工艺和清代工艺，但从玉海琢刻的某些细部特征还是能看出玉雕大量使用了钻杆式工具进行雕琢。浮雕图案之下的减地、去料较多地使用了管钻、桯钻，阴刻线也有使用实心小圆头桯钻工具，线条看起来好似一串串小圆点组成。这件大型玉雕的完成，可以证明宋元之时玉工已有雕琢大型玉器的能力。

3.明代

明代通过朝贡、自行贸易及受贿私鬻等多种途径进到内地的和田玉料相当多，这为玉器更为广泛的商品化制作创造了条件。此时，玉器已不再只是供帝王、达官贵族在祭祀等礼仪活动时佩戴，也不再是他们显示特殊身份的标志，而是走向世俗化、商品化，成为庶族地主、文人雅士、富商、城市富裕阶层也能享用之物。当时玉器工艺制作的中心，一是北京，一是苏州。北京主要以宫廷玉器制作为代表，而苏州则是南方玉器制作的集中地。当时玉器手工业从业人数众多，已成为维持市镇经济良性发展的主要产业。

明代的治玉工艺，已能在文献中找到十分详细的记载。前文已提到，宋应星著《天工开物》将玉器归入珠宝类，记载了玉料来源、开采、运输以及琢玉的方法，说明当时玉器手工业非常成熟。从工艺的传承及具体器物上留下的治玉痕迹推断，明代玉雕技术和以往唐宋元没有太大的区别，只是在雕琢风格及技巧上，有些自己的特点而已。

从玉器雕琢风格上，可将明代玉器大致分为明前期（洪武—天顺，1368—1464年），明中期（成化—嘉靖中，1465—1544年），明晚期（嘉靖中—崇祯，1545—1644年）三个时期。其特点如下。

①明代前期玉器的制作工艺基本保留了宋元遗风，但也开始形成自己的特点，尤其是迁都北京以后，雕工趋向简练豪放，虽不及宋工精细，也受了元代粗犷简率的影响，但还是出现了一些精致而艺术水平较高的作品，尤其在器物纹饰造型的形神兼备和多层镂雕的工艺上，都与明中期风格有所不同（图12-97）。

②明代中晚期以后玉器的雕琢风格与前期相比有了较大变化，造型趋于程式化，镂雕作品多采用分层镂雕技法。尤其到了晚期，由于城市经济的繁荣、手工业的兴旺、海外贸易的昌盛，资本主义萌芽缓慢成长，促进了当时商品经济的巨大发展。玉器手工业规模扩大，分工较细，治玉效率增加，碾制了大量玉器。

但商品经济也造成了一定的负面影响：玉器造型和装饰纹样受到了很大的局限，如唐宋元那样的富于人文情趣的花卉禽鱼大为减少，而带有吉祥内容的作品大大增加。雕工上趋向粗犷简略、奔放不羁，分层镂雕的器物开始程式化，较多地使用各类锦地，如"之""十""卍"字等，用来装饰玉牌、插屏、玉带板的地子。为追求制作速度，带板表面与边廓平齐，少有弧凸的器物。其他各类镂雕作品都明显留下桯钻或管钻的痕迹。一些圆雕类器物，阴刻线较多使用了宽厚砣具，很少用细小勾砣，虽也有许多精工之作，但多是一种简括潦草的作风，故在玉器行中有"粗大明"之称（图12-98）。这种雕法主要突出纹饰

图12-97　白玉雁坠（明初，西安市文物局藏）

图12-98　玉组佩（明，梁庄王墓出土）

的大轮廓，实际工艺简单、粗率，与明早期截然不同。为了适应大量快速制作的商业性需要，商家为利益所驱，往往以牺牲工艺与艺术为代价，其艺术水平和工艺技巧比之于宋元下降了许多。

明代器皿类玉器一般胎体较厚重（图12-99）。中后期仿古玉器十分盛行，主要集中在仿古器皿上。人物、动物的雕琢也大多只重视外表，忽略细部。童子除面部五官雕刻较为详细外，四肢及身上阴刻线衣纹均简单草率，略具象形，细部不再刻划，与宋代童子繁密的衣褶纹饰大相径

图12-99　螭耳玉杯（明代，天津博物馆藏）

图12-100　青玉单耳杯（明代，旅顺博物馆藏）

图12-101-1　子刚款山水人物纹玉盒（明代，故宫博物院藏）

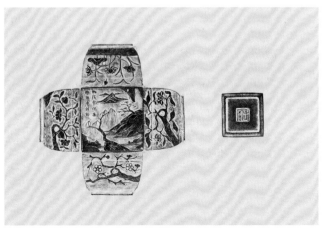

图12-101-2　山水人物纹玉盒拓片

庭。龙纹的凸眼和玉杯、玉圭等器物上的乳钉纹大多是先以管钻确定位置，再磨去周围地子的方法制成，故往往留下圆形管钻痕迹。此时也常利用管钻后深陷的圆痕表示花蕊、莲蓬、兽眼等（图12-100）。

明代江南文人画的兴盛，也使得玉器装饰图案有所变化，山水、诗句等开始被直接装饰到器物上，采用文人画的构图，利用浅浮雕的手法，营造一种悠远的空间意境。所刻山水楼阁、人物鸟兽俨若图画，时人称为佳绝。唯地子打磨不平，浅浮雕凸起极低且不明显。刻字多采用阳线凸雕技法（图12-101-1、2）。这些开启了清代山水人物雕刻盛行的先声。

③明代玉带已形成定制，即一条玉带由两块铊尾（又叫鱼尾）、八块长方形銙（排方）、四块细长条形銙（辅弼）和六块圆桃形銙（圆桃）组成，一套共计二十块。出土实物中，除明早期个别玉带，如江苏南京明初汪兴祖墓中所出玉带为十四銙外，其余大多为二十銙，符合定制，只是个别玉带的带銙形制会稍有些不同。从明代玉带的碾琢可以看出明早、中、晚期玉雕风格的变化。

明代早期，还保留有宋元多重镂雕的遗风，有些带銙表面虽平，但层次之间过渡自然，枝梗穿插出入，分层不甚明显，纹饰图案碾琢时剔地、减地和镂雕处圆润，半圆雕使用较多，使用桯钻镂空时倾斜角度亦大，故形象饱满，立体感强（图12-102）。

明代中期以后，透雕玉带的碾琢逐渐程式化，纹饰基本不再高出边框。特点是先用减地的雕法留出所需形象，然后在主体纹饰边缘把地子均匀降低，减地时过渡不再似早期那般圆润，而是相对陡直，同时在降低的地子上镂雕卷云、花叶枝梗、"卍""十""工王云"等细密均匀的底纹。镂空依旧采用桯钻，表面所留图像上用阴线、打洼、压地等雕法加工，并加以磨光，光亮而有纹饰的主体图像在暗影中的细密底纹衬托下显得很突出，有一定的立体感和层次感，尤其具有较强的装饰效果，给人以"花下压花"的感觉。而器物背面多为平面，可以看出使用桯钻时，倾斜角度并不大。有些玉带板的边框往往采用压地凹线的做法，呈现出狭窄光滑的凹条状轮廓线。有些纹饰图案类似剪影。这种玉带板制作方式一直延续到明晚期。

明代晚期玉带板的制作进一步程式化和装饰化，用细小的桯钻进行镂空，地纹更为密集，造型几何化，如密集的十字、米字窗棂形，卷云形，卷草形等。构图平布，分层明显，但仅分两层，类似窗花（图12-103）。

明代玉带亦有未镂空透雕者，工艺相对简单。

④明代治玉工艺中十分注重抛光工艺，光素无纹的玉器以及多重镂雕玉器的主体部位大多琢磨光滑，抛光莹润，具有玻璃质的光泽感，俗称"玻璃光"。

但明代玉器的次要部位往往处理潦草，甚至不打磨、不抛光。镂雕的玉器常常表面一层琢磨平滑、抛光，但里层较粗糙，留有桯钻时的加工痕，镂空边缘会出现打磨不圆滑而致的细微锯齿痕。这种现象的出现可能是为了节省工时，降低成本，在精工和省时之间寻找平衡，从而省去了背面和非主体部分的进一步打磨和抛光。

由此在明代也出现了另外一种独具艺术效果的玉雕艺术，即器物主体画面的光洁莹亮与磨砂地子相结合的新工艺，这种工艺在片状玉器，如玉带板、玉牌子上常常出现，因辅助纹饰或地子略下凹并处理成磨砂面，使得器物在折光的情况下更具有立体感（图12-104）。

此外，明代玉器根据材质的优劣，在抛光工艺上也有一定的不同，优质玉抛光极好，有

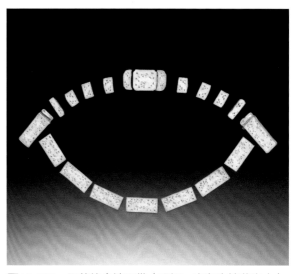

图12-102　灵芝纹金镶玉带（明初，山东朱檀墓出土）

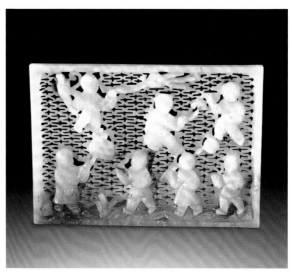

图12-103　青白玉婴戏带板（上海浦东新区东昌路明墓出土）

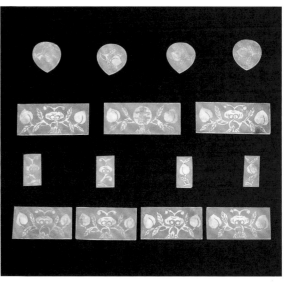

图12-104　玉带板（北京海淀区明代太监墓出土）

图12-105　金盖、金托玉碗（北京昌平区明定陵出土）

图12-106　嵌宝石玉带钩（北京昌平区明定陵出土）

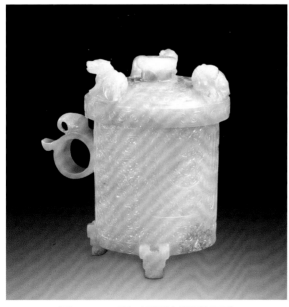

图12-107　明　子刚款夔凤纹玉卮

较强的玻璃光泽。如定陵出土的玉执壶、宝石镶金玉簪、金盖金托白玉碗（图12-105），玉带扣、玉带钩等。而玉质稍差的槽坑玉，因器表常有疏密不等的点状小坑，难以打磨平，并易受沁蚀，所以即使有光工也光泽不强，这类玉在明代常见。如果是十分劣质的玉料，则光工更为不好，如同现在低档的商品。

⑤金玉珠宝复合工艺，这是明代在镶嵌工艺上一个明显的特点，是唐代"金玉宝钿真珠装"的延续，盛行于皇家和工商较为发达富庶的江南地区。珠宝金玉工艺要兼顾珍珠、宝石、金银等各种材料，还要涉及金细工艺和珠宝镶嵌工艺，金细工艺中可能会涉模铸、錾刻、金叶的累丝以及金粟珠等精细手工。珠宝镶嵌工艺中珠宝格外突出、炫目，使得这些"宝钿真珠装"的玉宝器十分富贵华丽（图12-106）。

⑥明代中后期仿古风气盛行。明人高濂在《遵生八笺·燕闲清赏笺》曾说："近日吴中工巧，模拟汉宋螭玦钩环，用苍黄、杂色、边皮、葱玉或带淡墨色玉，如式琢成，伪乱古制，每得高值。"[21]而宋代编印的古代器物图谱—《宣和博古图》与《考古图》，在1588年至1603年间竟然翻印了7次，这大大启发了玉器仿古的创作，使得当时仿古玉器的碾琢十分灵活，但是明代的仿古玉从传世及出土实物看，并非完全地摹古，而是在一种似与不似的仿古中形成了自己的风格。这些仿古玉从形制上来说以器皿类玉器为主，大多仿青铜器，也有仿汉的佩饰，所用治玉工艺也较为古拙粗犷。陆子冈就是仿制古玉的一把好手（图12-107）。

4. 清代

玉雕工艺发展到清代，可以说是对以往历代玉雕工艺的一大集结。此时，玉雕的各项工具均已发明，各种技术已十分完善。清代玉工有条件全面继承以往各时代玉器的碾琢技术和积累的丰富经验，同时，在此基础上，无论是时作玉还是仿古玉，均有所创新。尤其到了乾隆时期，皇帝的喜爱使其直接控制和利用各种有利因素，积极参与玉雕设计。治玉工艺集前人之大成，图案设计也广泛吸收绘画及伊斯兰玉器风格，达到了中国古代玉雕工艺的高峰。

清代治玉，大致可分为以下几个阶段。

①顺治、康熙、雍正至乾隆前期，大约一百多年时间。玉器制作并不十分兴盛。顺治时期国家初创，百废待兴，无暇顾及玉器艺术品。康熙时，新疆厄鲁特蒙古准噶尔部首领噶尔丹叛乱，交通不畅，玉路受阻。而雍正帝对玉器的喜爱程度远远不如瓷器，所以此期留下的带有年款的玉器实物较少，多是小件，如小盒、小盅、小玉杯、碗等。到了乾隆前期，新疆蒙古准噶尔部叛乱，玉料来源多依靠进贡和走私。因此，这一阶段新做玉器并不太多，但是做工在继承前明治玉技术的基础上逐步向精致化转变（图12-108）。

图12-108 玉鸡心佩（北京海淀区康熙时期墓葬出土）

由于玉料来源的限制，此时还大量改制前朝玉器，有些还加刻本朝年款（图12-109）。

②乾隆二十五年平定回部后至嘉庆中期，60年左右时间。此期充足的玉材和技艺精湛的工匠，加上乾隆以自己的艺术修养影响着玉器的制造，许多作品创作经其授意、首肯，还命令金廷标、余省、姚文翰等宫廷画师参与玉器的设计、画稿。这些推动使得玉雕业空前繁荣，技术成熟并达到了中国古代玉雕的高峰，碾琢了若干巨型玉器，形成了以"乾隆工"为代表的帝王玉玉雕新风尚。

图12-109 乾隆款白玉仿古斧形佩

③嘉庆中期以后至清末。这一阶段内廷玉器制造业渐趋萎缩，数量急剧减少，技术水平下降。同时，苏州、扬州的玉雕业也逐渐式微。后因玉材来源不济，玉器生产进一步下滑，碾琢技术降低，工艺粗糙。同治以后，只有玉首饰业有所复兴。玉器制造无论工艺还是产量均无法和第二个阶段相比。

总体说来，清代玉器的制作以"乾隆工"为代表，其玉雕工艺主要有以下特点。

①玉雕工艺的精工细作。清代治玉工艺虽承袭前代，但在工艺制作的精致细腻程度上超过了以往任何时期。设计纹样时，更注意其文化内涵。高浮雕、浅浮雕、镂雕、减地、压地、磨、刻、钻等多种技法兼施，灵活多变。阴线、阳线、隐起、镂空、烧色、碾磨等传统工艺并用，有所损益。各种线条使用刀法圆熟，藏锋不露，不见刀痕棱角，雕刻线条也略细。清代玉器地子处理得十分平整，与明代显然不同。钻孔时常常追求孔型的规整及孔壁的光滑（图12-110）。

此期碾磨抛光技术要求严格，光滑圆润，一丝不苟。一件玉器不仅器型表面的花纹图案碾磨抛光，而且膛里、底足、盖内也琢磨光滑。每个角度、每个转折或每根线条都尽可能仔细琢磨。乾隆时期的宫廷玉器，孔穴内大多光滑舒适，细磨抛光，即使背面不易看见之处和深凹之处也会做些必要的光工，力求完美（图12-111）。但对于民间治玉来说，则有精工与粗工的不同，不能一概而论。

②治玉工序的细化及行业化。为了适应碾制过程的复杂和精细工艺，清代玉器行业分工较细。从档案记载看，无论是宫廷造办处，还是苏州玉器行，都有选料、画样、锯钻（包括掏膛、大、小钻）、做坯（做轮廓）、做细（镌刻细节花纹）、光工、刻款、烧古等工种。一件玉器需要这些工种的工匠分工合作才能完成。

画样就是对玉料进行设计。在宫廷造办处，能选料、画样者一般可做领衔，故玉器的因材施艺，即画样设计是最重要的，宫廷中如南匠都志通、姚宗仁都因此处于领班地位。画样完成后，和玉材一起交其他部门开始制作。锯钻工属于粗工，做细、刻字、烧古因难度较大，工种亦很重要。做坯、做细、磨光等关键环节都要呈览。玉器做完之后也一定要呈览，评定等级，做得好的褒奖，一般的就说"知道了"，看不中的轻则斥责，重则处罚、停俸、减扣工银或者责令赔补等。

③大型玉雕的出现。一般玉器在琢制纹饰时，大多数是手持玉石在转动的砣头上琢刻，仅在切割、打磨、抛光的过程中有时会不动玉石，以工具的来回运动完成。制作复杂的纹饰，手持玉石转动可做到弯转自如、方便灵活。稍大些托不动的玉石，可用吊秤吊起，一手扶持使之活动。

图12-110　鹌鹑形玉盒（故宫博物院藏）

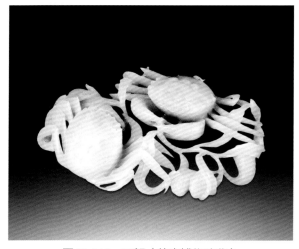

图12-111　玉蟹（故宫博物院藏）

但清代乾隆年间，出现了上千公斤的大型玉雕，如《大禹治水图玉山子》《会昌九老图玉山》《秋山行旅图玉山》《丹台春晓玉山》，多件云龙玉瓮等。玉料大多来自新疆叶尔羌地区，原料比成器更为壮观，如《大禹治水图玉山子》据清宫档案记载原重一万零七百斤，制成后高2.24米、宽0.96米，实际重约5.37吨。这件巨型青玉，采自新疆和田的密勒塔山，用轴长十一二米的特大型专车，用上千名工人推和一百多匹马拉运。逢山凿路，遇水架桥，冬天还要泼水铺成冰道，经历约三年的时间，才从新疆运到北京。其设计图样是以清宫内藏宋人《大禹治水图》为粉本，画匠设计了正面、侧面三张画样。先做蜡形，因怕蜡样熔化又改作木样，由造办处制成模型，经初步出坯剖料，再一并经水路运往扬州，由善做玉山的扬州玉工琢制。历六年时间制作，成器后又运回北京。造办处令玉匠朱永泰镌字后，置于乐寿堂，前后超过10年时间才得以最后完工。

如此大的玉料是不易用吊秤吊的，更不可能用手拿，所以不可能将其放在水凳上来雕琢，清代也没有现在的电动蛇皮钻工具，那么它究竟是如何雕琢的呢？近观玉雕，可见玉山上有大大小小的钻痕，有大孔径管钻，也有较小的桯钻，尤其分布于孔洞、松叶、山石褶皱处。所以，从治玉技法上看，手持灵活的钻杆式工具可能是雕琢这种大型玉雕的主要手法。另外，在玉山下面垫上一个带有转轮的木头盘机轮可能也是当时使用的一种方法，这样可以让玉山转动起来。而在玉山周围搭上排架，将砣机架高就可以解决砣刻细部纹饰的问题。还有金刚石刻刀以及清宫档案中提到的"钢片"或"火链片"也起到了十分重要的作用。从档案看，"钢片"或"火链片"需用量极大，工具的改革对琢制这种大型玉雕起到了至关重要的作用。

此外，这件玉雕不可能是一人完成雕琢的，需要多名玉工同时四面开雕，有组织、有秩序地按工种进行，是多人团结协作的结果（图12-112-1、2、3）。

④琢字技术的成熟与发达。由于玉料的坚硬和文字的规范，在玉器上刻字一直是治玉工艺中较难的工种。

中国古代玉器上的文字雕琢一般有三种情况。一为手工刻画而成，即用比玉坚硬之物徒手在器物上刻画。这种方法新石器时代就有，以后也常有发现，如汉代玉质刚卯、严卯上的字迹。二为砣刻而成，商代出现，以后各代均有，是玉器上常见的施刻文字方式。三为书写而成，即以朱砂或墨在玉器上书写，如商代殷墟出土玉璋上的朱书文字，汉代玉印上也有发现，但是这种方式书写的字迹日久极易脱落，

图12-112-1　大禹治水图玉山子（故宫博物院藏）

图12-112-2　大禹治水图玉山子局部（一）

图12-112-3　大禹治水图玉山子局部（二）

模糊不清。

　　清以前，虽然历代都出土过一些刻有文字的玉器，但总体数量并不多。相比于流畅的纹饰线条来讲，文字的刻划琢磨大多显得不甚规整，除有限的皇家治玉业外，民间治玉少有带文字者，这也说明在玉器上刻字是有一定难度的。

　　明代在官窑瓷器的影响下，曾有少部分玉器琢有皇帝年号款。清代此风兴盛，如"雍正年制""大清乾隆年制""大清乾隆仿古""乾隆御用""嘉庆年制"等纪年款均有出现，书体有楷书、隶书、篆书等。乾隆时期，在玉器上琢制诗文的风气兴盛，尤其以乾隆御制诗文为多，这些文字，少则几十字，多则上千字，甚至达两千字以上，每篇诗文后面也多刻琢印章。

　　皇家的喜爱，必然引起民间的广泛仿效，苏州、扬州的玉作中也多有在玉器上刻琢诗文的，如玉山、玉牌、玉插屏、镇纸等玉器。

　　当时苏州玉行中专有在玉器上刻字的行业，其中涌现出不少专长刻字的师傅，宫廷内务府造办处也经常要求苏州玉作选送刻字师傅进宫服务。乾隆十三年苏州琢玉匠师顾觐光、金振寰就是因为善于在玉器上刻字而被选入宫，在启祥宫玉作刻字。他们比一般琢玉工匠拿的薪水要高，每月给钱粮银三两，每年春秋两季领衣服银十五两。姚肇基、朱永泰、顾位西、朱时云、庄秀林等都是乾隆中后期的刻字工匠。《青玉云龙纹瓮》及《大禹治水图玉山子》上近三千五百字的文字就为朱永泰镌刻。

　　此时玉器上刻字主要有两种方法，一种是砣刻，即利用台式砣机（水凳）进行刻字，小件玉器多采用此种方法，一般阴刻字所刻字口较深，笔划利落，没有较多毛道，刻字速度也较快（图12-113）；阳刻文字利用砣刻，如减地浮雕般琢字。一种是手工刻画，即玉工运用锋利的工具，如金刚刀一类徒手在玉器上刻划，所刻字口较浅，笔划中有较多毛道、复笔，掌握不好极易划出笔道之外。此法刻字速度较慢，非水平高的工匠难以胜任。

　　清宫中许多刻铭玉器要填金，工匠为了使金粉不易从字口内脱落，字口内常常刻画粗糙，这样金粉和黏结剂易黏牢，经久不掉（图12-114）。

　　⑤玉器设计文人化倾向，宫廷画师常常参与其中。清代玉雕出现了许多山水人物故事题材的玉器，这些图案或圆雕为各种玉山摆件，或表现在各类玉牌、插屏上，还有诸如笔筒之类的文房用具

上。它们的图稿设计多出自当时的文人画家，体现文人向往的山水景色，许多宫廷画师也往往参与其中。清画院、如意馆的画家大多出自四王吴恽的派系，擅作山水花卉、人物故事，对当时玉器的图稿和碾琢产生了相当大的影响（图12-115）。

这类玉器的碾琢，要求工匠能够把握描写的对象，将一个个砣具变成自己手中之笔，利用圆雕、浮雕、镂雕、减地、浅刻等各种不同的碾法表现画家的用笔，体现人物的姿态、表情，山水的皴法，追求神韵与笔墨情趣。它们一般都碾琢细腻，玉工常会对玉料中绺裂进行巧妙利用，进而体现出山石的褶皱起伏。另外，玉工也善于吸取绘画中在构图上采用的平远、高远、深远"三远法"，注意层次远近，亦采用焦点透视法，碾琢深邃。使得整个玉雕如同一幅立体的山水画。如《大禹治水图玉山子》就是根据清宫旧藏宋代《大禹治水图》为蓝本而做，《秋山行旅图玉山》是以宫廷画师金廷标所绘的《关山行旅图》为样稿，《会昌九老图玉山》则以唐代会昌五年白居易、郑据、刘真等九位文人士大夫在洛阳香山聚会宴游的场面为题材，雕琢他们在山中品茶、下棋、抚琴、观鹤等文人雅士所行之事，使观者如同身临其境（图12-116），从而忘掉现实世界，暂时处身于幽静的山林。这种反映山林野逸情趣的画面也是清代玉雕中常见的主题。

⑥大量使用染色工艺。清代十分流行对玉器进行染色，不管是时作玉还是仿古玉，常常能看到各种染色。染色俗称烧色，其实包括当时烧色、烤色、琥珀烤色等多种方法。烧色行也是宫廷和民间治玉中别具特色的一个工种。清代文献中，纪昀的《阅微草堂笔记》和刘大同的《古玉辨》，都记载了许多当时最流行的方法，在宫廷仿古玉的制作中经常使用。其实这些方法宋元明时期已有使用，清代集历代之大成，花样翻新。

清宫中许多时作玉，现在依然能看到当时染

图12-113　黄玉斧（故宫博物院藏）

图12-114　乾隆御题白玉葵瓣形碗

图12-115　碧玉西园雅集图笔筒

色的黄皮。有些在原皮上又进行了加色处理，使皮色更为深邃。有些在作品的绺裂处，玉质的瑕斑处进行烤色，颜色或黄、或褐、或褐红。烧色的目的或为美观，或可使器物进行俏色雕琢，也有为了遮掩绺纹而烧补颜色的（图12-117）。如乾隆四十三年，清宫一件尚未完工的大型云龙纹玉瓮上的绺纹过多，须烧补颜色遮掩，当时京内无人能做，遂谕旨由苏州织造速派朱佐章及其子朱仁方二人进京烧补，现玉瓮存于故宫博物院乾清宫东暖阁。

当时许多玛瑙制品，也要事先经过染色和烧熟处理。

仿古玉中染色处理也是常见的做旧手段，需要做旧的仿古玉常常选用玉质不好，或带有边皮、糟坑之玉，如此者更易受沁入色（图12-118）。

另外，染色工艺中有一种独特的琥珀烤色工艺，曾经骗过了乾隆皇帝。乾隆在《玉杯记》一文中记述工匠姚宗仁之祖父曾用琥珀烤色法作伪旧器，具体方法为：在玉质不好的地方（如果玉质坚硬，则用细金刚钻在器表打成细密的小麻点）涂上琥珀，用微火烧烤，夜以继日，经年而成。这种琥珀烤色工艺在康熙时十分流行，至乾隆时知道其法之人已经很少了。所以此法制成的玉杯竟被乾隆认为是汉以上之物（图12-119）。

图12-116　乾隆御题青玉会昌九老图山子

图12-118　玉蕉叶纹觥（故宫博物院藏）

图12-117　玉辟邪（故宫博物院藏）

图12-119　青玉双婴耳杯（故宫博物院藏）

　　⑦仿伊斯兰玉器工艺、薄胎及珠宝镶嵌工艺。1768年（乾隆三十三年），乾隆皇帝得到了一对雕有花叶纹的玉碗，他非常喜爱这对玉器，并撰文考证它们的制作地为北印度的痕都斯坦，由此而将以后得到此处进贡的玉器或类似的玉器都冠以"痕都斯坦玉"之名。这些玉器的特点就是多装饰丰富的各种花叶纹图案（图12-120），有些也喜爱使用五颜六色的宝石和金银丝镶嵌，制作十分精巧，尤其器物胎质一般较薄。乾隆认为"痕都斯坦玉工用水磨制玉，工省而制作精巧。迥非姑苏玉匠所及"。他们制玉"以水磨不以砂石错"非常令人惊奇，在多篇御制诗中都加以赞赏。"巧制出痕都，质高工更殊"[22]（《乾隆御制诗集》）。

　　但从文献来看，乾隆帝并不清楚这种异域的水磨法到底如何制玉，中国玉工在仿制痕都斯坦玉器时也并未使用所谓的水磨法，而是照样用传统的"砂石错"（解玉砂）。

　　真有水磨法吗？抑或因琢玉时要加沙加水故而起名时省去了沙留下了水？是异域制玉的不同叫法，还是故弄玄虚骗过皇帝？现在都无从考证。但痕都斯坦玉器的装饰、造型艺术，还有其"薄如纸"的薄胎工艺，却被中国玉工加以吸收，不仅仿制了一批痕都斯坦玉器，而且在本土的时作玉中也加入了这些异域的工艺元素。

　　乾隆皇帝常常称赞痕都斯坦玉器"薄如纸"的特点，认为此非中土玉工所能比及。由于皇帝的喜爱，痕都斯坦玉器在中国大受欢迎，价高利厚。利益的驱使势必引起仿制的大量出现，乾隆晚期，已有较多的仿制玉器进入宫廷，许多器物连皇帝本人也分不清，虽有怀疑，但认为其"通体镂镂花叶，层叠隐亘，其薄如纸，益加精巧"。说明内地玉工已掌握了痕都斯坦玉器的制作技巧，仿制的玉器也更为相像（图12-121）。

　　其实薄胎工艺在清代以前中国玉雕中也曾出现过，只是没有清代如此集中的生产。后来在痕都斯坦玉器的影响下，技术进一步完善。一般制作薄胎玉器的玉料主要选用青玉、青白玉，民国时也有用岫岩产的透闪石河磨玉制作。清代因发明特制的镟碗机，不仅能镟出体胎较薄的玉碗，而且能节省玉料，制作出形制规整，大小一样的器物（图12-122）。

　　金银珠宝镶嵌在痕都斯坦玉器的影响下，亦有较大的发展。在纹饰图案，造型艺术上加入了更多的异域风尚，与明代珠宝镶嵌风格截然不同（图12-123）。

图12-120　花叶纹玉碗
（台北故宫博物院藏）

图12-121　玉双耳活环薰炉（故宫博物院藏）

图12-122　薄胎玉海水人物纹印盒

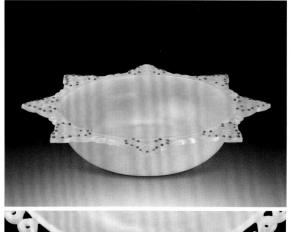

图12-123　玉嵌宝石八角菱花洗（故宫博物院藏）

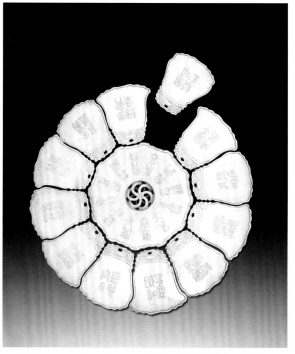

图12-124　白玉十二月令组佩（故宫博物院藏）

　　⑧创新品种层出不穷。清代玉雕工艺精致，奇巧创新品种层出不穷。如镂雕繁复、玲珑剔透的玉摆件、玉香囊，灵活转心工艺的玉佩饰（图12-124），而具有化腐朽为神奇，变废为宝，独具匠心的《桐荫仕女图玉山》的设计则充分表明，玉匠已不仅仅是普通的手工匠人，而是有一定艺术修养的艺术家（图12-125）。

　　中国古代治玉工艺发展到清代，已经达到古代技术的集大成期和巅峰期，虽然清晚期至民国治玉工具并未有多大改善，工艺水平也下降许多，但无法泯灭清代乾隆时期的治玉盛况和工艺技术的高峰。可以说纵观古代治玉工艺的历史长河，到清代完全可以画上一个完美的句号。

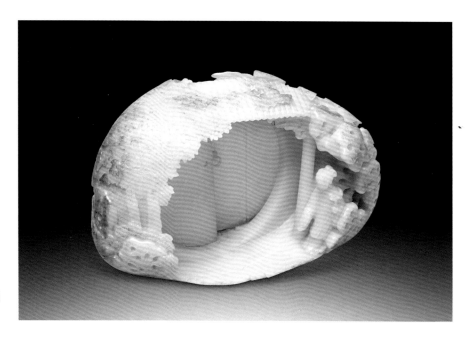

图12-125　桐荫仕女图玉山（故宫博物院藏）

第二节　当代玉器的雕工

清末以后的中国逐渐走上了近代化之路，社会的方方面面都出现了重大的变革。玉雕行业虽然相对滞后，但在新中国成立后也迅速开启了现代化的革新之旅。20世纪至今玉雕工具经历了两次重大革新。

第一次革新出现在20世纪六七十年代，玉雕工具的动力来源和砣具制作都发生了重大变革，传统木质的玉雕机机身改为更为坚固耐用的钢铁结构，并接入电动机以取代足蹬脚踏的人力驱动，同时金刚砂钻石粉与金属砣头融为一体。机器和工具的改进大大提高了玉石雕刻加工的效率和便捷性，降低了玉雕工艺学习的难度，在一定程度上促进了玉雕人才的培养和玉雕技术的传播。

第二次变革出现在21世纪初，随着计算机技术和数控系统的发展完善，超声波玉雕机、激光雕刻机和数控雕刻机开始应用于传统的玉雕行业，玉雕的加工雕刻逐步实现电脑化、自动化。雕刻加工设备的进步也促进行业分工进一步细化，在传统切料、设计、雕刻、抛光的基本程序之外，以设计制作电脑雕刻图的制图师成为玉雕生产加工过程中重要的一员。

一、传统玉雕设备和工具的革新

工具设备的革新带来的往往是效率的提高和使用的便利，反过来为了追求更高的效率和更便利的使用，人们也会不断地对工具设备进行改进。近代玉雕工具的革新亦是如此。

尽管传统玉雕工具在隋唐之后已经定型，但在很多方面仍存在诸多不便。一方面自玉雕诞生以来就以人力作为主要动力来源，这种方式不仅劳动强度大而且效率低下。另一方面，治玉过程中，除了脚蹬足踏之外，玉雕艺人还要一边琢磨一边加解玉砂，操作极为不便，加工过程中浑浊的砂浆飞溅，带来的不仅是恶劣的卫生条件，也给雕刻过程中对作品的观察与把控造成困扰。

1. 电动玉雕设备的应用

新中国成立初期，百废待兴，各行各业迎来了新的发展机遇，传统手工业也得到国家的重视，受到政府的大力扶持和鼓励，玉雕作为其中的门类之一自然也不例外。为了适应更大规模和更高效率的生产需要，玉雕行业顺应现代化发展的潮流进行变革，玉雕艺人们率先从玉雕机的动力方面入手，用先进的电动机取代足蹬脚踏的人力传动，以获取持续、稳定且更快的砣头旋转速度。

据《北京志·工业卷·纺织工业志、工艺美术志》载："1958年，北京玉器行业开始以电动机、皮带传动带动铁质圆盘状铡砣和砣子，代替人力脚蹬。"[23]这种原始的电动玉雕机，只是在原来的木质机器上安装电动机，然后用皮带连接进行传动。虽然第一台电动玉雕机显得简陋原始，但却成为传统玉雕设备革新的起点，并带动了行业中的各类工具设备的进步。玉雕艺人们在创作实践的摸索中展开电动化的研发改进，使工具设备一步步走向现代化。

20世纪50年代末到60年代初，全国各地相继建成了大大小小数十家玉雕厂，这些玉雕厂便成为电动玉雕设备研发的重要场所，其中北京、苏州、天津等地被作为"磨玉机"的定点研发单位。1964年前后，在玉雕厂手工艺人和专业技术人员的共同努力下，通过改进或重新设计的方式，各地玉雕厂相继研制出十多种不同样式的磨玉机。新研发的玉雕机在功能上与传统的木质"水凳"相仿，但外形和结构以及砣具都发生了较大的改变，砣具的转速也有了提升。概括来说，探索改进阶段的磨玉机普遍构造简单，主要包含动力、传动、转动、升降等几个关键系统，外形显得十分简陋。至今在一些偏远地区的玉雕小作坊中，还能看到那种电动机暴露在外的老式设备。不过，随着技术的进步，大部分的磨玉机也在生产过程中被不断优化改进。首先电动机的功率不断增加、每分钟的转速可达1万—2万转；其次为了方便调节砣具转速的快慢，动力设备上也安装了无级变速装置；再者，考虑到随着转速提升，加工过程中容易出现安全事故，专门设计出了安全制动系统。总之，经过一系列的摸索改进，玉雕机变得更加高效、便捷、安全、人性化（图12-126）。

除了用来雕刻的"磨玉机"之外，各式各样的新型玉雕工具也不断推陈出新，不仅传统玉雕制作每一道工序中所要用的工具都转变为电动设备，而且出现了专门针对某一类玉器加工的专用设备。1958年，北京市玉器生产合作社就设计研制出了用于切料的"玉石开料机"（图12-127），1969年则又成功研发出了专门针对大型玉器加工制作的"万能磨玉机"，专门用于两三米高的大型

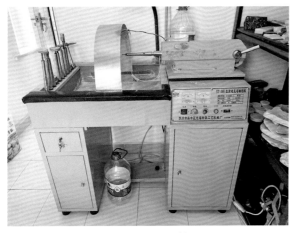

图12-126　玉雕机

图12-127　玉石开料机

玉雕作品雕刻。其他诸如用于制作器皿的"旋碗机"、加工珠子的"磨球机"、抛光用的"抛光机"、打孔用的"打眼机"等，也都在这一时期被研发应用，为玉器产品的加工制作提供了极大的便利，促进了生产效率的提升。

2. 钻石粉砣具的推广普及

20世纪70年代，采用电镀和热压工艺的钻石粉工具研制成功，玉雕设备在雕刻方面又获得进一步的提升。坚固稳定的钻石粉砣具很快取代了铁质砣片加解玉砂的组合操作，大大提高了人手在加工雕刻过程中的灵活性。随着钻石粉工具的推广普及，磨玉机再次有所改进，转速也进一步提升，采用晶体管电路控制的无级变速磨玉机最高转速可达到每分钟2万转。

钻石粉工具由于制作简单，只需要在金属工具头上镀一层钻石粉即可，因此随着钢铁冶炼锻造技术的发展，砣具的形制和功能更加多样化、精细化。按照形态样式来分，主要有砣片、勾砣、钉砣、喇叭、梯棒、橄榄、枣核、尖针、直棒、球儿、轧砣、铡砣、套管等；按照功能划分，主要有铡砣、錾砣、碗砣、磨砣、冲砣、轧砣等。每一类型的砣具不仅饱含着从形状到大小的微妙变化，而且在金刚砂镀层的厚薄以及砂粒的粗细上也有所区别，甚至可以根据玉雕艺人个人的雕刻需求进行定制生产。总之，钻石粉砣具在形态、大小、长短和砂质粗细等方面，极大地满足了玉雕创作过程中各个阶段的多元需求，为不同表现技法和工艺效果的实施提供了工具保障。

由于砣具高速旋转，在切割琢磨玉石时会产生高温，容易破坏玉料损伤工具，因此需要用水进行降温冷却。原本与解玉砂混合一起的砂水以干净、自流的方式对砣具和玉料进行冷却，同时砂水还有更大的好处——水流冲洗掉了磨下来的粉尘，方便玉雕艺人对在加工过程中进行观察调整，这一点对于玉雕工艺技术的提升也是十分有益的。然而硬度较高的玉石依旧会造成工具的磨损，需要定期更换新的砣具。不过最初的砣具与连接电动机的横轴多用紫胶进行黏合固定，更换时非常麻烦，因此为了雕刻操作的方便，一台机器往往会配备多杆带砣的轴，每次换工具时，只需要将砣具连轴一起取下，再装上一杆新的即可。只有当砣具上的钻石粉被磨损殆尽时，才会通过加热融化紫胶取下砣具进行更换。更换砣具时，因为是手工黏接，往往需要反复调试才能保证砣具的中心与横轴的中心保持一致，否则在雕刻加工时砣具相对于手中的玉料会上下跳动，无法正常工作，甚至损伤玉器。不过随着时代的进步，各种便于更换砣具的螺母卡轴也被研制出来，无论砣具采用哪种方式固定，都能准确调节到轴心的位置（图12-128）。

3. 外国琢玉设备的引进

改革开放之后，除了对行业自行研发的加工设备和工具进行优化改进外，玉雕厂还从国外引进更为先进的设备，不断为玉雕艺人们提供更便捷更高效的机器和工具。在

图12-128　螺母卡轴

20世纪80年代前后，玉雕厂又根据艺人们雕刻加工过程中的实际体验，对包括开料、打孔、旋碗、磨球、抛光等在内的各类玉雕设备进行了优化，变得更加符合人们的操作习惯。同时，玉雕厂也将目光投向国外，发掘并引进一些更为先进的珠宝加工设备，如宝石切割机、人造钻石磨盘、超声波打孔机、超声波清洗震动抛光机等。这些设备提升了玉雕工具使用的便捷程度。

需要指出的是，在引进的设备中，软轴吊磨雕刻机（俗称"蛇皮钻"）（图12-129）和电子雕刻机（又称"牙机"）（图12-130）是两种完全不同于传统磨玉机的设备，它们可以进行手持操作，在加工玉器过程中，能够根据需要任意调整砣具的位置方向，十分小巧灵活。

软轴吊磨雕刻机和电子雕刻机有着本质的差别，虽然两者属于手持的小型设备，但各自的工作原理完全不同，也使得二者的使用性能各异。

软轴吊磨雕刻机的工作原理是采用一种非直线传动的方式，将电动机能量输出到雕刻手柄上的砣具，其电动机连接的是交流电源，功率可达200瓦左右，砣具转速最高为24000转每分钟。其缺点是工作时产生的噪声也相对较大，高速运转时手柄容易震动弹跳不易控制。

电子雕刻机则是将电动机的工作系统压缩到一杆小小的手柄中，通过对电流电压的控制来调整转速高低，通常采用的是直流电，其马达的功率通常在几十瓦左右，但最高转速则可达到35000转每分钟，所产生的噪声较小，高速运转时也会发生震动，但在雕刻时玉雕艺人能够通过手腕力量进行克服。最初的电子雕刻机并非用于雕刻加工，而是一种牙医的医用器械，后被玉雕艺人们创造性地运用在玉雕加工上，因此玉雕师也将其称为"牙机"。

经过多年的改造、研发、引进、优化，到了20世纪90年代，传统的手工玉雕加工工具日渐完备，基本形成了涵盖切割、磨制、钻孔、抛光四个方面的全套现代设备。这些设备便捷、高效且人性化，更加符合玉雕艺人的加工习惯，形态多样的现代化玉雕设备和工具相互配合，不仅将玉雕艺人从笨重的体力劳动中解放出来，提高了玉雕行业的生产效率，也为他们在玉雕制作工艺技巧的进步和表现形式的探索上提供了技术支持，极大地促进了玉雕行业的繁荣发展。

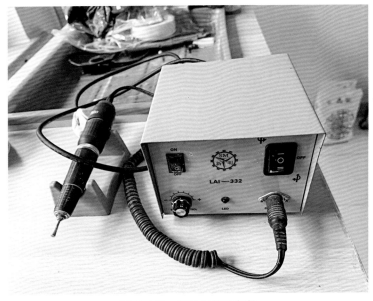

图12-129　软轴吊磨雕刻机

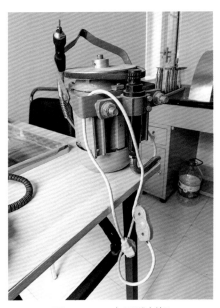

图12-130　电子雕刻机

二、自动化设备的应用

传统玉雕无论工具设备如何改进提升，玉雕加工制作的过程都没有离开人手和人脑的参与，经验技术和感性判断仍旧是控制作品工艺水准的关键，因此一直没有改变玉雕是一门手工劳动的本质。而自动化的数控玉雕加工设备如电脑玉雕机、超声波雕刻机和激光雕刻机等的出现，则使人从玉雕加工制作的过程中彻底解放出来，一件玉器的雕刻生产可以完全脱离了人手的感性把控，成为由机器独立完成的玉器制品。可以说，自动化设备的应用，对玉雕行业来说又是一次重大的变革，推动了玉器生产从传统走向现代。

数控加工技术是利用数字化信息控制机床进行产品加工的一种生产工艺技术，它用机械化、自动化的生产方式取代了人工劳动，进一步提高了劳动生产效率。数控加工工艺是目前国内产品加工制作领域的主流生产模式，它以其自动、规范、高效、精密等特点，被广泛应用在金属、木材、石材、亚克力等材质的加工中，在2000年之后，数控雕刻设备陆续开始在玉雕加工中使用。

1. 电脑玉雕机

电脑玉雕机是以电脑为操作核心的现代玉雕工具，主要由硬件和软件两大部分组成，硬件部分即加工雕刻的机床设备和控制装置，软件部分则主要是数字控制系统，主要用来读取数据指令和控制设备运行。电脑玉雕加工设备按照控制方式主要可以分为两类：一类是采用面板控制的一体机，一类是计算机控制的分体机。前者用面板上的按键进行加工程序设定，其优势是反应速度快，功耗低，机器稳定性高。后者采用计算机鼠标和键盘进行操作，其优势是可以通过显示器画面看到加工过程，整体硬件成本也相对较低。

经过十多年的发展，目前的技术日趋完善，并且在玉器行业中占据相当规模。电脑玉雕机不断进步，从最初的三轴雕刻设备逐步发展到了四轴、五轴设备，无论是简单的阴刻、浮雕工艺，还是复杂的圆雕、镂空技艺，基本上都可以借助数控雕刻设备完成（图12-131、图12-132）。

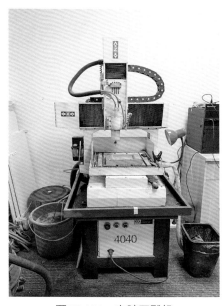

图12-131 电脑玉雕机

图12-132 多台电脑玉雕机

2. 激光雕刻机

激光雕刻机主要由机器框架、传动系统、激光系统、控制系统等组成，在进行加工切割时，需要输入相关制图软件来制作图案切割路径。其工作的基本原理是使用雕刻机内的激光器发出的激光束的能量聚焦在雕刻对象上，然后沿着设定好的切割路径对材料进行高温熔烧和气化，从而产生出所想要的纹饰图案。激光雕刻的优势在于噪声小、速度快，纹饰精细，雕刻一个图案仅需几分钟的时间，但其局限性在于加工深度较浅，且多作平面阴刻与材料切割。在玉器雕刻加工中，激光雕刻机的应用十分有限，主要是用来雕刻一些浅细的阴线刻纹饰图案，且通常会用金漆、银漆来增强纹饰效果（图12-133）。

3. 超声波雕刻机

超声波雕刻机利用20000Hz以上的声波，通过碳化硅等辅料，配以相应图案的高碳钢模，通过机器带动模具与玉料表面间的辅料高速振动摩擦，达到快速雕刻的目的。

超声波雕刻的成品玉器拥有一个共同的平面，纹饰以浮雕为主，圆雕作品较为少见，图案皆具有坡度，以便模具进出，少见细节，线条很生硬，且两边都是带弧度的斜坡，较深的阴刻线皆为陷进去的深坑。

超声波玉雕机是通过超声波发生器发出的高频震荡信号所产生的能量，震动高硬度的碳化硅，利用高碳钢模具的压力作用快速磨削玉料，对玉雕进行加工成型，通常完成一件成品仅仅需要几分钟的时间。超声波雕刻的局限性也很明显，由于制模的过程比较费力，因此更适用于单一类型玉器的批量加工，能够降低生产成本。而就所雕刻出的玉器作品来说，整体造型呆板，线条也不够灵动，画面层次有限，缺乏生动优美的感觉，在市场上多走低端路线（图12-134）。

图12-133　电脑激光雕刻机

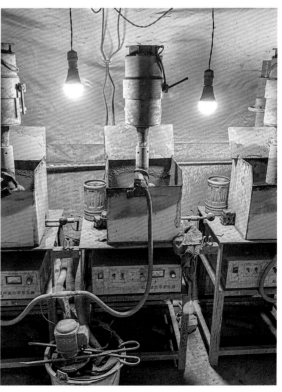

图12-134　超声波雕刻机

4. 玉石切割机

玉石切割机是以电脑控制，用锯条、锯带切割玉石的机器。其特点是操作稳定，切割面窄，能最大限度地减少玉料在切割时的损耗（图12-135）。

三、玉器生产环节的变化

在工具设备进步的作用下，当代玉雕的工艺从开料成型、雕刻加工技巧到打孔抛光、优化处理，每一个环节都产生了新的变化。这种变化体现在以下几个方面。

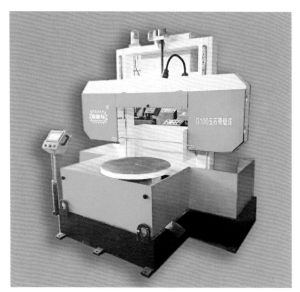

图12-135 数控玉石切割机

1. 开料

现代玉雕工艺在开料过程中，多用圆盘锯、带锯、线锯等工具进行切割，切割面更为平整。相较以前的大砣锯往复脚踩的加工方式，现代玉雕采用高硬度的碳化钢作为载体，旋转方向为单方向，极大避免加工时的误差，减少了边界余量的产生。据悉清代以前的玉器，如手镯两侧、大件器皿的底部等都不是平坦的面，将其放置于水平面处，能见明显的缝隙，推测这都是由于当时加工工具的局限性所造成的结果。现代玉雕工具的发展使得所出的玉器平面更为平整，甚至能做到与接触的水平面完全重合。

2. 粗磨

现代横机雕刻的玉器粗磨用的是各种形状的镀金刚砂的金属棒，玉料在金刚砂的高速运动下逐渐被磨削。在粗磨阶段，金刚砂的快速磨削会造成玉石的崩口，使线条出现锯齿形边沿，沟底还会有长条状磨痕。但是经过打磨抛光，这种特征可能会变得不明显。

现代高转速的琢玉机配合细腻程度不一、大小不一的钻石粉工具，能对特别细微的地方进行处理。相较于前代，当代玉器对于细节的刻画更为精细，大如植物的茎干纹理，小如动物的毛发肌理，都能一一刻画得栩栩如生。

3. 掏膛

当代工艺在制作时一些带盖的玉雕器皿，在器盖外形做完，子口确定好之后，即要进入掏膛工序。一般确定器身、器盖的外形后，钻膛取芯，将膛芯的管状玉料取出，再使用弯砣掏膛。弯砣为一根镀金刚砂的钢丝，下端呈弯曲状，旋转时会形成一个内膛形，逐渐掏空。工具的进步，掏膛的方式也略有变化，在掏膛时也可使用钻头直接向瓶膛内各个方向冲钻，而后再磨平，用这种方式掏膛对工具的把控度更高。一些特殊的工艺，如薄胎工艺，在当今得到进一步发展。小口径，形状不规则的异形薄胎玉器出现。

薄胎工艺的发展不只体现在形状上，相较于清朝薄胎工艺最为鼎盛的乾隆时期，当代的薄胎玉器更为轻薄，有数据表明，清代薄胎玉器厚度基本在1.5毫米偏高的范围，厚1毫米属于凤毛麟角，即在清朝薄胎玉器厚度应该在1—1.5毫米之间；当代薄胎玉器以技术最为优秀的苏州进行数据统计发现，厚度一般都会低于1毫米，最薄仅0.5毫米，当代薄胎玉器的厚度在0.5—1毫米之间。

4. 精磨与抛光

精磨是玉器进行抛光前的最后一道程序，用于去除加工时遗留的痕迹，使玉器表面更加光洁细腻。当代常用的精磨设备可分为两种，一种为自动震桶式，适用于圆珠与小型饰品，将磨料与待抛光的玉器放入桶内，开机后，通过弹簧的作用力使桶体震动（图12-136）。另一种则是手动操作的横机或手持电子机，对精细加工的玉器进行精磨。抛光用的油石也常用于去除打磨痕迹。

震桶抛光与传统手抛相比，灵活度不够，并不适合精细的玉器，对细节部位磨损度较高，图案皆有少许的弧度，玉器外形较为圆润。当代抛光技术相较于之前，抛光更为精细，抛光更为彻底，精品玉器基本无打磨痕迹。手动操作抛光常用的牛皮轮，能实现强油脂的镜面效果。因抛光工具的细腻度增强，从蜡状光泽至玻璃光泽等均能实现。当代玉器中甚至出现一批运用不同抛光效果表现纹饰图案的玉器。

5. 镶嵌

当代玉器镶嵌工艺进一步发展，在继承前代的基础上，引进了西方贵金属镶嵌手法，对玉石进行镶嵌，常见爪镶、包镶、钉镶。镶嵌材料的品种更为多样，从贵金属至各种宝石涉及材料范围极广。由于玉石本身材质的光泽与透明度的局限性，常将玉石处理成如蛋面、水滴形、几何形或随形等。亦有一些相对较小的子料、戈壁料等，不经过雕刻处理直接进行镶嵌。

金银错工艺在当代玉雕中有了新的变化，在表现形式上，区别于传统金银错纹饰以线条为主，当代金银错以块面表现图案的并不少见。且表现内容由简单的花草纹饰转变为具有主题性的图案，极大地拓展了金银错在玉器中的运用（图12-137）。

图12-136　自动震桶抛光机

图12-137　邵一昇　错金玉杯

6. 煮蜡

煮蜡在当今玉雕行业并不少见，作为玉器完成前的最后一步，它能很好地掩饰玉器表面的缺陷，提高油脂感及光泽度，但并不是所有的玉器都有煮蜡的必要。煮蜡一般用的是固体的石蜡，将石蜡放进电饭煲中无水融化，再将玉器放入，一直维持恒温状态，浸泡的时间根据玉料裂口的多少、深浅判断。石蜡进入到和田玉的裂隙中，可使和田玉裂隙的视觉效果变小甚至没有，对太大的裂隙效果甚微。但煮蜡只是起掩饰的效果，时间一长，玉器易发黄，且裂隙会再次出现。

四、从玉雕作坊到手工工场

随着封建帝制的终结，历朝历代设置的宫廷治玉机构也一并消失，民间的玉雕作坊成为主要的玉器生产机构。除了北京、苏州、扬州这些历史上著名的治玉中心外，上海、镇平等地的私人玉雕作坊也日益兴盛。同时由于不再受到官方的限制，民间玉雕机构开始发展壮大成为一个全国性的行业，一些玉器行业发达的城市产生了相应的民间自治团体——玉器业同业公会。以北京为例，从事玉器的回汉商人在1935年各自成立了相应的行业组织——同业公会。这些同业公会以城市为单位，对玉雕行业的发展产生了重要的影响，他们既努力维护着玉雕的生产经营顺利进行，也对行业技术水平的进步发挥着促进的作用。

新中国成立后，玉器行业发生了新的变化：国家介入玉器的生产，并逐渐采取了一种新的生产组织形态——手工工场。1949年到1958年期间，在政府的扶持和引导下，原来行业中的治玉机构先后完成了从私人玉雕作坊到手工业合作社，再到手工工场几种形态的转变。截至1958年前后，在一些重要的大城市和有玉雕传统的地区成立了众多大大小小的玉器厂。如当时的北京、天津、苏州、扬州、上海、广州和新疆一些地市等都设立了玉雕厂。

和传统的私人小型玉雕作坊相比，这些国营玉雕厂无论在生产规模上，还是所采用的生产模式上都有较大的差异。以北京玉雕厂为例，整个玉雕厂按照玉器的题材类型被划分为人物、花卉、鸟兽、器皿、首饰、杂件六个车间，每个车间又包含若干个生产小组，生产规模远远超过一般的私人作坊，当时一个大的车间人数就超过300人，全盛时期的玉雕厂总人数则有1600多人。在玉雕制作分工上也更细，从预料采购、切割，到设计、雕刻、抛光，乃至设备研发、工具管理都有专人负责，玉器品类齐全、工艺流程完整，而这些玉器厂所制作出来的玉器，既不面向官方也不针对民众，而是由国家统一进行收购和销售管理，主要销往欧美、东南亚等国外市场。

这种新型的玉器生产组织形态，有别于明清及以前的所有机构，是特定历史条件下的产物。到了改革开放后，国营玉雕厂的生产组织形态和国家统购包销模式的优势得到了展现，国营玉雕厂进入了最为辉煌的阶段。但进入20世纪90年代，随着市场经济的蓬勃发展，私人玉雕厂开始出现，国营玉雕厂在人才流失和销售方式改变的双重影响下逐渐衰退。到了21世纪，数控玉雕加工技术的出现则促使玉雕走向自动化、标准化、批量化，更加接近现代工业生产形态。

注　释:

[1] 黄怀信. 逸周书校补注释: 世俘解: 第四十[M]. 西安: 三秦出版社, 2006: 203. 注释称在"商旧玉"后缺"宝玉万四千佩", 诸类书引皆有, 百万当作"八万"误, 故作者认为此句解释应为武王共获商朝旧宝玉一万四千枚, 佩玉十八万枚.

[2] 中国社会科学院考古研究所. 殷墟的发现与研究[M]. 北京: 科学出版社, 1994: 341.

[3] 李学勤. 十三经注疏: 周礼注疏: 卷第六 玉府[M]. 北京: 北京大学出版社, 1999: 155.

李学勤. 十三经注疏: 周礼注疏: 卷第一 天官冢宰[M]. 北京: 北京大学出版社, 1999: 16.

[4] 吴之振, 吕留良, 吴自牧. 宋诗钞: 第四册 叠山集钞[M]. 北京: 中华书局, 1986: 3675.

[5] 王琳. 从几件铜柄玉兵看商代金属与非金属的结合铸造技术[J]. 考古, 1987(4): 363-364, 391.

[6] 陈奇猷. 韩非子集释: 卷四: 和氏第十三[M]. 上海: 上海人民出版社, 1974: 238.

[7] 王钦若, 等. 册府元龟: 卷五九四 奏议二二[M]. 北京: 中华书局, 1960: 7114.

[8] 王嘉. 拾遗记: 卷四: 丛书集成初编[M]. 北京: 中华书局, 1991: 85.

[9] 王正书. 上博玉雕精品鲜卑头铭文补释[J]. 文物, 1999(4).

[10] 高濂. 遵生八笺: 卷十四: 燕闲清赏笺[M]. 弦雪居重订, 明万历刊本.

[11][12] 宋应星. 天工开物: 下卷: 珠玉第十八卷[M]. 涂绍煃刊本, 1637(明崇祯十年).

[13] 王溥. 唐会要: 卷五十一[M]//丛书集成初编. 北京: 中华书局, 1985: 894.

[14] 陆友仁. 研北杂志: 卷上[M]//丛书集成初编. 北京: 中华书局, 1991: 57.

[15] 孟元老. 东京梦华录: 卷二[M]. 北京: 中华书局, 1982: 66.

[16] 元史: 卷八十八: 志第三十八: 百官四[M]. 北京: 中华书局, 1976: 2228.

[17] 陈重远. 文物话春秋[M]. 北京: 北京出版社, 1996: 29.

[18] 宋应星. 天工开物: 下卷: 珠玉第十八卷[M]. 涂绍煃刊本, 1637(明崇祯十年).

[19] 张岱. 陶庵梦忆: 卷一[M]//元明史料笔记丛刊. 北京: 中华书局, 2007: 20-21.

[20] 乾隆御制诗文全集: 第六册: 四集卷一[M]. 北京: 中国人民大学出版社, 2013: 236.

[21] 高濂. 遵生八笺: 卷十四: 燕闲清赏笺[M]. 弦雪居重订, 明万历刊本.

[22] 乾隆御制诗文全集: 第六册: 四集卷十三[M]. 北京: 中国人民大学出版社, 2013: 444.

乾隆御制诗文全集: 第五册: 三集卷六十九[M]. 北京: 中国人民大学出版社, 2013: 372.

乾隆御制诗文全集: 第七册: 四集卷九十四[M]. 北京: 中国人民大学出版社, 2013: 731.

[23] 北京市地方志编纂委员会. 北京志: 工业卷: 纺织工业志、工艺美术志[M]. 北京: 北京出版社, 2002.

第十三章
玉器的艺术和评价

　　玉器，这一中国最古老的艺术形式，历经9000年而不衰，代表着权力、地位和财富，象征着道德、富贵和祥瑞，已经成为中国人心中的圣物。从艺术审美的角度来看，玉器一直是中国人心目中至高无上艺术美的化身，俨然成为艺术美的代名词，汉字中以玉喻美的词汇不胜枚举，历代帝王将相和文人墨客无不热衷于品赏美玉，不吝言辞地赞美玉器，清俞樾《群经平议·尔雅二》云："古人之词，凡甚美者则以玉言之。"历代玉器匠人为之代代奋斗，创作出无数玉器佳作，陶冶了一代又一代中华儿女的情操，启迪了各时代民众的智慧和审美，成就了玉器艺术朝气蓬勃的发展之路。历史上多少权贵雅士、富贾巨亨无不为玉痴迷倾倒。玉器艺术的创作和欣赏，成为中国艺术百花园的一大奇观。

　　虽然玉器艺术之美从古至今千百年来已根植人心，但围绕玉器艺术审美的理论研究和著述却严重滞后和缺失，学术界对玉器艺术理论鲜有系统研究，研究成果更是寥寥无几，以至于人们一提到玉器艺术只知道玉器之美是一种抽象的美、一种朦胧的美，而列不出玉器艺术之美的具体标准。

　　美有无具体标准，多年来美学界对此争论不休，而且这种争论迄今一直没有中断。自从近代西方美学被引进中国以后，不仅美有无标准这一问题在我国学界继续讨论，而且还进一步延伸到中西美学标准之间的差别探讨，这些讨论无疑都在影响着人们对于艺术审美的认识，对玉器艺术之美的认识自然也不例外。

　　对于艺术美的标准目前主要有两种认识：一是美没有定式，每个人对美的看法是不同的，因而不能用统一的标准来定义；二是美具有普遍标准，人们对于美的看法有趋同性，多数人看待美的标准是相同的。

　　我们认为，美是客观存在的，普通的人只要是听觉正常，就会听出悦耳音乐的动听和轰鸣噪声的刺耳，一般人会对雕刻精美的雕塑作品发出由衷的赞叹，而不会对天然存在的一块普通石头多看一眼。实际上这些客观存在的美的现象，正是我们应该将其提炼，并将其凝固为美学理论的标准。

　　回到玉器艺术美的标准，我们同样可以看到，虽然玉器属于高雅艺术品，但只要一个人思维正常，生长于正常社会环境，他同样是可以辨别出玉器作品的美与丑的。尽管这种辨别的感觉会因人而异，但多数人对美的感觉是基本相同的。这种基本相同的美感就是我们需要提炼的玉器艺术美标准的基础。

知易行难，玉器从古至今给人的感觉都是一种朦胧的美、高贵的美，似乎很难用语言来表达，更别说以一定的标准来衡量，人们已习惯了用不同的眼光来看待不同的玉器，很少用统一的标准来评价玉器。

然而，这种不同感受的背后却隐藏着极大的共性，那就是玉器艺术美的共性。每一位具有一定艺术水准的玉雕师及眼光独到的收藏家，在评价一件玉器时，都会不约而同地按照一些共同的因素来评价玉器，比如材料质地如何，工艺水平如何，画面布局如何，纹饰表现如何等。如果是玉器人物，就会谈开脸如何；如果是器皿，就会看比例如何等。这些标准其实就是玉器艺术美的标准，只不过是无人将其上升到理论罢了。

历史上中国玉器艺术没有形成系统理论有历史的局限和权力的限制两个主要原因。一是历史的局限。中国美学理论产生于六朝，在此之前，中国玉器已经历了数次发展高峰，从神权崇拜的红山文化、良渚文化玉器，到人性回归的商周玉器，再到辉煌灿烂的战国秦汉玉器，无不闪耀着充满时代特征的艺术之美，这种美，典雅而高贵、庄重又沉稳、统一且多变，这些承载着中国艺术之美的物质载体，在艺术理论产生之前就已经存在了。二是权力的限制。中国玉器的产生与发展多为历朝历代的帝王服务，有时帝王个人的审美情趣决定了中国玉器的基本审美标准，这就造成了历史上各个时代的玉器基本上以当时的帝王意志为标准的局面，而这种标准又是在不断变化中，所有这一切导致了中国数千年来，玉器艺术有实物没理论的情形。

如果说中国古代没有玉器艺术理论不足为奇，那么，现代玉器艺术还是同样的情形就显得落后于时代了。自从近代西方艺术理论引进中国以来，艺术理论在国内有了长足的发展，人们开始以艺术审美的眼光看待艺术作品，并以此提升艺术作品的感染力，特别是在绘画、雕塑、建筑等领域的运用特别明显。然而，中国玉器作为中国艺术品的重要组成部分，没有得到应有的重视，不仅没有自己的艺术理论，甚至没有自己的艺术领域。新中国成立以后，国家将玉器行业划分在手工业领域，和编织、修理等行业放在一起，完全丧失了其艺术特征。

近些年来，随着人们对玉器作品认识的不断加深，玉器行业的地位开始提高，玉器队伍不断扩大，有两种人才活跃在玉器领域，但都没有进行专业的玉器艺术研究。一是玉器行业的师传者。这些玉器行业的传承人，多数是1949年后玉雕厂的从业人员或改革开放以后进入玉雕厂的新生代，这些人有较强的技术功底，但文化水平一般，他们对玉器艺术美学的认识完全是从师傅传授的经验中获得，其中极少数人天资聪慧，将传统技艺与现代艺术美学相结合，创作出了许多优秀玉器作品，但他们没有美学理论知识，对玉器艺术的创作也是在探索中，他们不可能创立玉器艺术理论。二是具有一定学历的文化人才。这些人多数受过高等教育，有在美术院校学习的经历，特别是一部分人曾在美术院校进行过较为专业的雕塑、绘画学习，他们敢于创新，大胆借鉴，对当代玉器艺术的发展起到了一定的作用。然而，他们过多地将西方美术理论，特别是西方雕塑理论运用于玉器工艺，对中国玉器几千年形成的独特美感理解不深，因而也没有创立适合中国国情的玉器艺术理论。

为了适应当代玉器的快速发展，发扬光大中国玉文化，我们对中国玉器艺术进行了重新审视，组织了学术研究力量对中国玉器艺术进行了系统深入的研究。几年来，我们阅读了大量古今中西方艺术和美学文献，特别是有关雕塑与绘画艺术的资料，组织了多次该课题的学术研讨会，充分利用现有的相关文献，结合中国玉器的实际情况，深入探讨了中国玉器艺术的特点，系统概括了中国玉器艺术的实践经验，总结出中国玉器艺术的基本要点，取得了一些研究成果。

在写作过程中，我们遇到了许多意想不到的困难：其一，参考文献不足。国外的美学文献对研究中国玉器艺术具有一定的参考价值，但十分有限。同时国内有关玉器美学的文献少之又少，这就极大地影响了我们利用参考文献。其二，研究人员不够。当前玉器行业还没有玉器艺术领域专业研究人员，其他相关人员则受限于理论水平或实践经验，不可能进行专业研究。在这种情况下，我们研究团队只能发掘内部力量来完成研究与写作。

我们将目前研究成果呈现给读者，希望能够抛砖引玉，激发起有识之士对中国玉器艺术的研究热情，共同创立中国玉器艺术的理论体系。但愿我们这些对玉器艺术的认识，能抛砖引玉，对大家更好地欣赏玉器之美有所帮助。

第一节　玉与玉器

一、玉

玉，简单地说就是几种特定的美石。在古人眼中，玉是温润而有光泽的美石。这些美石之所以能够成为古人眼中的玉，是因为它符合古人心中的审美标准。从石器时代起，中华民族的祖先就长期与石打交道，在对玉和石进行千万次的对比和鉴别以后，对玉的特征有了明确的认识，最终将各种质地优于石、凝结天地精华的和田玉等从石中挑选出来。

玉器艺术与其他艺术形式有着明显的不同，玉石材料在玉器艺术中占有重要地位，不了解玉材美的特征，玉器艺术就无从谈起。一般说来，和田玉玉材美的特征，主要表现在四个方面。

①玉质美。玉材颗粒细致，坚硬细密，有如古人所说的"坚缜细腻"之美；玉材温润光莹，柔和且有光泽，古人认为其有"温润而泽"之美；玉材杂质较少，有的甚至达到无瑕的程度，有古人眼中的"美玉无瑕"之美。玉质美在凝重、温润和纯洁，令人爱不释手。

②玉性美。玉材硬度高，可以长久保存，正如古人所说的"画图岁久或湮灭，重器千秋难败毁"。玉材硬度强，有极强的耐磨性。玉材光透柔和，多呈微透明状，能够充分彰显一种朦胧的阴柔之美。玉材物理性质独特，导热率低，故对冷热变化表现为惰性，适于人们做手镯和项链佩戴及制成小件艺术品放在手中把玩。玉材化学性质稳定，不易受酸碱的侵蚀，能够埋藏地下千万年而不朽。同时，玉材韧度极佳，不易破碎，这种极佳的韧度，极为适合精雕细琢，为玉器工艺的呈现提供了便利的条件。玉器的这些特性，使玉器成为了保存近万年而不败毁的重器。

③玉色美。由于含有不同的元素，玉材呈现出五彩斑斓的颜色，这是玉之美最直观的表现形态。东汉文学家王逸在《玉论》中谈到玉石的颜色，将玉之色描述为黄如蒸栗，白如截脂，黑如纯漆（图13-1、图13-2）。

④玉音美。玉材质地细密，敲之声音远播，婉转动听。玉磬的声音即悠扬悦耳、清越绵长，"玉振金声"就是对玉音美的最好诠释。

玉材只是玉器美的前提，是玉器艺术的载体，本身并不能替代玉器，也不能成为一种艺术品，

图13-1　和田玉子料

图13-2　于雪涛　福满天下摆件

这些玉材只有在中国历史某一阶段承载着中国文化时，才能真正转化为"玉"。

由此而言，"玉"兼具自然和社会两方面的属性：一是材料的自然美，二是社会的人文美。二者缺一不可。

中国人对"玉"的理解由来已久，对玉材的发现和探索从未间断。从新石器时代起，人们就已经清楚地知道"玉"本身包含的社会意义和审美情趣，我们也在"玉"的不断演变中，看到了玉器自身材料与文化内涵的不断变迁。

二、玉器

玉器是以玉石为原料，按照一定的工艺方法和流程雕琢而成，最大限度地展现了材质的自然美感，并在此基础上形成具有独特文化意蕴兼具美感的器物。

玉作为天然矿石，它本身虽美，但美得有限，正如唐太宗所说的："玉虽有美质，在于石间，不值良工琢磨，与瓦砾不别。"[1]意思是说，玉虽美，但不雕琢，仍是石头，与破瓦乱石没有区别。这些玉材只是大自然造化的产物，只有当玉材成为"器"，才能承载文化，才能成为艺术载体。作为玉器原料的玉石，只有按照人类的审美需求将其制成玉器，并将人类文化信息附着其上，才能体现中国人的文化底蕴和人文气质，才能美得摄人心魄，才能使其成为中国艺术的载体。

一件器物要称得上是玉器，就要满足这样的条件：使用的材料是玉石，制作工具是专业制玉工具，所形成的风格与技巧是玉器艺术所独有的。那么，什么是玉器艺术的风格与技巧呢？具体包括以下两个方面。

1. 玉料与工具

玉料与工具是使玉石成为玉器的前提条件，只有使用了相应的玉料与制作工具，一件器物才能称得上是玉器。

玉料。中国历史上不同时期的玉器使用的玉料种类及来源是不尽相同的，是随着历史的发展而变化的。新石器时代使用的几十种美石，文明社会以后使用的玉料有透闪石、翡翠、玛瑙和绿松石

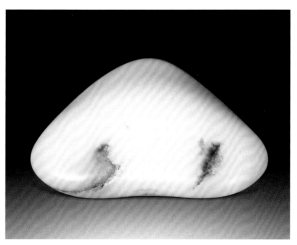

图13-3　和田玉子料原料

图13-4　几何造型玉器

等，透闪石玉是中国玉器最主要的玉料，其中尤以新疆出产的闪石玉规模最大、质量最好、类型最多（图13-3）。

　　工具。玉器制作有专业的制作工具，只有使用这些专业工具制作的器物才能成为玉器。中国玉器的制作工具主要是砣机，砣机是由机体、砣片及解玉砂组成的。历史上各个时期的砣机样式不尽相同，但工作原理大致相同，即制玉者使用砣机作为制玉平台，用砣机的动力转动砣片，用砣片压住解玉砂磨玉，使玉料最后成器。玉器制作的核心在于：砣片与器物之间加解玉砂，以解玉砂为媒介来制作玉器。随着现代制玉工具的改革和进步，解玉砂已与砣片合为一体，但其基本工作原理没有变化，仍然是砣机的动力带动砣片，用砣片上的解玉砂完成玉器制作。

图13-5　仿生造型玉器

2. 造型与纹饰

　　玉器造型指玉器的形状，大致有几何形、仿生形等。几何造型有圆形、方形、三角形、椭圆形、菱形等形状；仿生造型则有人物、动物和植物等形状（图13-4、图13-5）。

　　玉器纹饰指玉器表面的图案，大致有自然景观与几何图案两大类。纹饰是玉器艺术的重要表现手段，不仅能增加器物的美观程度，更能通过纹饰，寄托人们的希望，表达人们的思想，抒发人们的文化情感（图13-6）。

图13-6　玉兽面饰

三、玉器分类

1. 玉器根据使用功能，可以分为礼仪玉、装饰玉和实用玉三类

（1）礼仪玉

礼仪玉包括祭祀用玉，等级用玉，丧葬用玉三种。

①祭祀用玉。就是古人在祭祀等礼仪场合使用的玉器，主要有璧、琮、圭、璋、琥、璜等祭祀用具。

②等级用玉。即历代统治者用以区分社会地位的玉器，主要有玉玺（图13-7）、带銙、朝珠等。

③丧葬用玉。即古人为保存尸体而制造的玉器，主要有玉衣、玉覆面、玉握等。

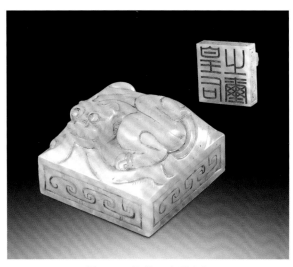

图13-7　汉代　皇后之玺

（2）装饰玉

装饰玉分为装饰用玉与陈设用玉两种。装饰用玉是指随身佩戴的玉器，这种玉器是中国人自远古以来一直在使用的玉器，主要有玉簪等头饰、玉玦等耳饰、项链等颈饰、玉佩等胸饰、扳指等手饰、玉镯等腕饰、带钩等腰饰。陈设用玉是指陈设在居室的玉器，起着装饰和美化居室环境的作用，主要有玉山子、玉动植物、玉人物摆件以及壁挂等。

（3）实用玉

实用玉是指具有实用功能的玉器。中国历史上的权贵阶层和富裕人士，为了享受精致生活，常以玉制作实用品，这些玉器多半还是用于装饰和陈设，与其说是实用品，不如说是带有实用功能的装饰和陈设器，如斧、刀、铲、锛等生产工具；笔筒、笔洗、镇纸、印盒等文房用具；炉、瓶、碗、壶等生活用具。随着时代的发展，玉器又开发出了如枕、席、床、桌、凳、化妆盒、屏风等实用器具。

2. 玉器根据作品的用途，可以分为玉摆件、玉把件与玉首饰三类

①玉摆件指可以摆放的玉器，主要有玉山子、玉插屏等（图13-8）。

图13-8　孟庆东　持莲观音

②玉把件指适于人手把玩的玉器，主要有玉牌子、玉手把件等。

③玉首饰指以玉制成的首饰玉器，主要有玉耳饰、项链、手镯等。

3. 玉器根据作品的形象，可以分为具象玉雕和抽象玉雕

①具象玉雕器。是有具体形象的外在表现，是日常生活中人们通过视觉或触觉可以看到或可以感受到实际存在的物体，具有可辨认的形象。

具象玉器是以客观事物为摹本，对其外观、神情、动态、性格等进行再现的玉器。这种再现并非简单的复制和模仿，而是抓住了事物特点，表现了更深邃的意境，以有形表现无形，调动观众的想象和联想，从而达到艺术效果。如动物、植物、人物等玉器，这类玉器除了要准确刻画其外观外，还要通过凝固的瞬间形象地传递其动感、神态、思想和性格等信息（图13-9）。

②抽象玉雕器。是一种非具象、非理性的纯粹视觉表现形式，是以颜色、点、线、面等玉器制作要素表现的形象。抽象是对事物本质因素的一种抽取，重在表现事物的本质和内在结构。抽象玉器表达的是人类精神世界的精华，注重的是思想性和艺术性。

中国玉器到底应该是具象玉器还是抽象玉器？这是玉界多年来在探讨的问题。一般来说，无论是具象玉器还是抽象玉器，都有一个具体的存在之物，都是在理解客观世界的基础上，上升到主观表达（图13-10）。

图13-9 吴德昇 九品莲花（观音）摆件

图13-10 黄文中 府上四圣

图13-11　陈健　仿战国多节佩

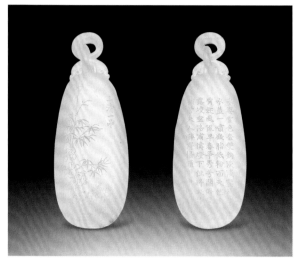

图13-12　易少勇　三清一品

　　玉器的造型与纹饰，都有着其完整的形与象，许多还是组合形象，如龙凤的头、身、尾、腿、翅、羽毛等，无论组合方式如何不同，其基本的部件和构成关系仍是建立在天然形态的基础上，但又对其进行升华。中国玉器这种不背离客观事物，但又不受缚于自然的表现方式，是其主要特征。

　　4. 玉器根据作品的制作工艺，可以分为圆雕、浮雕、透雕及阴刻四类

　　①圆雕玉器。是完全立体，不附着任何背景，可以从任何角度观赏的玉器。

　　②浮雕玉器。是在平面基础上雕出浮凸的玉器，它一般是附着在平面或器物的背景上表现出来。依照平面凸出厚度的不同，又分为高浮雕玉器、中浮雕玉器及浅浮雕玉器等。一般来说，浮雕玉器只能从一个角度进行欣赏。

　　③透雕玉器。有两种：一是在圆雕的基础上，镂空部分器体形成的透雕玉器；二是在浮雕的基础上，镂空其部分背景形成的透雕玉器（图13-11）。

　　④阴刻玉器。是在玉器的平面上，完全以阴刻线雕出的玉器。这种玉器多出现在玉牌上（图13-12）。

第二节　玉器艺术

一、艺术

1. 艺术的起源

　　艺术英文"art"一词，源自拉丁语"ars"，本意为"技巧"。

　　艺术是人类实践活动的一种形式，是一种特殊的意识形态，是人类以情感和想象为特性把握世界的方式，是满足人们精神需求的意识形态。

关于艺术的起源，学者也有不同的见解。20世纪以来，艺术起源于"巫术"论，成为艺术起源影响较大的一种理论。艺术起源巫术说认为，原始巫术来源于原始人万物有灵的世界观，原始艺术起源于原始巫术。

英国学者爱德华·泰勒在《原始文化》一书中，具体解释了艺术起源于"巫术"的理论。他的理论是在直接研究原始艺术作品与原始巫术活动之间关系的基础上提出来的，他认为："野蛮人的世界观就是给一切现象凭空加上无所不在的人格化的神灵的任性作用……古代的野蛮人让这些幻象来塞满自己的住宅、周围的环境、广大的地面和天空。"[2]对于原始人类来说，无论是山川河流、一切动植物，甚至是日常使用的东西都充满了神秘性，他们对刮风下雨、电闪雷鸣、昼夜交替、季节变化等现象感到不解，他们认为，在这背后一定有一种超自然的力量在操纵、支配这一切。因而，人就需要和上天沟通，得到上天的指示，从而达到预知未来的目的。人与上天沟通的这一过程，就表现为巫术。在人与上天沟通的巫术过程中，就要有相应的仪式，这些仪式形成了原始艺术形式，人类从此有了艺术，并逐渐形成了不同的艺术形式。另外，还有观点认为，艺术起源于生产劳动并渗透至人类活动的各个方面，在其发展过程中早已成为独立的精神活动领域。艺术活动是个人精神生活以及一个民族精神文明的重要组成部分。优秀的艺术作品是人类共同的精神财富，它能够帮助人们进行精神交流，推动历史的进步。

2. 艺术的内涵

自艺术的概念产生以来，历史上不同时期、不同国别的学者对艺术的概念和内涵做了不同的解读。柏拉图认为，艺术即模仿；亚里士多德认为，艺术即认识；康德认为，艺术即可传递的快感；叔本华认为，艺术即展现；黑格尔认为，艺术即理想；尼采认为，艺术即救赎；托尔斯泰认为，艺术即情感交流；弗洛伊德认为，艺术即症候；杜威认为，艺术即经验；海德格尔认为，艺术即真理；比尔兹利认为，艺术即美感制作等[3]。这些学者对艺术的内涵解读虽有不同，但基本包含了三方面的内容：第一，在精神领域层面，艺术是文化的一个领域或文化价值的一种形态，它可与宗教、哲学、伦理等文化领域并列；第二，在活动过程层面，艺术是艺术家的自我表现、自我创造或对现实模仿的活动；第三，在活动结果层面，艺术是以艺术品的形式客观存在的。

艺术是人类把握现实世界的一种方式，艺术活动是人们以直觉的、整体的方式去把握客观对象，并在此基础上以象征性符号形式创造出某种艺术形象的精神性实践活动，它最终以艺术品的形式出现。这种艺术品不仅有艺术家对客观世界的认识和反映，也有艺术家本人的情感、理想和价值理念等主体性因素的流露和表达，是一种精神产品。

概括起来，可以简要表达为：艺术是个人精神生活以及一个民族精神文明的重要的精神活动。艺术品是能够帮助人们之间精神交流，推动历史进步的物质载体。

3. 艺术的特征

艺术是社会活动，但有别于其他社会实践活动，其特征主要表现如下。

其一，形象性。形象是艺术活动中能引起人思想或情感活动的生动、具体及可感的人物和事物形象。艺术的载体——艺术品，作为人们精神生活的产品，依存于一定的物质载体，有能被人的感官直接感知其存在的形象。艺术形象使人产生真实感，给人身临其境的审美感受，但又绝不是对实现生活图景的简单照搬，而是渗透了艺术家深刻理性思考的形象。艺术家把握时代氛围，遴选素材题材、构思主题情节，选择表现形式等方面的思维能力，对艺术形象的形成有着举足轻重的作用。

其二，审美性。审美是一种无功利又具有人类普遍性的情感。艺术最重要的价值在于它的审美价值，包含广义上的审美情境和意境，它构成艺术作品的基本要素，是艺术家审美意识的结晶。艺术家的思想情感和审美理想是通过艺术形象展现出来的。艺术作品作为艺术家审美理想的结晶，既以情动人，又以美感人。由于浓缩了生活中的形象美，艺术作品的形象比生活中实际存在的事物形象更具有形式上的审美特征。艺术家依照美的规律塑造艺术形象，以人为本对社会生活做出感性与理性、情感与认识、个别性与概括性的统一，把生活形象与表现情感有机结合，并用语言、音调、色彩、线条等物质手段将形象物化和外现，使之成为客观存在，具有美的特征的审美对象。

4. 艺术的分类

艺术分类主要有以下几种方式：根据艺术形象的存在方式，艺术可分为时间艺术、空间艺术和时空艺术；根据艺术形象的审美方式，艺术可分为听觉艺术、视觉艺术、味觉艺术、嗅觉艺术和触觉艺术；根据艺术的物化形式，艺术可分为动态艺术和静态艺术；根据艺术的美学原则，艺术可分为实用艺术、造型艺术、表演艺术、语言艺术和综合艺术。

5. 造型艺术

造型艺术是艺术的一种表现形式，是指使用一定的物质材料（如颜料、纸张、玉石、金属、竹木等），通过塑造可视的静态形象来表现社会生活和艺术家情感的艺术形式。

造型艺术可分为形象艺术、抽象空间艺术。形象艺术指再现自然或社会的具体形象和观念形象化的绘画、雕塑等。抽象空间艺术指以抽象的空间和体积构成的建筑、工艺美术、设计等。

造型艺术具有直观的具象性、瞬间的永恒性、空间的差异性、凝聚的形式美等特征。

①直观的具象性。造型艺术具有运用物质媒介在空间展示具体艺术形象的特性。造型艺术运用物质媒介创造出的具体艺术形象，直接诉诸人们的视觉感官。这种直接具体的形象蕴含着丰富的艺术意蕴，把具体可视或可触的形象直接呈现在观众面前，引起观众直观的美感。造型艺术也可以把现实生活中某些难以显现的无形事物，转化为可以直观的具体视觉形象。

②瞬间的永恒性。造型艺术具有选取特定瞬间以表现永恒意义的特性。造型艺术是静态艺术，难以再现事物的运动发展过程，但它却可以捕捉、选择、提炼、固定事物发展过程中最具表现力和富于意蕴的瞬间，寓动于静，以瞬间表现永恒。比如玉器，通过造型纹饰等文化的表达，将历史瞬间定格为永恒。

③空间的差异性。造型艺术各门类内部在空间表现上具有彼此不同特性。如玉器艺术既有立体空间表现力极强的玉山子等艺术品，也有十分小巧，把玩于掌中的手把件艺术品。

④凝聚的形式美。造型艺术具有在艺术形象中凝结和聚合形式美的特性。艺术形式美的法则对于造型艺术具有普遍的适用性，因而运用形式美法则对物质媒介进行加工，便可以整合出凝聚着形式美的艺术符号，创造出具有美感的艺术品。形式美有多种多样的法则，如对称、均衡、节奏、韵律、对比、比例、主从、尺度、明暗、虚实、统一及多样等。在各种造型艺术的具体运用中，又凝聚成美的千姿百态，如比例匀称、节奏变化、明暗对比、统一多样、虚实相生等，都是形式美法则在造型艺术中的集中体现（图13-13至图13-16）。

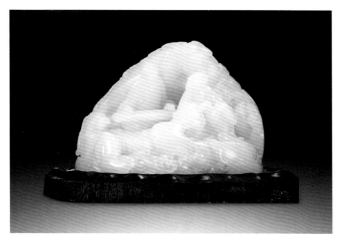

图13-13 倪伟滨 知音

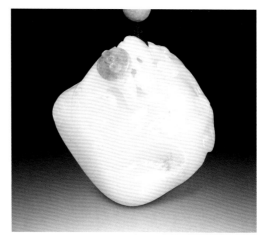

图13-14 郭万龙 灵猴献瑞

6. 艺术品

西方学者认为，艺术是人类把握现实世界的一种方式，艺术活动是人们以直觉的、整体的方式去把握客观对象，并在此基础上以象征性符号形式创造出某种艺术形象的精神性实践活动，这种活动的结果最终会以艺术品的形式出现[4]。因而，艺术品具有三要素：一是艺术家对客观世界的认识和反映，是艺术家本人的情感、理想和价值理念等主体性因素的流露和表达，是一种精神产品；二是艺术家自我的活动；三是客观存在的物体。

7. 中国艺术品

西方判定艺术品的标准，是否适合历史上所有艺术品，特别是中国的艺术品，值得探讨。如果用这样的标准来衡量中国的许多文物，就会发现这些文物并不能同时满足艺术的三个条件。中国历史上历代玉工不得在玉器上甚至在制作过程中留其名，即使我们仅知的几个人也是在各种文献的蛛丝马迹中查到的。因而，中国古代玉器艺术品不是当时玉器制作者个人对客观世界的认识和反映，不是他个人的情感、理想和价值理念的流露和表达，而是玉器拥有者或设计者的意愿与表达。往往这些拥有者是当时掌握国家利益的权贵，表达的是国家意志，难道这些表达国家意志的作品就不是艺术品了吗？实际上，玉器艺术品在中国有其产生的特定环境和表达方式。

中文艺术一词，最早出现在《后汉书·文苑列传

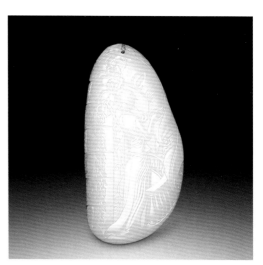

图13-15 翟倚卫 倩影

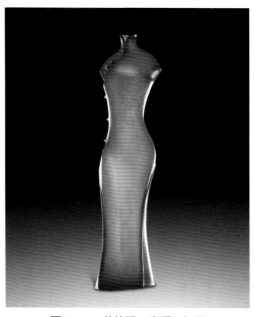

图13-16 范栋强 真爱·初见

上》，在刘珍条中言："校定东观五经、诸子传记、百家艺术。"[5]实际上，这里所说的艺术是指六艺和术数方技等技能的总称，不具有现代的艺术含义，只是一种术语上的巧合。

到底该怎样定义中国的艺术品？中国学者在经历了长时间的探讨后，对中国古代艺术的概念进行了适合中国国情的定义，认为"中国最早的'艺术'，有广义和狭义两种含义。狭义艺术指礼之仪文形式，广义艺术指一切典章制度"[6]。这里的"艺术"，很多内涵都处于当今艺术的界限之外：它最初是带有巫术色彩的祭礼，其后是贵族阶层的仪礼、礼乐，然后再发展为礼俗、礼教、礼法，并抽象出了礼义。

中国历史上早期的许多活动是当时的国家统治者以直觉的、整体的方式去把握客观对象，并在此基础上以符号形式创造出某种精神性实践活动，这些活动亦可以成为艺术活动，这种活动有时需要一些器物来进行辅助。因而，中国历史上这些凝聚了当时社会大量人力物力，反映当时政权对客观世界的理解和认识，表达政权理想和价值理念的器物，即一切为政权典章制度服务的器物，都应该是艺术品。

二、玉器的艺术

1. 玉器艺术的定义

既然在古代中国，一切为典章制度服务，用于礼仪规范，提高人们精神愉悦的活动都可以称其为艺术活动。服务于国家意识形态活动的器物，都可以称为艺术品。那么，这些为典章制度、社会礼仪服务的玉器，就是中国古代艺术的重要组成部分。

因而，我们可以这样定义中国古代玉器艺术：以玉为载体，用于典章制度、礼仪规范，提高人们精神愉悦的活动，在此基础上产生的玉器就是玉器艺术品。

然而，这一定义并不能完全适用于当代玉器艺术，因为当代玉器已经是玉器雕刻家个人情怀的结晶。当代中国玉器艺术可以这样定义：是以玉石为物质材料，通过特定的雕刻方式，体现雕刻家或拥有者审美理念和艺术思想的三维视觉造型艺术，是表现出社会文化属性兼具美感，直接诉诸人们视觉、听觉及触觉感官的一种艺术形式。

这种由"玉"雕刻而成，通过一定的体积与形状，将玉器雕刻家的思想情感与社会感悟表达出来的艺术形象就是玉器艺术品。

2. 玉器艺术的特征

既然造型艺术是使用一定的物质材料，通过塑造可视的静态形象来表现社会生活和艺术家情感的艺术形式，那么，通过这样的形式实现的艺术都可以称为造型艺术。玉器是以玉石为物质材料，通过雕刻表现出社会生活和玉雕艺术家情感的艺术形式，因而，玉器是艺术的一种形式，是造型艺术的一种。

玉器作为造型艺术的一种形式，与造型艺术有许多共同之处，但也有其特点，表现在玉石材料的独特性、艺术形象的直观性、文化内涵的深刻性、感官感受的特殊性、美学特征的凝聚性、品种门类的多样性、制作工艺的特殊性和表现颜色的丰富性等特征。

①玉石材料的独特性。指玉器材料具有的特质性，只有玉这种特定的材料制成的器物才能成为玉器。历史上不同时期"玉"的含义是不同的，和田玉是其中最重要的品种（图13-17）。

②艺术形象的直观性。指玉器作为有形象艺术的作品，具有运用物质媒介在空间展示具体艺术形象的特性，是直接把具体可视或可触的玉器艺术形象直接呈现在人们面前，引起人们直观的美感的器物。玉器艺术是静态艺术，难以再现事物的运动发展过程，但它却可以捕捉、选择、提炼、固定事物发展过程中最具文化表现力的瞬间，寓动于静，以瞬间表现文化的永恒，给人留下无穷延伸的文化想象空间（图13-18）。

③文化内涵的深刻性。指玉器具有承载特定文化的特性。玉器在它诞生以后的九千年中，一直扮演着中华文明物质载体的角色。每一个时代的玉器，无不带有强烈的时代烙印，承载着时代赋予它的功能和使命，有着深刻的文化内涵（图13-19）。

④感官感受的特殊性。玉器艺术是以玉为物质媒介创造出的艺术形象，中国人对玉器的认知是通过人的感官来感受的，这种感受包括视觉、触觉和听觉。从视觉感受玉的形状与颜色，从触觉感受玉的温润与致密，从听觉感受玉的清脆与佩戴玉器者的优雅端方，乃至对玉以君子相谓，达到物我两忘的境界。触觉的直观感受是玉器特有的感官感受。

⑤美学特征的凝聚性。玉器作为造型艺术，同样具有造型艺术形象中凝结和聚合形式美的特性。运用形式美的法则对玉料进行加工，可以雕刻出凝聚着形式美的玉器艺术作品。形式美多种多样的法则，如对称、均衡、比例、主从、明暗、虚实、多样统一等，在玉器艺术的具体运用中，又凝聚成千姿百态的玉器美，比如比例的匀称、变化的节奏韵律、明暗对比、多样统一、虚实相生等，都是形式美法则在玉器艺术中的集中呈现（图13-20）。

⑥品种门类的多样性。指玉器艺术作品的品类极为丰富，既有高贵庄重的皇权类玉器艺术品，也有神态超然的宗教类玉器艺术品，还有温暖人心的吉祥类玉器艺术品，且有诗情画意的人物、山子、文房器皿等摆件玉器艺术品，又有触及心灵、可以随手把玩的把件玉器艺术品，更有美丽多姿的玉首饰类艺术品等。玉器拥有着其他造型艺术门类所不能拥有的众多门类。

⑦制作工艺的特殊性。指玉器制作工艺与其他艺术品制作工艺相比较为独特。玉器的制作采用以解玉砂为介质的加工工艺，这种独特的制作工艺形成了独特的玉器艺术风格，极大地增加了玉器

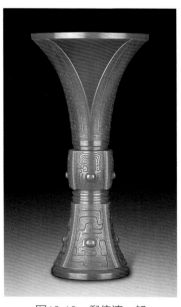

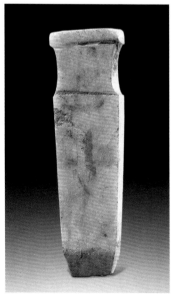

图13-17　夏惠杰　和谐摆件　　　　图13-18　倪伟滨　觚　　　　图13-19　商代　玉龙柄形器

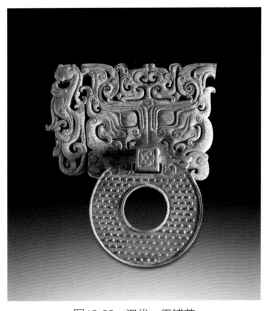

图13-20　汉代　玉铺首

图13-21　薛春梅　罗汉图

艺术品的美感（图13-21）。

⑧颜色表现的丰富性。指玉器艺术品以玉料的自然色彩来产生美感。玉作为自然界美石的一部分，颜色丰富多彩，用以制成器物，给人以美的享受。即使有些玉器色彩较为单纯，也有一种独特的韵味。如和田玉以白色为主，这一点与中国古代水墨山水画基本以黑白两色为主如出一辙，它可以依靠外部的光影来表现和田玉的不同色感，使人更加神情愉悦，达到美的享受。和田玉的颜色种类非常丰富，许多巧雕作品就是利用玉料不同的颜色巧雕而成，给人以唯美的视觉感受（图13-22）。

3. 玉器艺术与其他艺术的关系

玉器是艺术的一个品类，就会与相近的艺术品类相关，这些相关的艺术品类既有共同之处又各有千秋，一般来看，雕塑与绘画是与玉器最为相近的两个艺术品类。

图13-22　顾中华　舐犊情深

（1）玉器艺术与雕塑艺术

近些年来，有人认为玉器艺术是雕塑艺术。从某些玉器的形制上看，玉器的确与雕塑很接近，这种说法似乎有些道理，实则不然。

雕塑，又称雕刻，是雕、刻、塑三种创作方法的总称，是指以立体视觉艺术为载体的造型艺术，是造型艺术的一种。雕塑材料范围极其广泛，可塑材料如石膏、黏土等，可刻材料如木材、金属等，可雕材料如石材等都可用来做雕塑材料。

玉器是造型艺术，是以造型为基础的艺术表达形式，玉器的形象也具有实体性，也是以雕刻的方法来塑造形象，玉器与雕塑从外形来看极为相似，因而就有许多相同之处。

首先，雕塑与玉器都是造型艺术。二者均以造型为共同的艺术表现形式。

其次，雕塑与玉器都是以线条来表现艺术。玉器与雕塑都重视线条的表现力，都是通过富有弹性而又丰富多变的线条表现不同质感，达到表现作品艺术感的目的。

最后，雕塑和玉器可以通过雕或塑来实现。雕塑作品材料极为广泛，可以通过雕、刻来减少可雕物质材料完成作品，也可以通过可塑物质的堆积来呈现作品。玉器只能通过雕刻特定的玉料，减少可雕的玉料来完成作品。

玉器和雕塑在外形上颇为相似，据此有人说玉器是雕塑的一种形式。然而，雕塑的核心是对技艺和形象的展示，而玉器的核心是对玉材的表现，玉器的制作是以材质为核心，在呈现材质美感和文化属性的基础上进行的艺术创作，无论外形、皮色、纹理甚至绺裂等玉材本身的属性，都是玉器艺术的组成部分。因而，玉器是一种形似雕塑却与雕塑有着实质区别的艺术形式。

玉器与雕塑的区别，主要表现在以下七个方面。

第一，材料利用不同。雕塑要求材料符合其艺术设计理念，材料种类较多，选择的空间较大。玉器是为呈现材质的美感而进行的艺术创作，种类较少，选择的空间较小。玉材本身的属性也是玉器艺术的组成部分。

雕塑创作可谓"因艺寻材"，即艺术构思在先，材料利用在后。"因艺寻材"的创作方式使雕塑家在创作中享有极大的创造自由。玉器创作则相反，业内行话是"因材施艺"，即玉器雕刻家只能把已有的玉料制作成器，玉料在先，构思在后。就是说，这些材料的形状及绺裂已经形成，玉器制作者必须利用且要最大限度利用已有玉材。玉器雕刻师要"因材施艺"，根据材料的形状、质地、皮色和瑕疵进行创作。一般来说，玉器的创作受材质的制约，多数是先有玉料后有题材与构思，玉料优先是玉器创作的第一要义。虽然近些年来，有些玉器作品开始"因艺寻材"，先有艺术创作理念，然后再去寻找合适的玉材，但这种创作和完全意义上的"因艺寻材"也有不同，创作者寻找合适的玉料仍有很大的局限性。在具体的创作过程中，创作者也要根据玉料内部质地的变化而变化，不断修改方案，而不是完全按照创作构思一丝不差地创作作品。

雕塑则与玉器完全相反，创作者对雕塑材料的成本可以忽略不计。西方雕塑家有句名言："材料消融于形式"，就是说，对于一件雕塑作品，人们的审美意识往往专注于塑造的形象，而忽略雕塑材料的性质，使材料的客体性消融于艺术的主体性之中，从而产生了材料消融于形式的效果。然而，如若玉器作品的玉料也消融于形式，那无异于暴殄天物[7]。对于玉器艺术来说，玉材既具美感且珍贵，创作者就是要将玉料作为创作语言，依据材料本身的特点进行选题立意，挖掘其本身的视觉表现力与感染力，紧密贴合作品所要表现的情感主题，使作品的立意与材质巧妙地联系在一起，达到完美结合。玉器不仅不能"材料消融于形式"，反而作品一定要表现玉材的特质，这是玉器艺术与雕塑艺术的主要区别（图13-23）。

第二，核心思想不同。在中国人看来，艺术作品是主体与客体相通、感性与理性共融，"天人合一"为核心宇宙观的产物。这种思想反映到艺术作品中即是自然的人格化和人格的自然化。人们确信心中所要抒发的情感，都能在客观物质世界中找到对应物，并以其恰当的方式表达出来。玉器正是人们"天人合一"这一思想的最好载体。中国玉文化从神玉到王玉再到民玉,无不抒发着中国人以玉为载体,表达人与自然的沟通与和谐的文化情感。

雕塑,特别是西方雕塑的核心思想是人的生命价值本身。无论古希腊还是文艺复兴,西方雕塑的表现题材是以人体为主,有魅力的人体一直是西方雕塑艺术着力表现的对象,关注的是人体外在的美,这和中国玉器关注人的精神世界即内在的美有着本质的不同(图13-24)。

第三,制作方法不同。玉器在制作技术上有着独特的工艺技法,它不同于雕塑中的凿刻堆积,即使是看起来与玉材非常相似的雕塑用石材,其制作工艺也与玉器完全不同,它是采用直接使用工具来凿刻的制作方式来进行的。玉器使用的则是以砣具和解玉砂为主的琢磨工艺,这种工艺只有在玉器制作中独立使用。独特的加工工艺使得玉器作品在艺术效果的营造上与雕塑作品有着不同的表现力(图13-25)。

第四,欣赏场合不同。雕塑作品一般多用于公开展示,供人们观赏。玉器则很少用于公开展示,其欣赏带有很强的私密性,多在较小的范围内进行。

第五,审美感受不同。雕塑是视觉艺术,很少有人有欲望去触摸其体态,感受其材料的质感。玉器是在玉料基础上形成的具有触觉质感的艺术品,材料具有天然的亲人性,因而兼具触觉和视觉的双重美感,以触感作为唤起审美情感的欣赏方式,是构成一件玉器作品引发欣赏者身心愉悦的关键要素。这种触感既包含

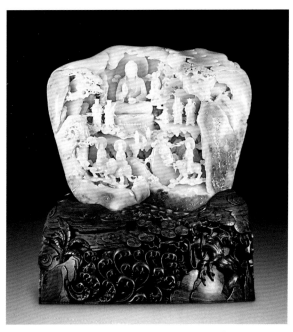

图13-23 汪德海 大千佛国图

图13-24 清代 童子骑牛

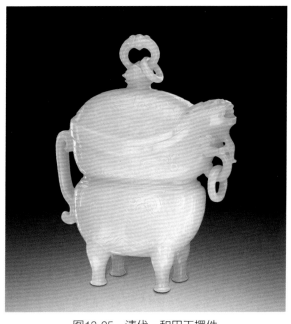

图13-25 清代 和田玉摆件

了触摸玉器时对玉料本身的感受，也有对玉器作品轮廓造型触摸的感知。这是玉器有别于雕塑的最重要特征。

第六，作品体量不同。通常来讲，雕塑的体量较大，岷江岸边的乐山大佛高达71米，西方的雕塑也是如此，一般的雕塑通常也有真人大小。中国古代玉器中体量最大的作品是清中期制作，现藏于北京故宫博物院，高2.24米的《大禹治水图玉山子》，它是古代玉器作品中绝无仅有的特例。中国玉器中能被称为大件的，通常指陈设于几案的观赏类玉器，高也不过二三十厘米。玉器数量最多的则是小型把件和挂件，它们与雕塑在体量上相去甚远。

第七，表现形式不同。玉器是以抽象写意为主的艺术表现形式，与雕塑以具象写实为主的艺术表现形式形成强烈反差。雕塑，特别是西方雕塑，以各种强烈的写实艺术表现形式带给人视觉冲击和震撼，以展现形体的空间实在性。这种展现着重表现的是事物外形而非内在精神。

雕塑力求写实，尽量表现惟妙惟肖。纵观西方雕塑史，就是一部对人体形象不断表现和不断完善的过程。玉器不求真实再现，只求表现物象意境，因此多数作品不具有形似，而是具有神似的特征。具体来讲，玉器在形象上不讲究描摹写实，只注重写意传神，追求气韵生动，虚实相生，"神似胜于形似"。这种中国式的美学观念贯穿了整个玉器艺术史，即使有些较为写实作品，也不过是雕刻得比较细腻而已，其本质上仍然属于抽象的表现形式。

总而言之，玉器是一种形似雕塑却与雕塑有着实质区别的艺术形式。

（2）玉器与中国绘画

玉器是中华民族世代传承的艺术形式之一，特质是美而不朽，所传递的温润坚贞更是中华民族的精神体现。玉器艺术经过数千年的演进，形成了其独特的审美理念，传递着琢玉人和所有者的自我感受和审美理想，在一定程度上与中国绘画有着异曲同工之妙。中国绘画是以表面实物作为载体，在其之上运用颜色表现艺术家思想的艺术表现形式。载体可以是纸或布，运用颜色的工具可以是画笔、刷子、海绵或是布条等。中国画体现了中国人特有的内心感受和审美思考，用独特的视角去审视世界，用特殊的手法去呈现世界，不拘泥于形似，强调神似，表达的是画家的主观情趣和思想情操。

玉器和中国绘画共同经历了朝代的更替、审美的变迁、思想的进步、技术的完善。在这个过程中，二者之间在许多方面形成了共同点，主要表现如下。

首先，追求意境营造。意境，即艺术作品中情景交融，虚实相生，充满生命律动的诗意空间，是艺术作品在自然景象中表现出来的情调和境界。意境是中国哲学在艺术领域的体现，能够深刻表现宇宙生机和人生真谛的美学思想。玉器和中国绘画都蕴含着中华民族的智慧感悟、美学思想、审美情趣等，二者都凭借特殊的艺术手段和形式来表达作者（或团队）对外部世界和人生的理解，是融情于景、营造意境表达的过程。中国绘画的意境是画家通过描绘景物表达思想感情所形成的艺术境界，追求的是形似之外的神似。玉器也是追求超越形似的深远意境，作品形象徘徊于似有似无之间，着力于形神之际，以神统形，以意融形，致力于表现心灵的内涵和生命的境界，这一点与中国绘画追求的境界是一致的（图13-26）。

其次，力求构图完整。部分玉器和中国绘画是通过构图来表达中国哲学思想，成就作品艺术境界的。构图又叫"布局""经营布置"等，是指作品中物体的位置、大小、远近、虚实等。构图在造型艺术中意义重大，恰当的构图能够带给观者强烈的视觉冲击，吸引观者进一步体味，揣摩作品的

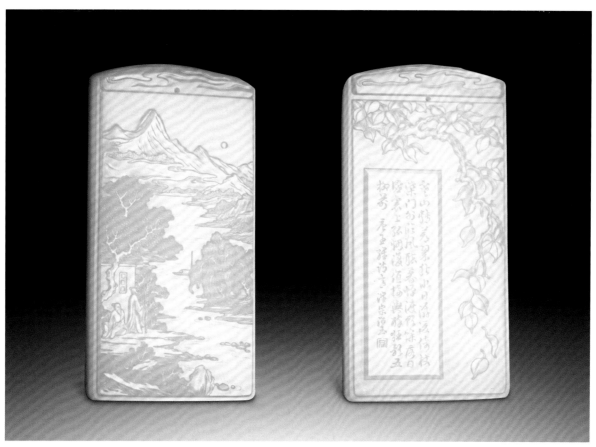

图13-26　曹扬　王维诗意山水牌

情感。中国绘画的构图有其特有的规矩和法则，其构图原则直接体现了中国传统文化中儒、释、道的思想。"散点透视"的视觉选择，虚实相生的"留白"构想以及画像大小关系处理等，是中国绘画特有的构图特点。部分玉器特别是玉山子及玉插屏等作品的构图同样重要，往往也是采用中国山水画的散点透视法，运用高远法、平远法、深远法，将不同时空的对象安置在同一画面中，构造出作者心中所需的时空境界。玉器与中国绘画共同形成了中国文化特有的融合美和自然美，表达了中国文化中情景交融的精神境界，成就了中国文化的艺术境界（图13-27-1、2，图13-28-1、2）。

再次，以宾主分明表达和谐。中国绘画和玉器艺术构图均追求"宾主分明"，通过形状的对比、疏密的对比、动静的对比、虚实的对比和方圆的对比等，达成"宾主分明"的和谐之美。

最后，以线条表达思想。中国艺术对线条的长短、方圆、粗细、曲直、浓淡、疏密等非常讲究。中国绘画线条的点画勾勒的丰富性和运转自如的节奏感，使得中国绘画线条具有音乐的韵律美、节奏感和形式美。玉器艺术的表达也是通过线条来实现的，巧妙的线条设计和精致的线条雕刻赋予玉器艺术生命，是玉器具备艺术特征的魅力所在，这点和中国绘画也是相同的。

玉器与中国绘画也有不同点，主要表现如下。

第一，使用的材料和工具不同。玉器以玉石、砣具、解玉砂为材料和工具，这些特定的材料与工具使玉雕师需要花费相当长的时间来学习才能完成作品。中国绘画则是以笔、墨、纸、砚等为材料和工具，这些材料和工具的运用较为简单，绘画作品更多的是画家技巧的展现、文化的展示及思想的表达。

图13-27-1　苏然　中华祥瑞图（1）正面

图13-27-2　苏然　中华祥瑞图（1）背面

图13-28-1 苏然 中华祥瑞图（2）正面

图13-28-2 苏然 中华祥瑞图（2）背面

第二，作品的展现方式不同。玉器是以玉石制成，不怕磨损，以能随身佩戴随时把玩为宜，即使是案几陈设的观赏器，也需经常擦拭，保持光亮。中国绘画需装裱悬挂，多放置在固定的场所，不便清洗，不适于经常搬运，更不易随身携带（图13-29）。

第三，保管方式不同。玉器是天然材料制成，不需要在特殊环境进行保管。中国绘画则需要精心保管，防潮防蛀等。

综上所述，虽然雕塑、绘画与玉器有着极为密切的关系，但又有本质的差别。一方面，绘画为玉器提供了表现语言，雕塑则赋予了玉器造型基础，因而玉器的创作离不开对绘画和雕塑艺术的依靠。另一方面，玉器则是以特殊材质——"玉材"为中心的创作，它与绘画和雕塑的创作为表达个人情感完全不同，更像是逆向的绘画和雕塑——需要从材质的绺裂、外形、色泽等客观既定的因素，因材施艺地选择造型、技法进行创作。因而，玉器艺术与绘画艺术、雕塑艺术有较大区别，是一种独立的艺术形式。

图13-29 吴德昇 山鬼

第三节 玉器作品评价原则

艺术品有无可操作的评价原则，各界有不同的观点，但多数人认可艺术品是可以评价的。玉器既然是艺术品的一种，也应该有其评价原则。

一般来说，玉器作品可以从材料、工艺与艺术三个方面来进行评价。

一、玉器材料评价原则

玉器艺术品是根据玉料给出的既定空间，最大限度地展现玉料材质的自然美感，并在此基础上完成的具有文化意蕴同时兼具美感的作品。材料是玉器创作的基础，玉器材料的好坏是评价玉器作品优劣的关键要素。

（一）玉料质量评价

任何一种艺术品的材料都没有玉器的材料对其作品的形成有如此大的影响，玉这种材料的温润、细腻、纯净对评价玉器艺术品都有着至为重要的关系。玉材是天然形成的，因而就有优劣、等级差别，虽然不同的玉材都能够雕出优秀的玉器作品，但优良的玉材更能创作出优秀的玉器艺术品。

玉料质量有其特有的评价标准。

①产地，是指玉料的来源产地。玉料的品质与产地息息相关，新疆和田玉目前的产地有叶城、皮山、和田、于田、策勒、且末、若羌。一般来说，和田的子料质量最好，于田、且末、若羌的山料次之，其他产地玉料则较为一般。

②块度，是指玉料产出后的体积。每一块玉料都有一定的块度，一般来讲，同样质地、颜色的玉料，块度大的价值高，块度小的价值低。

③产状，是指玉料产出后的形态。按产状可以将玉料分为子料、山料、山流水料和戈壁料四种。在质地、块度、颜色等条件相同的情况下，子料的价值最高，其次是山流水料和戈壁料，最后是山料。

④颜色，是指玉料本身呈现出的颜色。根据颜色，玉料又分为白玉、黄玉、青白玉、青玉、糖玉、碧玉、墨玉等多种。在其他条件相同的情况下，白玉、黄玉质量居先，青白玉、青玉、糖玉、碧玉和墨玉次之（图13-30、图13-31）。

⑤质地，是指玉料的结构性质及细腻度。不同形态和田玉的质地具有明显的差别，玉料都有极不明显的絮状结构，这些絮状结构决定了玉料的细腻度。细腻度好的玉料优于细腻度差的玉料。

⑥光泽，是指玉石表面反射光的能力。和田玉的光泽属油脂光泽，一般来说和田玉的质地细腻、纯净致密，光泽就好；质地粗糙，杂质多且结构松散，光泽就差。

⑦皮色，是指和田玉子料外皮的颜色，是和田玉子料外皮长期受外来矿物元素侵蚀堆积的结果。皮色具体可以分为洒金皮、聚红皮、橘红皮、枣红皮、黑油皮、秋梨皮、虎皮、无皮色等多种。皮色本无优劣之分，关键看作品运用的技巧。但由于中国人对某些颜色的偏爱，多数人认为金色、黄色及红色的皮色更珍贵一些（图13-32、图13-33）。

⑧透度，是指玉料允许可见光透过玉料的程度。一般分为透明、亚透明、半透明、微透明和不透明体五级。和田玉属于微透明体，玉料透明度太高反而不好，不透明也不好，微透明最好。

⑨缺陷，是指玉料的缺点，主要包括水线、棉、裂、浆及杂质等，这些缺陷的多少直接影响了玉料价值的高低。

图13-30　和田红沁子料

图13-31　和田青花子料

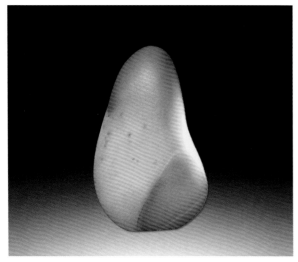

图13-32 和田黄玉子料　　　　　图13-33 和田带皮子料

（二）玉料利用评价

每一块玉料的形状、体积、颜色、花纹都有所不同，制作玉器要将这些元素整体考虑，所雕图案与玉料特点完美结合、恰似天成，才是玉料利用的最高标准。玉器材料的利用评价主要有"因材施艺""量料取材""挖脏去绺""俏色巧用""变废为宝""按需用料"等标准。

1. 因材施艺评价

因材施艺是指在制作玉器时，要充分考虑所选玉料的特点，根据玉料的形状、质地、硬度、颜色、花纹、光泽、透明、纹理、脏绺等要素的具体情况，施展技艺，制作成品。因材施艺既要充分考虑玉料的物理特征，保证制品的耐久性，又要"巧妙运用材料质地的均匀或不均匀的特点，产生独有的艺术效果，合理利用材质的特殊结构，以展现其特殊光学效应、特殊光泽等"[8]，还要在雕刻过程中，根据玉料内部的变化而改变设计思路，不断修正设计思路，直至达到最佳效果。玉器的题材与玉料天然特点结合得越充分、设计得越合理、构思得越巧妙，作品所凸显的艺术造诣就越高，文化艺术价值越大，等级就越高。

因材施艺的具体评价标准如下。

①上等：巧夺天工。作品充分利用玉石材料的特性，取势造型、俏色巧雕，制作的工艺过程与玉料的特征完美结合，充分体现了因材施艺的思路。

②中等：平庸一般。基本考虑了玉料的特点，运用了与其相适应的工艺，能部分体现出因材施艺的思路。

③下等：毫无特色。作品所用工艺完全不考虑玉料特点，艺术价值较低。

2. 量料取材评价

玉器作品是造型艺术，外形状况对其整体品质和价值具有重要影响。对和田玉作品玉料利用的评价，首先是要看玉器作品玉料外形的利用。

玉料的形状大致有两类：一是自然形成的基本料状，如子料、山流水料、戈壁料和山料等。二是人工切分后的片状或块状等几何形体。这些天然或人工的玉料形状是玉器制作的基础，评价玉器优劣的标准首先看其是否"量料取材"。

"量料取材"也称"循形制宜""循形构思"，是指玉料原有形状就比较好，创作者对原材料进行全面的审视后，遵循原料的天然外形进行构思，设计出相应的题材。"量料取材"作为玉器材料利用评价的重要标准，要看玉器作品的材质与题材是否契合，即原料的形状、大小、质地、颜色、皮色、透度和绺裂等天然特点与玉器作品的题材是否相符合，是否自然合理、相得益彰，是否达到浑然天成的艺术效果，是否符合审美要求。

量料取材的评价标准如下。

（1）依形就势

玉料本身最初的形状已经很完美，依形就势就是要充分利用玉料的外形轮廓，使其可利用尺寸最大化，在此基础上创作出最佳题材的作品（图13-34）。

强调依形就势，并不意味着作品一味迁就玉料的形状，刻板地按玉料原有的外形设计加工，或过多地保留玉料的形状特点，致使加工后的作品外形反而不美观，所以也要适当整形，使其形状更加完美。一些和田玉作品特别是子料作品中出现"形如料貌"的现象，究其原因是雕刻者过于"惜料"和"量形"，不舍得去掉明显多余的部分，使得作品的整体外形过于呆板，缺乏玉器作品应有的俊秀和灵动，影响了作品的美观，这种作品的价值就要大打折扣。

依形就势的具体评价标准如下。

①上等：浑然天成。作品将玉料的形状完全融入艺术创作中去，充分展示了玉器之美。

②中等：中规中矩。基本保留玉料原貌，将玉料的特性表现出来，在一定程度上表现了玉器美。

③下等：毫无美感。形随料貌，笨拙不堪，毫无特色。

（2）适修酌减

当玉料的外形有缺陷而不能完全保留时，就需要适当的"破形"，即根据作品的题材对玉料的形状进行修整，适当地去除多余的部分，在"量形"和"破形"的基础上进行巧妙地再造型，使作品的整体形状更加美观，与创作主题更加贴切，达到形式与内容的完美结合（图13-35）。

适修酌减只有在充分利用玉料外形的基础上，使"量形""破形""造型"有机结合，量形适当、依形造题、造型巧妙、形题俱佳的

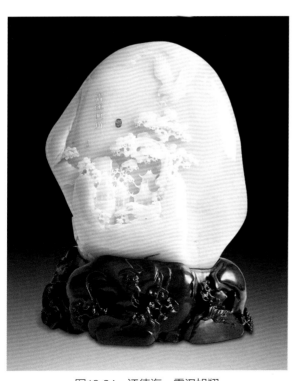

图13-34 汪德海 霄汉旭翔

作品，才是上等玉器艺术品。

适修酌减的具体评价标准如下。

①上等："选料用料合理正确，充分利用了玉料的形状、颜色及质地的特性，……成品无瑕疵，无裂绺"[9]。

②中等："选料用料合理，利用了玉料的形状、颜色及质地的特性"[10]，成品在隐蔽处有少许瑕疵、裂绺。

③下等："选料用料不当，未能利用玉料的形状、颜色及质地的特性，成品存在着明显的瑕疵、裂绺"[11]。

3. 挖脏去绺评价

天然产出的玉料不可避免地带有不同程度的缺陷，俗称"瑕疵"，也称"脏绺""绺裂"，如白色、黑色、黄褐色斑点状的矿物包体，白色的絮状物，裂隙等。瑕疵的有无、数量的多少直接影响玉器作品的艺术价值，因而在玉器的加工过程中就要对玉料进行挖脏去绺处理。

所谓"挖脏去绺"就是通过雕琢手法去除玉料中的包体、绺裂等瑕疵。挖脏去绺处理的水准既要看作品是否已经剔除玉料中的包体等主要瑕疵，还要看是否巧妙地避开或掩盖不能剔除的绺裂，是否对原料进行合理利用，去掉、遮蔽或利用了瑕疵，实现玉料利用最大化（图13-35）。

图13-35　徐志浩　相濡以沫

不同的玉器作品对瑕疵的容忍度是不同的。首饰类玉器对瑕疵的容忍度最低，包体和细小绺裂的存在都会对和田玉首饰的品质和价值有较明显的影响。把件类玉器对瑕疵的容忍程度相对较低，较小的绺裂可以避开。大中型摆件如玉山子等，对绺裂的容忍程度相对较高，有些绺裂处理得好并不影响这些作品的美观。

玉器作品瑕疵处理即挖脏去绺的水平，是评价玉料利用的重要标准。一般的标准是要求作品细小的瑕疵得到合理的掩饰和利用（图13-36），没有恶性绺裂。

挖脏去绺的具体评价标准如下。

①上等：整体一气呵成，无明显的绺裂，

图13-36　苏然　蒙面女巫

"成品对无法排除的绺裂进行合理的遮隐或顺势利用，处理得完美无瑕"[12]。

②中等：作品整体感较强，虽有绺裂，但能对绺裂进行遮隐或顺势利用，处理得较为合理，不影响耐久性及美观性。

③下等：整体粗糙不堪，成品未对绺裂进行遮隐或去除。

4. 俏色巧用评价

俏色又称巧色，是指巧妙地利用玉料本身颜色的一种加工技巧，是玉雕家在对玉料的天然色泽、纹理、质地充分认知的前提下，根据玉料所独有的个性和与生俱来的颜色进行巧妙、合理利用的创作。俏色水平反映了设计制作者自身的文化修养、艺术修养、构思创意及加工制作的能力。俏色玉器作品艺术特色十分明显，既有生动传神的造型，又有缤纷艳丽的色彩。

中国最早的俏色作品是河南安阳殷墟妇好墓出土的俏色玉鳖，表明早在3000多年前的古代玉工就已经掌握了俏色工艺的技巧和应用。

俏色玉器利用不同的物象将不同的颜色区分开来，所雕琢的动物、植物、人物可以做到形象逼真、惟妙惟肖，令人惊叹造物主神奇的同时，给人以深层次的艺术享受。人们在观赏和评价俏色玉器作品时常会对俏色独一无二、巧夺天工、浑然天成、形神兼备等进行由衷的赞叹。

有时，同一块玉料中会出现两种或两种以上的颜色，这些颜色的分布形态、分布位置往往无规律可循，也正因为如此，给了玉雕家更多的发挥空间，亦使玉器作品更加丰富多彩。

俏色巧用的评价标准依据的是玉料颜色与作品主题在玉器作品中是否得到了很好的体现，俏色的利用是否合理和巧妙。

（1）俏色颜色真实可信

俏色巧用首先看颜色的形象性和真实感表现得是否合理。俏色的目的就是要将玉料中的原有颜色充分保留下来，并通过不同的具体物象将不同颜色展示出来，使玉器更加形象逼真。为此，俏色物象的颜色尽量要与自然界实物的颜色相同或相近。并不是玉料上的每一种颜色都能与自然界物体的颜色完全吻合，但要尽量使玉器物象的颜色与人的视觉感受接近，达到玉料颜色与所表现对象色彩的和谐统一，这是评价俏色标准的主要因素（图13-37）。

图13-37　黄杨洪　钟馗伏魔

（2）俏色物象分色清晰

玉料中颜色分布常常没有规律，不同颜色色块之间的界限也常不清晰。高质量的俏色作品要求俏色结构清晰，不仅要做到将不同的颜色分配到不同的物象中，还要做到不同物象之间的分色清晰有别、对比强烈、层次清楚。分色和层次是对俏色巧用的更高要求，也是判断玉器作品俏色水准高低的重要标准。具体分色要求如下。

①分色界限清晰。俏色时一种颜色尽量用于一种物象，不同的物象使用不同的颜色，物象形态

特征要突出、鲜明，物象之间要分色清晰，界限分明。

②分色对比鲜明。俏色不仅要求分色清晰，还要求分色对比鲜明，即相邻或重叠的物象所用颜色应相互区别，对比明显，不易混淆，烘托主题（图13-38）。

③分色主题明确。对于多种颜色共存的玉料而言，俏色不仅要做到分色界限清晰、分色对比鲜明，同时还要做到主题突出。重要的颜色安排在作品最主要的物象中，次要的颜色则安排在次要物象中。玉料的多种颜色往往是过渡和渐变的，俏色应对不同物象颜色给予适当的取舍，以确保整件作品的颜色主题突出。

④合理利用杂色。颜色不均匀的原料应对其恰当地取舍或有层次的处理，剔除或合理利用杂色。

⑤用好满色玉料。满色原料较少，要求作品应"展现原料颜色的均匀性和最佳色彩"[13]（图13-39）。

（3）俏色物象少而灵动

俏色物象宜少而精，不宜多而乱。作品有一两个优美的俏色物象，胜过一堆杂乱的俏色物象。高水准的俏色还要求物象生动灵现，物象要根据颜色的形状与空间分布特点来选择，使其最大限度地清晰生动。

（4）俏色主题文化突出

俏色作品不仅要用好色、雕好形，更要将颜色的使用紧紧围绕文化主题来安排，向观赏者展现一个画面，讲述一个故事，表达一个主题（图13-40）。

俏色巧用的具体评价标准如下。

①上等：作品题材与原料颜色吻合，充分展现原料颜色的美。颜色真实，分色清晰，物象生动，层次分明，颜色的利用不影响作品的完整性。

图13-38　万德旭　慈航普渡

图13-39　宋建国　夜游赤壁

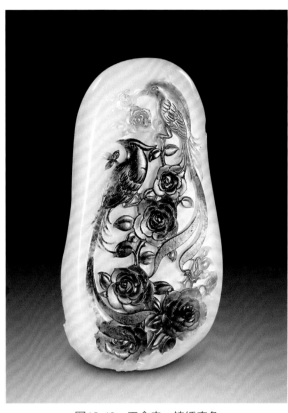

图13-40 王金忠 锦绣春色

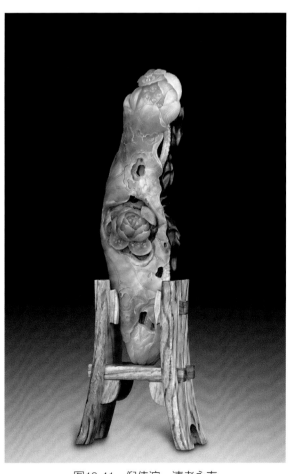

图13-41 倪伟滨 清者永寿

②中等：作品颜色较为真实，分色较为清晰，物象较为生动，颜色的利用对作品完整性有一定影响。

③下等：作品颜色失真，分色模糊，物象呆板，层次不清，颜色的使用不合理。

5. 变废为宝评价

玉料的瑕疵不可避免，甚至有些玉料的瑕疵非常严重。瑕疵处理得好可以变瑕为瑜，达到"反瑕为美，变废为宝"的境界。随着优质玉料的减少，玉料使用范围的扩大，存在玉石混杂、边皮、大片黑脏等缺陷的一些玉料，被巧妙地利用起来，雕出的作品甚至达到令人眼前一亮、耳目一新的感觉。这种变废为宝的作品难度极高，需要有高超的工法技巧和深厚的文化底蕴（图13-41）。稍有不慎，就会弄巧成拙，费时费力雕出一个废品。

清代乾隆时期的作品《桐荫仕女图玉山》，其玉料原是一件掏玉碗剩余的边角料，玉工将其重新利用，在掏碗的圆孔处加上了两扇门，门内外各雕一仕女，表现了极高的艺术效果及文化价值，成了一件玉器艺术的珍品（图13-42）。

变废为宝的具体评价标准如下。

①上等：作品巧妙利用瑕疵，玉料瑕疵与画面浑然天成。

②中等：作品利用瑕疵较为合理，作品画面表现基本合理。

③下等：作品利用瑕疵极不合理，瑕疵缺点暴露无遗。

6. 按需用料评价

随着社会的发展，科技的进步，人们对玉料特别是瑕疵玉料的运用越来越得心应手，在过去因材施艺的基础上，开始有了按需用料的作品。这一新的用料方式，适合于有一定规模的机雕批量生产。这种方式提供了一种全新的用料思路，为丰富玉器创作提供了更多选择。

当然，这些批量化的玉器，与因材施艺的个性化玉器作品具有较高的艺术价值和收藏价值不同，它们是生活中的快消品，无太多的艺术价值和收藏价值。

按需用料的具体评价标准如下。

①上等：玉料质地优良，文化理念表达充分，器型规整，纹饰清晰（图13-43至图13-46）。

②中等：玉料质地较佳，文化理念表达准确，器型相对规整，纹饰较为清晰。

③下等：玉料质地普通，文化理念表达不够准确，器型不够规整，纹饰不够清晰。

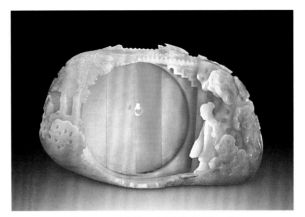

图13-42　清代　桐荫仕女图玉山

二、玉器工艺评价原则

玉器工艺是指在玉料上设计草图，然后将平面设计转换成可视的立体的玉器工艺，是用解玉砂为媒介的雕刻工艺。玉器的工艺设计过程是一种再创作的过程，是在对设计意图充分理解的基础上进行更为具体、细致地再创作的过程。

图13-43　玉石记
吉祥如意玉坠（机雕）

图13-44　玉石记
同心平安扣（机雕）

古人云："玉虽有美质，在于石间，不值良工琢磨，与瓦砾不别。"[14] "玉不琢，不成器"，"三分料七分工"。也就是说，一块好的玉石，只有经过人工雕琢，才能赋予其新的价值。中国玉器工艺源远流长，我国第一部诗歌总集《诗经》中的"如切如磋，如琢如磨"[15]就是对琢玉技术的描写。中国的玉器工艺经过几千年的发展，在不断传承和完善下，逐渐形成了独具特色的玉器技法，并以其精湛的技艺著称于世，成为世界上独一无二的艺术形式之一，享有"东方艺术"的美称。

图13-45　玉石记
龙牌（机雕）

图13-46　玉石记
旭日东升挂坠（机雕）

玉器工艺的总体要求是：工艺符合玉器制式和加工规范；玉器作品整体形态、造型等元素均符合设计要求；操作技艺细致、到位，能够充分表达设计意图及设计思想。

玉器工艺的具体要求是：作品造型应准确生动，结构合理，层次分明，主题突出；作品刻画应轮廓清晰、线条流畅、点面精准、细部得当；作品效果应体感丰富、量感厚重、质感深厚。

玉器作品工艺的优劣主要指：①琢磨技术高低。指玉器制作过程中的各种技艺，如阴刻、浮雕、圆雕、镂雕等表现出来的技能，线条、平面、弧度、转折等细节方面的处理的技巧等。②制作精细程度。指玉器制作的细节是否精细，比例是否准确（线条的张力、变化、流畅度，细节的刻画）等。③工艺的创新。既包括对原有工艺工具、工艺技巧的创新，也包含对其他工艺表现手法的引入、结合、吸收。④抛光与配饰水准的高低。

（一）玉器工艺的基本评价

1. 粗雕（轮廓）工艺评价

玉器粗雕是指按照设计要求将玉料雕琢成形，初步达到玉器设计标准造型的阶段。这一阶段的某些特征会随着细节的进一步处理而消失，但作品的外形不会因细节而改变，因而，粗雕（轮廓）是决定作品的外形轮廓是否严谨、规整、准确，是否符合设计要求的最重要阶段。粗雕（轮廓）阶段决定了作品各个块面的基本形状、空间位置及比例关系是否准确、协调、美观，是玉器作品能否成功的基础。

粗雕（轮廓）工艺主要包括粗切轮廓，略微加工，大致成型（图13-47至图13-52）。

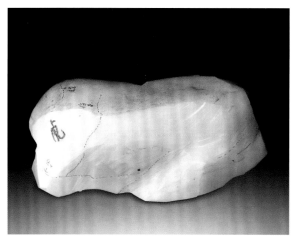

图13-47　倪伟滨　守夜（1）

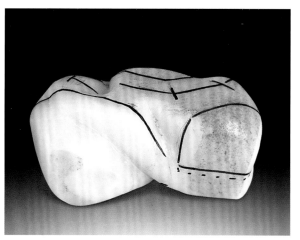

图13-48　倪伟滨　守夜（2）

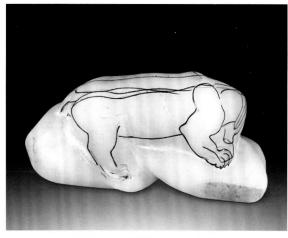

图13-49　倪伟滨　守夜（3）

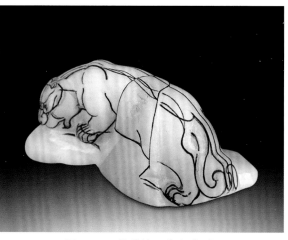

图13-50　倪伟滨　守夜（4）

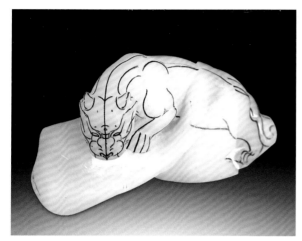

图13-51　倪伟滨　守夜（5）

图13-52　倪伟滨　守夜（6）

　　粗雕（轮廓）成形具有两种轮廓形状：一是对称式外形轮廓，这种作品形状讲究外形轮廓对称。作品的粗雕（轮廓）工艺，不仅要做到作品的外形轮廓基本对称，而且与其相对应的几何图形相符或接近。二是"随形"外形轮廓，这种作品看似随形，实有内在规范的形状支撑。作品要求整体外形符合审美比例，符合玉器美学基本规律。

　　粗雕（轮廓）工艺的具体评价标准如下。

　　①上等：外形轮廓比例准确，基本块面形状准确。

　　②中等：外形轮廓比例较为准确，基本块面形状较为准确。

　　③下等：外形轮廓严重失调，基本块面形状失调。

图13-53　陈健　紫气东来

2. 细部工艺评价

　　玉器细部工艺是指在粗雕基础上的细部刻画。玉器不仅要做到整体造型准确，同时还要做到细部刻画清晰到位，即作品细部的结构、肌理等刻画到位。玉器作品的细节处理是决定其成败的关键。这些细节如雕刻人物形象，要将人物面部五官的丰富表情，手、脚的灵活姿势，身上的自然衣纹等都刻画清楚；山水图案，不仅要雕出山的形状，还要雕出山的走向，岩石的肌理；花草图案，既要雕出花瓣的形状，还要琢出花瓣上的叶脉，以及花瓣或卷曲或伸展的动态等（图13-53）。

　　细部工艺的具体评价标准如下。

　　①上等：细节刻画清晰，纹理清楚，肌理表现明确。

　　②中等：细节刻画较为清晰，纹理较为清楚，有一些肌理表现。

　　③下等：细节刻画不清晰，纹理基本不清，肌理表现不明确。

图13-54　张铁成　白玉子母瓶

3.特定工艺评价

玉器作品中的一些题材，有特定的工艺要求。玉器工艺必须能够满足这些特定的要求，作品质量才能得到保证。

特定工艺包括"活链"工艺，"对活""套活"工艺等，其评价标准各不相同。

（1）"活链"工艺

在活链作品的加工中，要求"活链"取材于同一块原料，将同一块原料经过"抽条""分瓣"等工序将链条从原料中剥离出来。"活链"必须环环相扣，大小相同，活动自如（图13-54）。

"活链"工艺的具体评价标准如下。

①上等：环链大小一致，活动自如，无黏接情况。

②中等：环链大小基本一致，活动较为自如，无黏接情况。

③下等：环链大小不一致，不能活动自如，有黏接情况。

（2）"对活""套活"工艺

玉器加工中对"对活""套活"的制作有严格的规范。

"对活"即成对出现的玉器作品。"对活"的制作要求成对出现的单体的大小、形制相同且相互呼应。如玉首饰中玉耳环的加工，要求两个耳环的材质、大小、形状相同。又如玉"对瓶"的加工，要求两个玉瓶的造型、纹饰基本一致，且大小相同（图13-55）。

"套活"是指内容或大小、形制相互关联的一套制品。"套活"制作中，要求成套出现的单体作品在形制、风格上应协调统一。

"对活""套活"的制作，要求工艺高度精准。如果工艺过程中出现任何偏差，势必使"对活"中的两个单体无法相同和对称，"套活"中单体的形制、风格变形或走样，会使作品的整体水准下降，价值下跌（图13-56、图13-57）。

"对活""套活"的具体评价标准如下。

①上等：大小一致，有主线贯穿其中，纹饰接近，风格近似。

②中等：大小基本一致，纹饰有些差别，风格基本接近。

③下等：大小不一，纹饰相差甚远，风格完全不同。

图13-55　俞艇　青玉梅瓶

图13-56　易少勇　108组牌

（二）玉器工艺的点、线、面评价

点、线、面是各类艺术最基本的造型元素，是极富表现力的视觉元素，在塑造作品风格、表达作者情感、丰富作品细节等方面发挥着极为重要的作用。玉器作品中的点线面也是如此。

玉器工艺中的评价标准主要侧重于对作品点、线、面的规范程度的评价。

1. 玉器工艺的点评价

几何学中的点只有位置，不是大小和形状。

点是造型艺术中构成图形的基本元素，具有集中和凝聚的特性，在空间中起着标明位置的作用。一个点可以标明位置，两个点以上可以形成直线，多个点可以形成平面，在视觉上点能带给人膨胀或收缩的感觉。

点、线、面是构成单个形体的基本要素，在单个的形体中，凹下去的那部分就是低点，最突出的部分就是高点，形体中的最高点和最低点之间的距离会产生纵深。

点同样是玉器作品最基本的构成单位，高点和低点的变化确立了玉器作品的基本形状，高点和低点的位差决定了玉器的基本体量。因而，玉器点的位置特别是高低点的位置布局是否合理，是评价一件玉器工艺优劣的重要标准（图13-58）。

玉器工艺点的具体评价标准如下。

①上等：点的位置正确，大小适宜，外观圆滑。

②中等：点的位置基本正确，大小相对适宜，外观较为圆滑。

③下等：点的位置不正确，大小不等，外观粗糙。

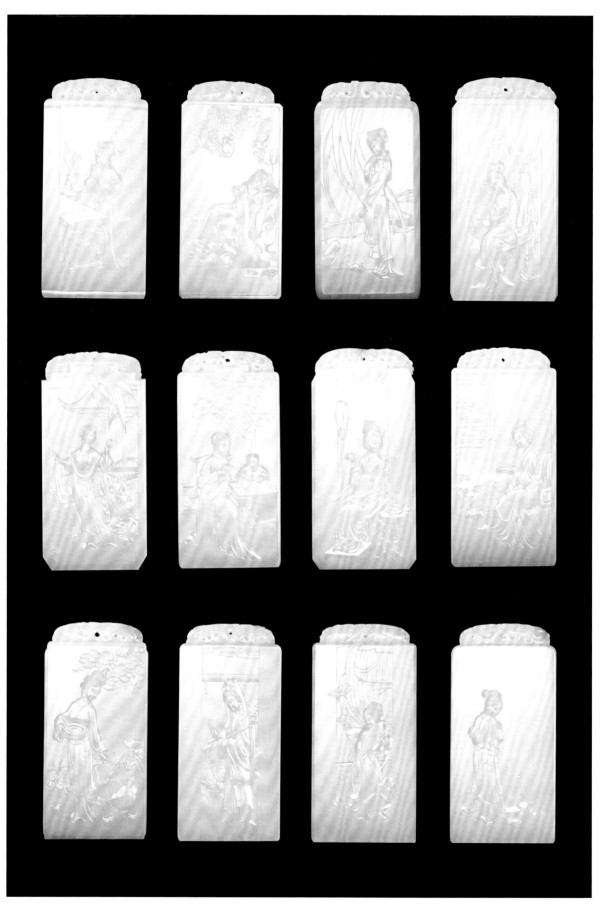

图13-57　孟庆东　十二金钗

图13-58 赵显志 水城三阙

2. 玉器工艺的线评价

线是指一个运动的点任意移动所构成的图形，只有长度没有宽度。如果移动的方向不变就会形成直线，如果变化则会产生曲线或是变化丰富的复合线。线有位置、长度和方向，不论是水平线、垂直线还是弧线都将会形成面的边缘，面与面之间的转折也会产生线。

在视觉上线有表达理性、平静和挺拔的功能。不同的线具有不同的表现力：正三角形给人带来持久、稳定、向上之感；圆形给人带来饱和、圆满、和谐之感；倒三角形给人带来不安、不稳、危险之感。水平线表现稳重和静止，垂直线表现上升或下降，斜线表现不安与失衡，曲线表现律动的柔美、自由的奔放和强烈的动感，双曲线使形体富有对称美，产生复杂和装饰感，抛物线表现流动感，复合线则表现刚柔并济，具有丰富和含蓄之感。

玉器的直线具有坚硬、挺拔的表现力，因而被统称为硬线或具有男性化特征的线；曲线具有柔软、圆滑的表现力，故被称为软线或具有女性化特征的线。

玉器的线还可划分为轮廓线、衣纹线、运动线等，不同类型的线具有不同的作用与使用要求。

轮廓线：是用于描绘玉器作品形状或团块的临界或边界的线条。一件形体较为完整的玉器会在外围空间的映衬下，显现出整体轮廓线条，并以其力量感、韵律感来影响欣赏者。优秀玉器作品的轮廓线，可以使其最大限度地表现韵律美，使玉器具有流畅的节奏感。

玉器是由许多轮廓线组成的，玉器的轮廓线不仅仅是平面的，而是点、线整体联动所产生的形体变化，也可以说是视觉下空间形体运动变化所产生的轨迹，因此，玉器的轮廓线是从多角度、多方面来完成的（图13-59）。

衣纹线：是玉器作品表现人体衣纹的线条。衣纹线在玉器创作中，对表现人物的情感、气势、动感等方面都十分重要。如飞天形象，其舞动着飘带在空中自由飞翔的姿态使其更加飘逸，衣纹线具有强大的表现力。

玉器刻画着衣人物，会出现衣服所形成的褶纹的规律和变化，通过褶纹的变化隐约可以看到人体肌理。褶纹的形成是因为人体上某个部位有两个高点，这两个高点就形成了褶纹的起点和终点，顺着褶纹的起止点，就找到衣纹的来龙去脉。然而玉器作品不可能把衣服的每一条衣纹都如实地刻画出来，只能相对地表现出来。对衣纹线长短宽窄的变化规律把握程度，是评价玉器人物刻画优劣的重要标准（图13-60）。

运动线：是指玉器作品表现贯穿有生命物体全身的线条。它以脊椎顶部为始点，顺着脊柱向下到足底，形成一条贯穿全身的曲线，这条线将会随着躯体的运动变化而变化。优秀的玉器作品能牢牢地抓住物体的运动线，能把物体的各个部位贯穿起来，使它们有机地集合起来，共同表达作品主题。如兽类玉器脊椎骨的运动线把兽的头部、颈部、后胯、尾巴用一条弧线流畅地概括出来，可以奠定兽类动物雄浑刚劲、威武霸气的形象（图13-61）。

图13-59 彭志勇 和田玉鹅

图13-60 于泾 举案齐眉

玉器作品静止画面的运动感，是靠运动线的运动轨迹以及产生的明暗色调组合表现出来的，如同书法中运笔分为轻重、缓急一样，运动线力量与速度产生的节奏使静止的作品同样具有力量感，能体现出作品的生命活力，给人以美的享受。如果一件刻画物体的玉器作品看不到运动线的张力，作品就会显得僵硬、死板。因而，玉器运动线的运用水平高低，是评价一件玉器是否优劣的重要标准。

玉器作品的造型轮廓、物象间的分割及各种纹饰图案都是由线条勾勒而成的，其中有粗细不同的直线、斜线、平行双线，以及由线条演化的棱线、弧度各异的曲线。对于线的工艺要求是线条清晰，粗细均匀；线条之间的连接流畅、无断口；平行双线中的两条直线应严格平行，双线勾勒出的底部应平顺光滑；棱线应规整，棱角准确利落；曲线应弯曲有度，由曲线勾勒出的花纹，应形状准确，布局疏密有致，关系相互协调（图13-62）。

玉器工艺线的具体评价标准如下。

①上等：线条粗细均匀，清晰顺畅，精细紧密，直线笔直，曲线优美，力度均衡。

②中等：线条粗细基本均匀，较为清晰，直线较为直顺，曲线合理，力度较为均衡。

③下等：线条粗细不均匀，直线弯曲，曲线生硬。

3. 玉器工艺的面评价

面是线有秩序地重复移动轨迹所产生的面积和位置。面与点、线不同，它有位置及方向，是一个较大的视觉单位。不同的面具有不同的表现力，具有不同的心理效应和审美特征。在玉器作品中，面比点和线更直观、更独特，可根据面的不同心理效应，来刻画具有不同审美风格的玉器作品。玉器作品中"面"在空间方位中的位置变化，就可以展现出一种新的立体关系。

玉器的面有平面、曲面、凹凸面和转折面等，不同类型的面有不同的特点和使用要求。

平面：特点是平整、理性及简洁。玉器使用平面，会起到理性、简洁、整齐的效果。但是如果使用得不当，也会令人产生单调、呆板之感。因此，评价玉器面的工艺，就要看其在平面的使用上，是否运用了具有组织和分割作用的点线以及图案，使整体变得生动活泼。

曲面：特点是起伏、柔和及动感。玉器的曲面分为几种形式：直线型曲面带有刚中带柔的特点，弧线型曲面富有弹性、张力及丰满感，旋转型曲面具有生长感和动感，自由型曲面则会带来丰富、多变和奔放之感。

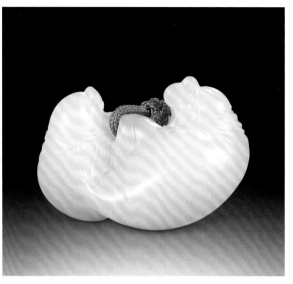

图13-61 刘忠荣 海豹

图13-62 崔磊 观喜

图13-63　杨修魁　清风徐来

图13-64　樊军民　释道

不同的曲面可表现玉器的不同特质，弧线型曲面充满了张力体积感。玉器作品体积感的强弱与形体曲面的弧度变化有着紧密的关系，曲面的弧度越大，玉器作品就越有膨胀感，反之则弱；向外凸出的曲面和向内凹回的曲面是不同的，内凹的曲面在光影的照射下会产生很强烈的明暗对比，加大了形体曲面之间的高低错落关系，使得向外凸出的那部分曲面更具有强烈的体积感（图13-63）。

凹凸面：在玉器中，鼓出来的部分称为凸面，反之向内的面被称为凹面，凹面和凸面是靠形体起伏所产生的。玉器的起伏多是指那些比较大的玉器形体，更加细微的高低关系。对于比较写实的玉器作品而言，起伏的效力更是带有一种特殊的效果。玉器中的凹面受内力的压迫产生一种被动感，凸面则有一种膨胀感。玉器的浮雕作品中的凹面不仅能强化节奏感、空间感，还能使那些凸出的面显得比实际的体量更为饱满。例如玉器上面的饕餮纹，常常在眼、嘴等处雕成起伏比较大的斜面和凹凸弧面，以突出其面部特征（图13-64）。当然，玉器作品不能有过多的凹凸变化，否则会因过于跳跃而显得凌乱。

转折面：玉器纹饰由不同的面组合而成，面与面之间往往需要中间过渡，没有过渡直接转折，会使作品显得生硬和冷漠。转折主要有两种形式，一是小平面转折。运用小平面作为转折面来过渡，会给观者以柔和亲切之感，能弱化纹饰的尖锐和冷峻感。二是小弧面转折。运用小弧面作为转折面过渡，会给观者非常具有亲和力的感觉。当然，也有玉器作品利用大弧面作为转折面，但应谨慎运用，因为它会使玉器造型变得平庸。

玉器作品中存在各种形式的平面和弧面。对于二者的要求是：平面上的各个部分同处于一个水平面内；弧面则要求其弧度准确、弧线连续顺畅，同时还应做到平顺、光滑，无切割和琢磨的痕迹。

玉器工艺面的具体评价标准如下。

①上等：平面平整，曲面富有动感，转折面柔顺。

②中等：平面较为平整，曲面略有动感，转折面较为柔顺。

③下等：平面高低不齐，曲面显得生硬，转折面模糊。

4. 玉器工艺的点、线、面综合评价

任何艺术形象，都是由点、线、面来装饰的。点的运动会产生线，在一定的距离内，点保持同一个方向的运动并向前延伸就形成了一条直线。如果点在一条线段的每一个位置都相继改变方向就会产生弧线。线的运动会产生面，面的运动会产生体。简单地说就是点动成线，线动成面，面动成体。

点、线、面是玉器艺术的基本元素。玉器中的点是体与面之间、形体与形体之间、空间与空间之间最高点与最低点的标志。玉器中的线是玉器形体变化中点与点的关联、面与面的转折，是形体之间组合、连接、变化的标志。玉器中的面有正面、侧面、顶面与底面等，这些面与面之间的结合是形成体积的唯一标志。例如圆雕人物形象存在着关节骨点，这就是形体中所谓的"点"，形体的外轮廓、形体的转折线和四肢都是粗细、长短、急缓不同的线，胸腔和骨盆这些大块段就是面和体。点、线、面、体所产生的这种对比与节奏感，就会使作品充满变化与活力。由此可见，点、线、面之间的关系运用到玉器创作上即是整体与局部的关系。

玉器工艺点、线、面的具体评价标准如下。

①上等：点线面之间连接有序，局部得体，整体舒朗。

②中等：点线面之间连接基本有序，局部基本得体，整体较为舒适。

③下等：点线面之间连接无序，局部杂乱，整体生硬。

（三）玉器工艺的体感、量感、质感评价

玉器工艺的评价还有其独特的体感、量感、质感的评价。

1. 玉器工艺的体感评价

体感，是指视觉对玉器作品的体积上的整体感觉，与作品体积、尺寸、力度有关。玉器是有形体的造型，在追求整体造型的过程中会表现出体感。体感主要通过玉器作品轮廓强弱的节奏变化来表现，因而，玉器作品就应有明显的外形轮廓，丰富的观看角度，最大限度地表现作品的体感（图13-65）。

2. 玉器工艺的量感评价

量感，是指视觉、触觉对玉器作品的规模、量度、连度等方面的感觉。每件玉器作品都有重量，但其外表表现出来给观赏者的轻重感觉是不一样的。作品的整体形态、三维之比、面数增减等因素都会影响作品的量感。具体来看，第一，玉器作品物体形态影响量感。玉器作品的大小、方圆、厚薄等量态的不同，给出的量感也不同。第二，玉器作品三维之比影响量感。玉器作品长宽高

图13-65　高毅进　荷塘情趣

越接近，量感越强，任何一维缩小都会压缩量感。第三，玉器作品整体形态影响量感。饱满团状的形态会增加量感，空洞与枝节过多则会减弱量感。第四，玉器作品面数的多少影响量感。面数较多的作品更具量感，作品中某一部分层面较为复杂或者变形也会产生量感（图13-66）。

　　一般来讲，尺寸大的玉器作品不一定能表现出大的量感。一件大的玉器作品有可能给人很纤弱的感觉，而一件很小的玉器作品则可以给人很厚重的印象。同时，影响量感的因素不仅在于材质、重量或尺寸，更在于作品的内涵和思想。对于玉器作品来说，不仅是对量的反映，更是对量的超越。因而有量感的作品能给人留下巨大的想象空间（图13-67）。

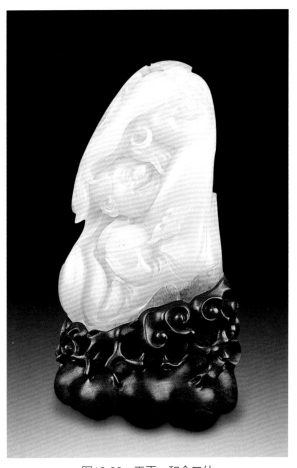

图13-66　王平　和合二仙

图13-67　黄罕勇　貔貅

3. 玉器工艺的质感评价

质感是玉器作品通过其表面呈出的材料材质和几何尺寸传递给人的视觉和触觉的感官判断。它所表现的是玉器的物质真实感，不同的质感给人以软硬、虚实、滑涩、韧脆、透明与浑浊等多种感觉。玉器是最具有质感的艺术，最为重视材料的自然特性，如硬度、色泽、结构等，并通过雕刻、打磨等手段处理加工，从而在美感的基础上形成最佳质感。玉器作为可赏可玩的物质实体，提倡直接触摸，所以质感显得尤为重要（图13-68）。

图13-68　雅园　锦灰堆

玉器是质感艺术，其材料的自然肌理不仅有强烈的观感，还有强烈的触感。玉是所有雕刻材料中最具触感的材料，其肌理既能体现玉器的形式美感，又能表达作品的主题思想，使玉器艺术品既充满了生机和创造力，又充满了情感和内涵。不同的玉器风格会因肌理运用的不同而产生不同的质感效果，玉器作品中肌理的巧妙利用就是玉雕家艺术语言表达的升华。

玉器工艺体感、量感、质感的具体评价标准如下。

①上等：作品体感合理，量感丰富，温润光滑，沉重压手，看似浑厚。

②中等：作品较为光滑，有浑厚沉重感。

③下等：作品触感粗糙，无明显体感和浑厚感。

（四）玉器工艺的打磨抛光评价

打磨是器物表面改性技术的一种，一般指借助硬度较高的物体（含有较高硬度颗粒的砂纸等），通过摩擦改变材料表面物理性能的一种加工方法。玉器的打磨是指为了获取器物表面的平整度，用细砂一类的物质反复研磨的过程。

玉器的抛光是指使用机械方法，对玉器表面进行处理的加工方法。其作用是使玉器的最终作品温润、细腻、光亮。

玉器抛光工艺的好坏决定着作品的成败，决定着作品的质量和价值。高质量的抛光工艺能够准确反映作品主题，使作品形象精致、生动，从而提升作品的审美价值和经济价值。低质量的抛光工艺不仅给人粗制滥造的印象，甚至会破坏原材料，降低了作品应有的价值。

玉器作品抛光工艺可分为亚光处理和亮光处理两种方法。亚光处理是去除玉器的粗糙面，使作品外表细腻但没有明亮的光泽。亮光处理则是在亚光的基础上，继续磨成，使作品表面不仅细腻而且润泽。不同的材料和不同的题材需要采用不同的抛光处理方法，恰当的抛光方式对玉器作品的画面层次、材质美感等均有提升作用。

玉器抛光工艺的总体要求是抛光到位，并对作品的每一个部位都进行抛光，且抛光程度一致。同时要表面光滑柔顺，明亮均匀，润泽光莹。简单地说就是使玉器表面达到"平""顺""润""泽"。

"平"是要求抛光面平整，每部分都抛光到位，无水波纹现象，无抛光死角。

"顺"是要求不同位置的抛光面，在"平"的基础上，达到连接柔和顺畅。

"润"是要求抛光面达到细腻光滑。

"泽"是要求抛光面的光泽明亮、均匀（亚光处理的效果除外）。

玉器工艺打磨抛光的具体评价标准如下。

①上等：抛光程度一致，无死角，无水波纹，光滑细腻，明亮均匀。

②中等：抛光程度基本一致，水波纹不明显，较为明亮均匀。

③下等：抛光程度完全不一致，有死角，水波纹明显，明亮不匀。

图13-69　张胜利　般若光华

（五）玉器工艺的配件评价

玉器的配件是指除玉器主体以外的配饰，主要有底座、外盒等。

底座：多数摆件类玉器成形后都配有底座，如玉山子、玉插屏等。底座的材质、大小、外形、纹饰、颜色等要与玉器作品的主题相互呼应，相辅相成，这样就能提升玉器作品的层次，使其达到新的境界（图13-69）。

外盒：指玉器作品的外包装盒，是玉器作品完成的最后工序。玉器外盒包装应沉稳大气，典雅俊秀，并与器物的整体风格合为一体。

玉器作品配件的具体评价标准如下。

①上等：底座与玉器主体完美呼应，成为一体，明显提升器物档次，耐久性极佳，配饰大气雅致。

②中等：底座与玉器主体匹配呼应，对器物档次有提升效果，耐久性尚佳，配饰较为精致。

③下等：底座与玉器主体不相匹配，耐久性欠佳，配饰简陋粗糙。

三、玉器艺术评价原则

艺术品的评价绝非易事，对玉器艺术品的评价更是难事。前面所谈的玉器作品的材料和工艺评价原则在行业内还算有基本共识，对玉器艺术的评价则是众说纷纭，意见不一。这里我们只是从对玉器艺术的理解来谈玉器艺术的评价原则。评价原则主要包括以下十个方面。

（一）玉器艺术的稳定与均衡评价

"玉雕制品的形状应美观大方，遵循力学平衡原则"[16]。这种力学平衡的原则就是稳定与均衡。稳定与均衡是人类在长期观察自然中形成的一种视觉习惯和审美观念，只有符合力学平衡的造型艺术才能产生美感（图13-70、图13-71）。

玉器作品的稳定是指玉器成形后所体现出的稳固安定，是观者视觉上的稳定。一般来说，平放的立体物体都有一定的重量，要保持它的稳定，就要有一定的平底面积，才能保持器物整体的重心平衡，平底面积越大物体越稳定。同时，稳定也与玉器作品摆放的方向有关，正立者稳定但呆板，倒立者别致但不定。玉器作品强调稳定并不是强调呆板稳定，而是在稳定中求变化。既不要过于强调稳定而显得刻板，又要避免不稳定所产生的危险感（图13-72）。

均衡是以重量来比喻物象、色块等在构图分布上的审美合理性。均衡包括对称式均衡与非对称式均衡两种形式。

一是对称式均衡。指在作品的构图中，物象的位置、形状、大小、色彩、数量等要素基本相同，呈重复、对应排列，各个对应的物象与中央距离间隔相等。对称式均衡能够产生统一、整齐、严谨、和谐的美感（图13-73）。

图13-70　艺术的稳定

图13-71　艺术的均衡

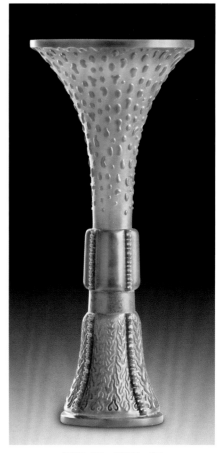

图13-72　蒋喜　气

图13-73　对称式均衡

图13-74　非对称式均衡

　　对称式均衡构图是玉器中常见的一种构图形式。玉器作品如牌子、仿古器皿等大多采用对称式均衡构图。对于此类作品的评价，要求其对称的严谨性和规范性。这种构图中的两两对应的线条应粗细一致、长短相同，且相互平行，两两对应的纹饰应大小一致、形制相同，并互为对称。

　　二是非对称式均衡。又称变化式均衡，是一种空间与质量的对称平衡关系，即一种力的对称平衡。非对称式均衡构图有很多方式，有左右、上下、对角线非对称式均衡等。在这些非对称式均衡中，往往一侧的图案或纹饰占据较大的空间，另一侧占据的空间则较小，而在较小空间布局一侧，会在质量或颜色上给人以重量感，以此达到与另一侧的平衡。大型玉器作品，多采用非对称式均衡设计，利用图案或纹饰在空间展开的体积、与纹饰图案质感的对应关系得到一种变化中的均衡，追求一种审美心理上的感觉均衡。这种变化的均衡打破了单纯对称的僵硬、单调之感，给玉器作品带来更多的活力和动势，使作品更加生动活泼（图13-74）。

　　玉器艺术稳定与均衡的具体评价标准如下。

　　①上等：作品造型优雅，底部稳妥，重心平稳，对称均衡严谨，非对称平衡。

　　②中等：作品造型较佳，底部较为稳妥，重心较为平衡，对称较为均衡，非对称较为平衡。

　　③下等：作品造型不佳，底部不稳，重心不平衡，对称不均衡，非对称极不平衡。

（二）玉器艺术的比例与结构评价

　　比例是一个物体中各个部分的数量占总体数量的比重。玉器作品的各部位比例准确是造型形象真实的基本保证，优秀的玉器作品应达到和接近黄金分割比例（0.618∶1），达到比例美（图13-75）。

图13-75 比例

图13-76 杨曦 风雪夜归

　　同时，玉器作品的画面比例需要遵循中国山水画中的比例关系，并以此来确定画面中形象的大小和实际空间位置。比如应按照"丈山尺树、寸马分人"的比例关系来安排构图。

　　结构是组成整体的各部分的搭配和安排。结构准确是指抓住了作品的构造关系和形体的主次顺序。玉器作品所模仿的自然对象的结构是客观存在的，如果只是对自然对象进行简单照搬或机械模仿，作品就不具典型性，也就不能升华到艺术层次，其艺术表现力和感染力都会大打折扣。因而，玉器作品就要对客观对象的自然结构进行艺术概括、提炼与归纳，使其上升为艺术结构，成为具有艺术感染力的作品（图13-76）。

　　玉器艺术比例与结构的具体评价标准如下。

　　①上等：作品结构比例准确，形象接近黄金比例，结构原理运用得当，比例均衡。

　　②中等：作品结构比例基本准确，形象结构较为合理，结构原理运用较为得当。

　　③下等：作品结构比例极不准确，比例不佳，结构原理运用不当。

（三）玉器艺术的造型与形象评价

　　造型是对人们所看到的客观世界进行的"摹写"或"再现"。形象是指能引起人的思想或情感活动的具体形态或姿态。玉器造型形象就是玉雕家用玉材及玉雕工艺雕刻的，使人们的视觉和触觉感受到它们的存在，并由此引发审美感觉的艺术形象。

　　玉器造型与形象的评价首先是造型形象的视觉真实性或客观性（再现性）。玉器造型形象的重点不仅是形式外观的准确、美丽，更重要的是形式要能传达和表现思想和精神以及神态和情意，能

图13-77　清代　寿星

图13-78　豆中强　福山寿海 花开见佛

够做到形与神的高度统一，即要有"精气神"与神韵。生动的人物造型需要对人物在不同情感活动中的神态和表情、不同情绪下的姿态和肢体语言进行深入和准确的描写和刻画。在这种深入细致的描摹中，人物才能鲜活起来，才能成为有血有肉的生命，才能散发和传递出一种魅力、气势和神韵，才能给观赏者带来赏心悦目的艺术享受和酣畅淋漓的情感共鸣。造型形象的神韵是玉器造型美的最高体现，是评价玉器作品的重要标准。

玉材的温润、颜色、质地、透度等特点是可以通过造型形象来展示的，玉器作品造型形象应是真实或客观，并能准确表达客观事物的作品。造型形象是玉器作品生动感人的基本要素，是其可视性、艺术性的基本保障，也是其品质及价值的根本保证。准确的造型形象是构成玉器作品艺术形象的基础，没有准确的造型形象就不能成为艺术品。同时，作品的主题思想也是由造型形象来体现的，好的造型形象才能正确表达作品的主题思想。

造型形象有两种形式——抽象形象与具象形象。具象形象的玉器作品要能够准确反映造型形象的特质，如造型形象的形态、质感和色彩，让观察者确切地感受到造型形象的存在。如对于人物玉器应能明确辨认出人物形象，如寿星、关公、济公等；对于花卉玉器应能清晰辨认出花卉品种，如菊花、牵牛花、牡丹花等。抽象形象的玉器作品则要求对造型形象具有高度的概括性，简单明了，给人以抽象的想象空间（图13-77、图13-78）。但还要以客观事物为基础，不应凭空捏造、无中生有，使人对造型形象不知所云。

玉器艺术造型与形象的具体评价标准如下。

①上等：具象作品形象客观、真实、准确及传神。抽象作品形象简单明了，概括完美。

②中等：具象作品形象基本客观，较为准确，神韵较为暗淡。抽象作品形象较为明了，较有特点。

③下等：具象作品形象失真，极不准确，无神韵。抽象作品形象极差，不知所云。

（四）玉器艺术的统一与变化评价

统一与变化是艺术形式美的一般规律和基本原理，它是对立统一这一辩证法的根本规律在美学中的表现。人们在艺术实践中逐渐认识这一规律，并用它来指导自己的艺术创作，同时也将其转化为审美意识，不断提高自己的造型能力。

统一是指将性质相同或类似的元素并置在一起，造成一致或具有一致趋势的感觉，是一种秩序的表现。它的特点是严肃、庄重、有静感。统一通常借助于稳定、均衡、调和、呼应等形式来表现，而这些形式是自然界普遍存在的，所以说统一是形体、条理、和谐、宁静的美感。然而，过分的统一又会显得刻板单调，究其原因不外是对人的精神和心理无刺激之故，因而还需要有变化。

变化是指将性质相异的东西并置在一起，造成显著对比的感觉。它是一种智慧、想象的表现，能发挥各种因素中的差异性方面，造成视觉上的跳跃，产生新异感。其特点是生动、活泼、有动感。变化借助于对比的法则，能在单纯呆滞的状态中，重新注入活泼新鲜的韵味。然而，变化也受一定的规律法则的限制，否则会混乱、庞杂丛生，使人感到骚动，陷于疲乏，因此变化必须从统一中产生。变化的目的是取得生动的、多变的、活泼的艺术效果。遵循统一和变化的原则是注意到人的精神、心理上的需求，因而它能给予人们情绪上的满足，产生美的感受。

统一与变化的原则是自然界中的基本规律，也是评价玉器作品的基本定律。统一变化规律反映到玉器作品上便形成了统一与变化的法则，以统一变化手法进行玉器创造，可以收到丰富多彩的艺术效果。在玉器作品中，统一与变化常常是在一起交叉运用的，它们互相补充和渗透从而形成了千姿万态的艺术美和适应种种风格情调的艺术式样。完美的玉器作品是在统一中求变化，使玉器既统一严谨又不呆滞乏味；在变化中求统一，使得玉器既有变化又不紊乱。一件完美的玉器作品从造型、纹饰、排列、结构的各个组成部分，以及从整体到局部都应是丰富的，有规律和有组织地统一，同时要有相应的变化。统一是和谐含蓄，变化是丰富耐看，二者既互相对立的，又互相依存（图13-79、图13-80）。

统一是相对的，变化是绝对的，这是矛盾的两个方面。统一中求变化，是利用美感因素中的差异性，即引进冲突或变化，通常用对比、强调、韵律等法则来表现玉器中美感因素的多样性变化，这样做可以使整体统一局部变化，局部变化服从整体。变化中求统一，是在玉器形态、质地、工艺技术等方面去发掘它们一致性的东西，去寻找相互间的内在联系。玉器作品应是作品的各个元素在大小、色彩、风格上达到统一，给观赏者"感觉效果"的统一。同时又有丰富的变化，刺激人们的感官，达到美的和谐（图13-81、图13-82）。

玉器艺术统一与变化的具体评价标准如下。

①上等：作品纹饰统一一致，变化十分自然。

②中等：作品纹饰较为合理，变化较为自然。

③下等：作品纹饰极不统一，变化极不自然。

图13-79　玉器艺术的统一

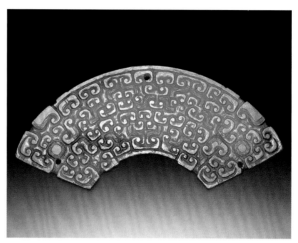

图13-81　玉器艺术的统一与变化（一）

图13-80　玉器艺术的变化

图13-82　玉器艺术的统一与变化（二）

（五）玉器艺术的条理与反复评价

条理是事物的规矩性，是事物有秩序的安排。玉器的条理是指玉器作品中的点、线、面，黑、白、灰等元素被归纳为有序的状态。

反复是指相同的事物重复出现，玉器的反复是指玉器纹饰的某一母题多次重复出现。反复有两种方式，一是方向一致的反复，二是方向不一致的重复。方向一致的反复，是在玉器的纹饰中，线的方向一致的反复运动，可以在反复之中取得多样变化，使纹饰不单调，使玉器具有一定的节奏感。方向不一致的反复，是在玉器的纹饰中，方向出现不一致的反复，这种反复使玉器具有多姿多彩的变化，但这种反复一定要在纹饰之中做到有机呼应，否则就会显得凌乱无章（图13-83）。

玉器作品的条理使玉器画面井然有序，反复则是增加变化美感。玉器通过运用条理与反复的手法，使玉器纹饰有规律地反复运用，有节制地反复出现，在变化之中趋于协调，使彼此之间产生联系和呼应，进而达到整体统一的效果，增加纹饰的美感。

玉器艺术条理与反复的具体评价标准如下。

①上等：作品条理清楚，纹饰的反复极为合理。

②中等：作品条理较为清楚，纹饰反复基本合理。

③下等：作品条理不清楚，纹饰反复极不合理。

（六）玉器艺术的节奏与韵律评价

节奏是指同一种要素在连续反复时，各个因素持续的、有秩序的、重复的律动在人的心理上产生的一种有规律的运动感。在日常生活中，节奏形式普遍存在。如人的呼吸、心跳，时钟的滴答声，叶序的轮生，四季的交替以及潮汐的涨落等，无一不体现出节奏的美感。玉器艺术是视觉艺术，玉器作品的节奏是指构图的秩序和规律的变化，如物象分布的紧密、虚实和色彩明暗变化的规律性组合，通过这些组合，使玉器达到一种平静、舒缓且雅致的节奏感。玉器作品的节奏感常以点、线、面及不同形态、色彩、大小、空间等有条理、有规律、有反复的变化和组合的搭配来产生。

韵律是指相同、相似、渐变等不同的节奏按照一定的比例关系进行多次组合时，形成了一个更加完美、更加富于变化的心理感受，韵律是节奏的更高形式（图13-84）。

玉器的节奏和韵律是有机联系在一起的。节奏表现在玉器作品轮廓的高低起伏，体积空间的分布，线条的直曲、动静等方面，如花枝、花叶的穿插，浪花、衣纹、飘带的飘举，主次配景前后的位置等。韵律则在节奏的渐层变化中展开，如鸟羽的斑纹、鱼鳞的排列、贝壳上的涡旋线和水的涟漪等，达到韵律效果。

玉器艺术节奏与韵律的具体评价标准如下。

①上等：作品有强烈节奏变化，韵律自然，动静结合，舒缓有致。

②中等：作品节奏较为有序，韵律基本自然，动静结合基本合理。

③下等：作品节奏无序，韵律不自然，动静完全分离。

图13-83　宋鸣放　白玉竹编壶

图13-84　邱启敬　无常·水

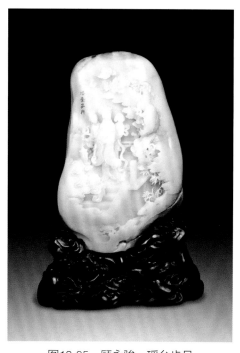

图13-85　顾永骏　瑶台步月

图13-86　清代　碧玉插屏

（七）玉器艺术的布局与视点评价

　　布局也称"构图"，是指造型形象或符号的空间关系。通过布局可以把个别或局部的形象组成艺术的整体。玉器布局水平的高低不仅决定作品的艺术感染力，同时也影响作者思想感情的表达。玉器所追求的意境美、韵律美、朦胧美、含蓄美等审美观念无不借助构图来实现。玉器作品的布局是为了突出玉器作品的题材和主题，需要对所有的造型元素进行合理的组织与安排。玉器作品的布局是为表现主题服务的，应以凸显主题为目的，围绕主题进行元素安排。布局应主次分明，排列疏密有致。主要形象要个性鲜明，并位于构图的视觉中心。次要形象要为主要形象服务，并与主要形象呼应，起到烘托和辅助主要形象的作用。

　　玉器视点是玉器作品的中心点，是作品主题思想的聚焦点。玉器视点是玉器作品中物象延伸线的中心点，是吸引观赏者注意力的视点。一件玉器作品往往只有一个视点，才能最大限度地集中观者的注意力（图13-85、图13-86）。

　　玉器艺术布局与视点的具体评价标准如下。

　　①上等：作品构图布局合理，疏密得当，主题突出，视点明确。

　　②中等：作品构图布局基本合理，主题较为突出，视点较为明确。

　　③下等：作品构图布局不合理，主题不突出，视点不明确，散乱无章。

（八）玉器艺术的对比与呼应评价

　　对比是指把具有明显差异、矛盾和对立的双方安排在一起，进行对照比较的表现手法。对比有利于充分显示事物的矛盾，突出被表现事物的本质特征，增强艺术效果和感染力。玉器作品的对比是指将不同的要素，如情节、空间、质地、色彩等组织在一起，产生对照和比较。玉器中的对比手

图13-87 玉器艺术的对比   图13-88 玉器艺术的呼应

法的表现形式有物象大与小、高与矮、明与暗的对比；景物虚与实、远与近的对比；造型粗与细、动与静的对比；构图简与繁、疏与密的对比；颜色黑与白、浅与深的对比等。对比手法的巧妙应用，为玉器作品带来丰富多彩、生动活泼、个性鲜明的审美效果。

呼应是指通过一定的方式，把对比的各部分有机地结合在一起，使造型具有完整一致的效果。玉器作品的呼应是在对比中寻求一种共性。呼应可以使对比的物象之间产生联系、相互过渡、达到和谐。在对比中形成呼应，把对立的思想或事物，或把一个事物的两个方面放在一起对比，并运用呼应使之联系起来，集中在一个完整的艺术作品中，形成相辅相成的对比和呼应关系（图13-87、图13-88）。

玉器艺术对比与呼应的具体评价标准如下。

①上等：作品纹饰对比明显，呼应和谐。

②中等：作品纹饰对比较为明显，呼应比较机械。

③下等：作品纹饰对比极不明显，呼应机械生硬。

（九）玉器艺术的主题与衬托评价

主题是指艺术作品或社会活动等所要表现的中心思想。玉器主题是指玉器作品所表现的中心思想，是玉器作品表现的主要内容。玉器的主题是作者文化积累、艺术修养、技艺水平的体现。

人们喜欢玉器作品的重要原因不仅仅是玉的美丽，更在于玉器作品具有丰富的内涵及明确的文化主题。玉器作品一般通过材质、造型、构图及纹饰来表达主题。中国汉代以前的玉器作品以其丰富的神权内涵和王权境界表达着巫觋、帝王思想的主题。唐代以后的玉器作品以鲜明美好寓意的主题滋养着大众的心灵，这些美好的主题往往借由典故、传说等来表达。这时的玉器作品以直观的形式向人们讲述着美好的故事，作品的主题寄托着人们丰富的思想感情和对幸福生活的期盼。随着时

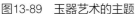
图13-89　玉器艺术的主题

图13-90　玉器艺术的衬托

代的发展，当代玉器作品也在不断融入新时代的气息，其主题正在努力反映现实生活中人们的喜怒哀乐、社会风尚、道德观念等。因而，玉器作品的评价首先要看其作品主题内容是否积极向上，主题思想是否明确突出。千百年来，以玉为载体的玉器，反映的都是人性美好的一面。评价一件作品的文化主题，一定要看它是否表现了光辉卓越的一面，即使有时借鉴生活中的灰暗题材，也要表现积极向上的精神境界（图13-89）。

衬托是指作品中附属的元素，通过对事物形象或情感的对照映衬，使作品主题思想得到凸显。衬托围绕着主题而存在，与主题形成对比或辅助主题。玉器衬托是指玉器作品中附属的元素，通过对事物和与其相似或相对事物的对照映衬，使玉器作品主题思想得以凸显。衬托带给玉器艺术表现多元选择，从而使玉器艺术丰富起来，让观者透过衬托信息，捕捉到主题以外更丰富的艺术内涵（图13-90）。

玉器的主题与衬托有两种表现形式：一是用同一元素表达同一思想，是指主题与衬托都是同一元素，或同一事物的同一方面，其效果是锦上添花。二是用不同元素表达同一思想，是指通过对相互对立的两种事物或同一事物相互对立的两个方面的对照、比较来突出其中某一事物或某一方面的特点，进而更加鲜明地突出主题的方法。

玉器艺术主题与衬托的具体评价标准如下。

①上等：作品主题明确，题材新颖、意蕴深刻、情趣盎然，衬托得当，元素合理，陪衬物与主题协调。

②中等：作品主题较为明确，衬托基本得当，元素布局基本合理。

③下等：作品主题不明确，衬托不得当，元素布局不合理。

（十）玉器艺术的传统与创新评价

传统是指人们世代相传，从历史延续下来的思想、文化、道德、风俗、艺术、制度以及行为方式等。传统几乎渗透到人类生活的各个领域。传统的玉雕艺术包括传统工艺、传统题材、传统思想等。玉器作品既要遵循传统，将优秀传统文化传承下去，也要去其糟粕，创造更优秀的玉器作品。

创新是指以现有的思维模式提出有别于常规或常人思路的见解为导向，利用现有的知识和物质，在特定的环境中，本着理想化需要或为满足社会需求而改进或创造原来不存在或不完善的事物、方法、元素、路径、环境，并能获得一定有益效果的行为。

创新是以新思维、新发明和新描述为特征的一种概念化过程。创新有三层含义：第一，更新；第二，创造；第三，改变。创新是人类特有的认识能力和实践能力，是人类主观能动性的高级表现，是推动民族进步和社会发展的源源不断的动力。一个民族要想走在时代前列，就不能没有创新思维，也不能停止各种创新。随着社会的发展和时代的进步，玉器也在积极创新。许多优秀的玉雕师创作出了具有新时代风貌的玉器作品。玉器的创新主要表现在以下三个方面。

1. 玉器题材创新

中国历史上各个时代的玉器作品的题材各有其特点，传统题材设计十分广泛，有民间传说、历史典故、宗教故事，有山月、花木、飞禽、走兽等。每件玉器作品都有一定的美学意蕴和文化寓意，其中的思想文化寓意，往往又是通过谐音、借喻、比拟、象征等手法来表达的。在玉器作品中，一些普通的生活用品、食品也成为玉器的题材，如玉器白菜、南瓜、葫芦、黄瓜等，选取极为平常的蔬菜作为玉器题材，借助其谐音，来表达雕玉人或购玉人的某种愿望、追求、寄托、爱好、希望和向往。

传统玉器题材以吉祥文化为中心，可以帮助人们从心理层面、社会生活层面上树立信心，积极进取与创造，是我国民族传统文化中的优秀遗产。然而时代在前进，社会在进步，人们的精神境界和审美要求在提高，中国玉器题材需要在继承传统吉祥题材的基础上，创造出富有时代精神的玉器艺术，同时，也要更多地吸收其他艺术的有益元素，创作出更为广泛的新的玉器题材。

2. 玉器形式创新

玉器创作要反映生活，要表达一定的思想情感，在程度、形式和表现手法上也要不断借鉴其他艺术门类如现代绘画和雕塑等，在形式上创新，追求玉器的多种"形式美"。玉器有时以适度夸张的外形特征来刺激视觉，触动心灵（图13-91）。

玉器的创新还体现在玉首饰上。玉首饰是近些年来创新较多的一类作品，其几何造型和玉器纹饰中的抽象图案较具特色。玉首饰中的心形、菱形的吊坠，方形、椭圆形、马鞍形的戒面等抽象几何造型，都是创新的造型。这些玉首饰的纹饰中也出现了云纹、涡纹、水波纹等一些传统图案的运用，也非常富有创新力。

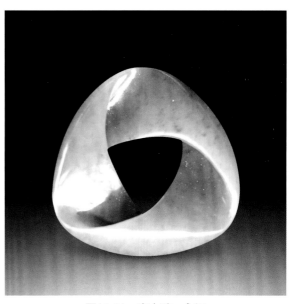

图13-91　安大陆　永远

3. 玉器意境创新

意境是中国美学思想中的一个重要概念，是指艺术作品所呈现的虚实相生、情景交融、韵味无穷的诗意空间，从而使观者超越具象的感性认知，得到一种心灵和精神层面的艺术享受和感悟。意境是像外像、景外景，是一种无限绵延、扩张的艺术效应，是艺术作品所描绘的生活图景与表现的思想感情融合一致而形成的艺术境界。玉器作品的意境魅力在于通过合理的布局和恰当的结构，表达出"意境深邃""意境美好"的诗情画意的画面，为欣赏者营造出遐想的空间。

玉器的意境由"实境"和"虚境"两部分构成。"实境"是玉器中具体而直观的造型形象和构图，是客观事物的艺术再现，符合物象的自然特点。"实境"是玉雕师在对玉料深刻了解和认知的基础上，发挥丰富的艺术想象力及娴熟的雕琢技巧所塑造的艺术形象。在"实境"的创造过程中，玉雕师通过多种启发性、象征性的艺术语言和表现手法，克服了造型的瞬间性和静态感所带来的局限，实现了时间的流动和空间的拓展，达到了思想升华新高度的"虚境"。"虚境"是玉雕师在玉器"实境"创作的基础上，融入了自己的人生感悟和对世界的理解，彰显出作者自身的艺术品位和审美情趣。

玉器作品的"虚境"实现了"实境"创造的意向和目的，成为"实境"的提炼和升华，将有限的人生表现为无限的时空，将山川的百里之势、人生的百味体验浓缩于玉器的方寸之间，观者则于方寸之间体味山川雄伟和人生百味，于有限空间达到无限遐想。玉器意境融于"实境"与"虚境"中，体现于自然与非自然中，在似与非似之间，韵味无穷，承载着中华几千年的玉文化，给观赏者以丰富的联想和深刻的启迪（图13-92）。

玉器艺术传统与创新的具体评价标准如下。

①上等：作品内容新颖，形式多变，意境悠远。

②中等：作品内容较为新颖，形式稍有变化，意境表达较为明确。

③下等：作品内容陈旧，形式呆板，意境表达不明显。

图13-92　吴德昇　方圆

第四节　玉器作品评价标准

前文谈到玉器作品评价的原则，这些原则具体结合到每类玉器作品时还有具体的评价标准。玉器按其功能用途可以分为玉摆件、玉把玩件、玉首饰三类，鉴于篇幅有限，仅列举这三类中常见玉器作品的评价标准。

一、玉摆件的评价

玉摆件是指由玉石原料经过雕琢制成的，供陈设欣赏的玉器。玉摆件主要有玉山子、玉器皿、玉插屏、玉人物、玉瑞兽、玉花鸟等。

（一）玉山子的评价

玉山子是指"由玉石原料经过雕刻琢磨制成的，以山水景观、成语故事、历史典故等为主要表现内容的立体山形"[17]玉器。玉山子包含这样一些基本元素：山林、人物、动物、植物、飞鸟、流水等。玉山子的构图取材十分广泛，有自然景观、历史人物、历史故事等。玉山子体型有大有小，大的重达几吨重、高达数米，如故宫博物院藏的《大禹治水图玉山子》；小的只有几厘米高，如《溪山行旅图玉山》。玉山子的艺术特点在于因材设物、随形施艺，把人物形象、花鸟鱼虫、珍禽异兽、亭台楼阁集中在一个画面上，层次无穷，意境深远（图13-93）。

玉山子是从中国绘画演变而来的，玉山子从取景、布局，到层次排列都体现和渗透着绘画元素，因而，评价玉山子构图标准可以中国绘画的标准为参考。中国历代文人对于绘画的技法有着一定的标准，如王维在《山水论》中提到"凡画山水，意在笔先。丈山尺树，寸马分人。远人无目，远树无枝。远山无石，隐隐如眉；远水无波，高与云齐。此是诀也"[18]。"丈山尺树，寸马分人"是指画中景物的一般比例，山要大，树要小，马要比树小，人要比马小，这样画中景物大小才不失协调。虽说玉山子不是平面感的绘画，但玉山子构图也应遵循这一比例，要"充分运用散点透视、焦点透视及远收近放的法则，形成丰富空间层次，使作品达到小中见大的艺术效果"[19]。

图13-93　汪德海　女娲补天

　　一般来说，制作玉山子的玉料以山料为主，这些玉料多有绺裂瑕疵，因而评价玉山子的标准首先要看其玉料利用的合理程度，看其能不能运用玉料天然外形和瑕疵进行整体构思，巧妙地避掉瑕疵，将玉料的缺点转化为优点，并进而依照玉料不同部位的特点来进行合理创作。

　　同时，玉山子集阴线、阳线、平凸、隐起、镂空、俏色等多种玉雕工艺之大成，工艺性极强。评价玉山子的工艺就要从多角度来评价，如阴线就用阴线的工艺标准，俏色就用俏色的工艺标准等。

　　近年来，玉山子的形式也发生了一些变化，许多当代玉雕师采用简洁的方式创造玉山子，取得了一些突破，但其基本形式和文化宗旨与传统的玉山子没有本质变化，传统的玉山子评价标准同样适用于现代玉山子。

　　玉山子的具体评价标准如下。

　　①材料利用是否合理。看其是否合理利用了绺裂、瑕疵、色差，最大限度地利用了玉料。

　　②工艺处理是否精湛。人物、亭台、楼阁、山石、花鸟、河流、瀑布等景致雕琢是否细腻精准，深浮雕、浅浮雕、透雕等技法是否运用恰当。

　　③造型比例是否合理。玉山子是否"人物与景物等各类造型的比例准确合理，形态自然，富有神韵与张力"[20]。

　　④构图视点是否准确。玉山子是否符合散点透视的原则，有丰富的空间层次。

　　⑤人文内涵是否表达。玉山子是否具有丰富的人文内涵和艺术表现力的故事情节。

（二）玉器皿的评价

　　玉器皿是指"由玉石原料经过雕刻琢磨而成的容器类"[21]玉器。这类器物共同特点是有一个"膛"。根据功用和造型，玉器皿可分为"传统器皿：瓶、炉、薰、尊、罍、卣、觚等；实用器皿：杯、碗、碟、壶、盏、罐、盒等"[22]。玉器皿件的风格有南北之分：北方玉器皿件以北京为代表，讲究端庄、稳重、规矩、细腻；南方玉器皿件以上海为代表，讲究玲珑、挺拔、秀丽、精致。二者在艺术水准上各有千秋（图13-94）。

　　玉器皿一般不具有实用价值，是高于生活日用的摆件艺术品，对工艺技术要求较高，它在用料、设计、琢磨、抛光、配座、包装等方面都形成了独特的特点，因而有其独特的艺术评价标准。

　　玉器皿应讲究用料，材料不能有瑕疵。有盖玉器皿的器身和器盖应从同一块玉料中取出，"器盖和器身的玉料在色调、肌理上应一致，避免器盖、器身的颜色差异"[23]。

　　玉器皿的制作工艺要高标准，器皿要"外形周正，符合规制，各部位比例准确对称，棱角清晰，地子干净平顺，不多不伤"。器皿要"对接

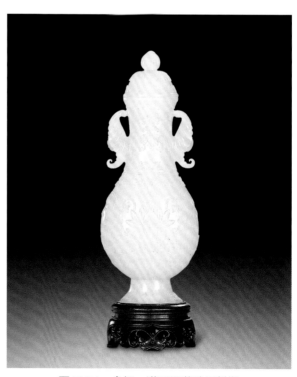

图13-94　俞艇　满天星薄胎子料瓶

子口严实、平顺，边线整齐对称"[24]。器皿的口与盖要"严丝合缝"。有链、环或提梁的玉器皿，链环梁要一体成形，每节链、环无裂绺，活链、活环应大小、形状基本一致。有提梁柄的器皿，应左右对称，活动自如。提链应"变化有序，均衡规矩，顺畅不打结"。器皿应"表面浮雕纹饰清晰，转折顺畅"。

玉器皿的具体评价标准如下。

①玉料是否有明显绺裂。玉器皿的玉料应质地细腻，颜色均匀，无瑕疵绺裂。

②工艺是否运用得当。玉器皿的器壁应厚薄一致、均匀得当，膛内没有死角。

③器型是否端庄大方。玉器皿的造型应器型端庄，各个部位的比例合理，左右对称、整体协调、色彩均匀。应"从造型到纹饰，显示出器皿的完整性"[25]。

（三）玉插屏的评价

玉插屏是指"将浮雕、镂空雕等技法雕刻的玉牌，插在木质或其他材质的底座上，放置于案头的"[26]玉器。玉插屏的屏心多呈几何形，以长方形居多，屏心多用浮雕技法，画面多表现山水人物，配有硬木的屏座。

玉插屏应选用无绺裂瑕疵或少绺裂瑕疵的玉料，如有少量绺裂，要用合理的纹饰遮盖（图13-95）。

玉插屏的具体评价标准如下。

①材料是否优质。玉插屏的玉料应没有明显的瑕疵，看不到绺裂。

②工艺是否卓越。玉插屏多采用浮雕工艺，浮雕的技法应到位，应能合理避掉玉料上的缺点，使其完美无瑕。

③画面是否优美。玉插屏的画面应优美，符合中国山水画的深远意境。其标准可以运用中国山

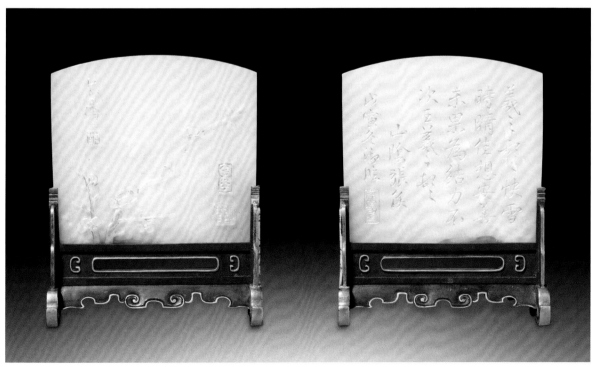

图13-95 清代 白玉插屏

水画的评价标准。组合式玉插牌在内容上相互之间要有一致性和关联性。

④底座是否配套。玉插屏的大小应与底座匹配，风格统一。

（四）玉人物摆件的评价

玉人物摆件是指"由玉石原料经过雕刻琢磨制成的，以人物造型为主要表现内容的"[27]玉器。工艺上的表现形式以圆雕居多。

玉人物的造型很多，大致可归为两类：一是常规造型。多以传统古装人物为主，有古典小说中的人物，如四大名著中的人物，有神话人物，如神、佛、仙、道、飞天等。二是非常规造型。表现没有固定格式人物形象的摆件（图13-96）。

玉人物的玉料要颜色均匀，质地优良，人体"结构准确、体态自然"[28]，讲究既形神兼备又具美感。"可恰当使用夸张的艺术手法，对局部人体结构进行变形、变化，突出主题"[29]。

玉人物除主题人物外，还有花卉、动物、山水、静物等辅助图案来衬托人物，这些衬托图案要与主题人物一致或反衬，每种图案要准确无误。群体题材人物之间神情应有呼应，互为一体。

玉人物摆件的具体评价标准如下。

①玉料是否均匀。玉人物的选料应是质地细腻、颜色均匀的玉料。其玉料应干净整洁，底净色匀，特别是人脸部不能有明显的瑕疵或黑脏。

②工艺是否精致。玉人物的点线面应准确，特别是衣纹线要飘逸潇洒，雕琢应细致准确，平整顺畅。

③造型是否准确。玉人物的造型应比例协调，形体应自然舒畅，五官端正，形神兼备。

④纹饰是否准确。玉人物的"服饰衣纹要随身合体，线条流畅，翻转折叠自如"[30]。

⑤衬托是否合理。玉人物雕件上的其他要素应紧密地衬托人物的主题，既不能喧宾夺主，也不能多余无用。

几种主要玉人物摆件的具体评价标准如下。

仕女：仕女造型应身段秀丽、脸美喜相、俏气真实。

儿童：儿童造型应稚气、顽皮，形象生动。

老人：老人应着重刻画脸部特征，服饰应宽衣大袖，造型要喜庆福相。

佛：佛的形象应端庄肃穆、肩宽体厚、胸部丰满、慈眉善目、双耳垂肩。各种姿势都要

图13-96　于泾　蝶醉花香仕女

符合佛教标准。

观音：观音应善面玉唇，眉弯眼秀，衣带飘飘。常右手持柳枝，左手持甘露瓶。

仙人：制作较为主观，可按雕刻者的要求制作，但要尽量面貌慈爱祥和、体态风度翩翩。

（五）玉瑞兽摆件的评价

玉瑞兽摆件是以瑞兽为题材的玉器，分为写实型瑞兽和抽象型瑞兽。写实型瑞兽有马、牛、象、羊、鸡、鹅、骆驼、鹿、狮、虎、熊等；抽象型瑞兽有貔貅、龙、凤、甪端、朱雀、辟邪、麒麟等。

图13-97　黄罕勇　蓄势

玉瑞兽用料不是非常苛求，工艺应"雕刻技法运用合理有序、流畅自然、工艺细腻"[31]，如有多种颜色就要看其是否巧色巧用。瑞兽形体应"比例协调，特征刻画准确、形神兼备"[32]。同时应"四肢、肌肉、角、尾、毛发等弯伸自然有力，形态精准"[33]（图13-97）。

玉瑞兽摆件的具体评价标准如下。

①材料运用是否合理。玉瑞兽摆件的玉料比较广泛，尤以杂色居多，用料要看其是否料尽其用，并避除绺裂瑕疵。

②工艺技巧是否因料施艺。玉瑞兽摆件使用杂色玉料时就应运用巧色巧雕的工艺技法。

③形象动态是否传神。玉瑞兽摆件有单只和多只等多种造型，这就要求：单只要有神，两只要有情，群体组合要神形兼备，交相呼应。

④形态造型是否准确。玉瑞兽摆件应神态特征突出、形象生动活泼。"形态变形恰当、夸张得体，写实写意完美结合"[34]。

⑤文化寓意是否吉祥。玉瑞兽摆件多以吉祥瑞兽著称，因而应看其主题及谐音是否有"祥瑞"之意。

（六）玉花鸟摆件的评价

玉花鸟摆件是指"由玉石原料经过雕刻琢磨制成的，以花草、树木、虫鸟等为主要表现内容的"[35]玉器。是以自然界各种花鸟为对象，用写实手法造型、施艺，形成自然、生动、清新风格的花鸟类玉器。花鸟类造型玉器，分为花卉、鸟类、花卉瓶等类别。这几类题材会穿插糅合出现。玉花鸟摆件，不仅具有很高的观赏性，还有着美好吉祥的寓意。如牡丹寓意富贵、喜鹊寓意喜事、鱼则有"余"之意。

玉花鸟摆件的纹饰多选用牡丹、月季、山茶、牵牛花、萱草、梅、兰、竹、菊等，也常采用民间喜闻乐见的寓意吉祥如意的组合花卉，如四君子（梅、兰、竹、菊）、岁寒三友（松、竹、梅）、喜上眉梢（梅花、喜鹊）等。为增强作品生活情趣，多种花卉相互搭配，花木与飞禽相搭配，花卉与虫草搭配是常见的主题。

花鸟摆件是玉器中的细腻产品，如同国画中的工笔画，工艺一定要细腻，表现要真实，越真实越细腻，艺术价值越高。鸟类形态应"特征鲜明，生动传神，工艺精细，顺畅自然，虚实结合；

图13-98　程建中　田园之音

局部的写意雕刻手法运用得当"[36]。花卉应"大小适宜，层次清楚，不懈不乱，树干、花草、石景、动物等搭配合理，疏密有致，相互呼应"[37]。图案中的花卉布局既要顺应自然规律，又要有巧妙变化，使花卉的聚与散、点与线、面与体保持完美。如枝干的苍劲，花头的挠折，花叶的穿枝过梗，草虫的相互呼应，山石的补充点缀等都要恰到好处。一般用草虫、动物作为花卉的陪衬，多有文化寓意，以增加花卉玉器的情趣（图13-98）。

玉花鸟摆件的具体评价标准如下。

①玉料是否物尽其用。玉料的使用要达到料尽其用，不同的物象应巧色巧雕。

②工艺是否精益求精。工艺要尽量精致，物象刻画要传神。

③物体是否潇洒飘逸。玉花鸟摆件"要形态特征鲜明，形象生动自然"[38]。物体应生动活泼，潇洒飘逸。

④鸟虫结构比例是否准确。玉花鸟摆件要"花卉、鸟虫、山石匹配得当协调，主次分明"[39]。

⑤成对花鸟是否一致。成对花鸟应在颜色、透明度、质地、造型、高矮上基本一致。

⑥吉祥寓意是否突出。玉花鸟摆件要"以寓意吉祥的花卉品种为主要表现题材，构图主题突出、疏密有致、层次分明、意境深远"[40]。

二、玉把件的评价

玉把件是指"由玉石原料经雕琢制成的，供人们握在手里玩赏的"[41]玉器。玉把件是中国玉器独有的艺术形式，是玉器作为触感艺术的集中体现。玉把件分为玉手把件与玉牌两类。玉把件是中国独有的艺术现象，是人与物情感交流的最佳媒介。

（一）玉手把件的评价

玉手把件是指能拿在手上触摸和欣赏的玉器艺术品。玉手把件形式多样，题材广泛。按照造型可分为人物造型手把件、植物造型手把件、动物造型手把件及异形手把件等。玉手把件多用比较圆润、呈椭圆形的子料做成，即使是用山料制成，也多将其磨成椭圆形，以便握在手中把玩。

玉器艺术最为重视玉料的自然特性，玉的自然肌理温润细腻，既能体现玉器的形式美感，又能满足帮助表达作品的主题思想，通过雕刻、打磨等方法处理，能将玉料的最佳美感表现出来。在众多玉器类型中，最能表现玉器触感的玉器形式是玉手把件，把玩时的触感，也是极少的艺术作品具备的感觉。

玉手把件的具体评价标准如下。

①玉料大小是否合适。玉手把件的玉料大小要适宜，以人手方便把玩的大小块度为宜，不能太大或太小，否则不利于把玩。玉料的颜色不限，但以纯洁白色的玉料为上品。

②工艺表现是否圆润。玉手把件讲求手感好，表现在工艺上就要造型圆润自然，既不能锋利扎手，要保证安全，又要错落有致，不能平庸无奇（图13-99）。

③文化寓意是否愉悦。玉手把件应有一定的文化寓意，特别是其题材要有吉祥含义，以传统的福禄寿等题材为主，辅以人生如意、八方来财、合家欢喜等题材。作品要适当留白，给人以想象空间（图13-100）。

（二）玉牌的评价

玉牌是指"用浮雕、镂空雕、阴刻等技法雕刻的各种题材的玉石牌片，用于佩戴或把玩"[40]。玉牌表面刻有各种图案或文字，方寸间融绘画、书法、雕刻及文学于一身，是寓意美好、象征和谐的一种大众喜爱的玉器形式。

玉牌形式多呈几何状，有一定的宽度与厚度。标准造型是片状长方形，也有方形、椭圆形、芭蕉扇形、圆形或其他形状的玉牌。一般来说，玉牌的上部为牌头，下部为主题纹饰。

玉牌的正面一般有图案，背面大多雕刻有与正面图案相对应的诗句或文字，也有双面均雕刻图案，不题文字的玉牌。也有双面无字的平安（亦称"无事"）牌。

玉牌的选料要求较高，最好要选用无绺裂的玉料，颜色也要尽量一致，避免多色混杂。同时，玉牌多采用浅浮雕或深浮雕的雕刻技法，一般不采用镂雕技法雕刻（图13-101）。

玉牌的具体评价标准如下。

①形制是否规范。几何形玉牌形制长、宽、厚比例应适中，随形玉牌形制应自然流畅，充分体现美感。牌头和牌身所占的比例应适中，牌头一般占玉牌的四分之一，牌身占四分之三。

②工艺是否精湛。玉牌是随手把玩的器物，应做到工艺精细，边框平顺，"雕刻深度适中，与牌片厚度相匹配"[41]。

③画面是否合理。玉牌的正面一般都刻有图案，这些图案的画面应构图合理、视点清晰、比例合适，给人以优美的感觉。

图13-99 苏然 佛牙舍利

图13-100 雅园 有凤来仪

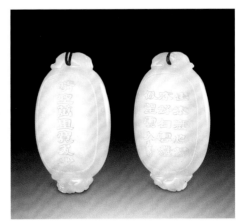

图13-101 易少勇 晴空万里牌

④比例是否协调。牌头与牌身比例应协调，纹饰、样式及比例要与之匹配。

⑤寓意是否深刻。玉牌的内容应吉祥或咏志，正面雕刻的吉祥图案如山水风景、人物故事、仕女婴戏、花卉草木、珍禽异兽、高人隐士等，应用谐音、象征、隐喻等手法寓意吉祥和抒发情感。

三、玉首饰的评价

玉首饰是指"由玉石原料经过雕琢制成的首饰类玉雕制品"[42]。玉首饰充分利用玉料本身的色彩、光泽、质地、纹理、形态以及重量感等天然优势，通过独特的设计、创意，表现得充分、自然，并与作品形式达到高度的统一（图13-102至图13-110）。

（一）玉首饰的类别

玉首饰按装饰部位可分为头饰、项饰、耳饰、胸饰、手饰、配饰、包饰七类。

头饰：包括发卡、头钗等。

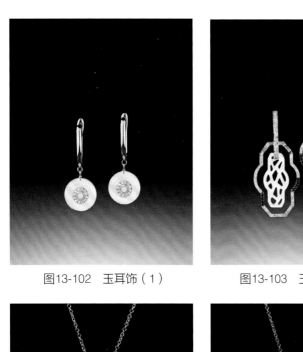

图13-102　玉耳饰（1）

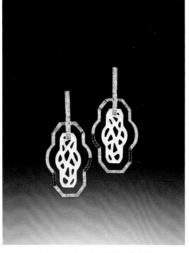

图13-103　玉耳饰（2）

图13-104　玉耳饰（3）

图13-105　玉吊坠（1）

图13-106　玉吊坠（2）

图13-107　玉吊坠（3）

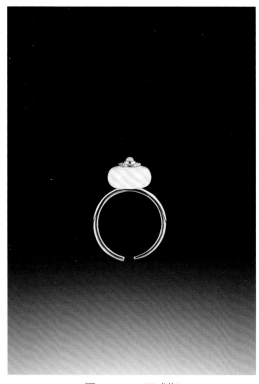

图13-108　玉戒指

图13-109　玉手链

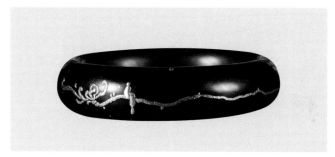

图13-110　邵一昇　漠上花开 手镯

项饰：包括项链、项圈等。

耳饰：包括耳钉、耳环、耳坠等。

胸饰：包括吊坠、链牌、胸针、领带夹等。

手饰：包括戒指、手镯、手串等。

配饰：包括皮带头、袖扣等。

包饰：包括包挂等。

（二）玉首饰的具体评价标准

①材料是否优质。优质玉材对于一件玉首饰至关重要，如玉质、玉色、光泽、致密度等都是玉首饰等级的要素。质量越高的玉料，首饰的等级越高。

②造型是否到位。造型是玉首饰的首要因素。玉首饰造型要简单大方，有直观的强烈美感。

③工艺是否优秀。工艺的好坏对于玉首饰的优劣起着重要作用。精湛的工艺，会使玉首饰的美感充分发挥出来，等级提高上去。

④搭配是否合理。玉首饰是玉与其他贵金属搭配而成的器物，评价时不仅要评价玉器本身的要点，还要注意玉与贵金属搭配得是否合理以及镶嵌工艺是否精湛，款式是否新颖别致和富于时尚美感。

注　释

[1][14]　吴兢. 贞观政要: 卷1 论政体[M]. 上海: 上海古籍出版社, 1984.

[2]—[4]　沃特伯格. 什么是艺术[M]. 李奉栖, 张云, 胥全文, 等译. 重庆: 重庆大学出版社, 2011: 1-162.

[5]　范晔. 后汉书: 卷八十上 文苑列传[M]. 杭州: 浙江古籍出版社, 2000.

[6]　叶朗, 朱良志, 肖鹰, 等. 中国美学通史[M]. 南京: 江苏人民出版社, 2014: 128.

[7]　理由. 八千年之恋: 玉美学[M]. 北京: 清华大学出版社, 2014: 68.

[8][13][16][17][19]—[42]　国家市场监督管理总局, 中国国家标准化管理委员会. 玉雕制品工艺质量评价: GB/T 36127-2018[S]. 2018.

[15]　王秀梅译注. 诗经[M]. 北京: 中华书局, 2006.

[18]　王维. 山水诀 山水论[M]. 北京: 人民美术出版社, 2016.

第十四章
当代玉器发展历程及展望

中国玉器走过了9000年的历程，伴随着中华文明历经无数辉煌。随着清朝退出历史舞台，中国古代玉器完成了历史使命，随之而来的是中国当代玉器时代。

百年来，中国玉器见证了现代历史的发展过程，诠释了乱世与平安的新定义。玉器是盛世的象征，盛世中人们尽享生活之乐，欣赏玉器之美。而在战争的苦难中，人们衣食不保，无暇他顾，玉器行业于清末民初至新中国成立前，也日渐萧条，景况恶化。然而，就是在这种艰难的情况下，中国玉文化的根脉也没有断。在20世纪前几十年短暂的时光里，玉雕艺人将中国用玉的风尚，普及到了更多人群，出现了无论是材料还是形式乃至纹饰都更加贴近民间的风尚。即使是在战争状态下，玉雕艺人也在用他们智慧的双手，将中国玉器深深地雕刻上时代的印记。这些杰出的玉雕艺人的作品，无论是内容还是技法的运用，都将中国玉器传承了下来，并有所发展。这些优秀的艺人，也成为中华人民共和国成立后玉雕行业的中坚力量。

1949年后，中国玉器得到了恢复与发展，迎来了中国玉器历史上最为辉煌的时期。从20世纪50年代末的公私合营开始，到60年代初步建立的国营集体玉器厂，所出产的玉器作品成为出口创汇的重要品类，为国家获取了宝贵的外汇资源，为加速社会主义建设立下了汗马功劳。80年代以后，市场经济开始崛起，民间玉器工作室成为玉器行业主力。这些带有个体色彩的玉器工作室，以其开放的思想、精湛的技艺、灵活的机制，将中国玉器推到了历史从未有过的高度。

今天，中国已经进入了爱玉赏玉玩玉的新阶段，这种局面得益于改革开放以后经济发展所取得的成果，人民收入有了显著提高，已经有钱买得起玉器、玩得起玉器；得益于国家对玉器行业的重视，制定了许多引导玉器行业正确发展的方针政策；得益于人民文化水平的提高，人们的审美能力已大大提升，对玉器的鉴赏力也大大提高。

曾几何时，玉器只是帝王君主的座上宾，只有权贵巨贾才能够玩玉赏玉，他们对于心仪的美玉，常常会不惜重金，甚至以城池相让。时至今日，太平盛世玉生辉，随着经济技术的进步和玉文化的普及，玉器已不再是"十五城方得价"的无价之宝，也不再是殿堂中被束之高阁的无价珍玩，而是民众百姓都能欣赏收藏的艺术品，是人们颈前腕间的装饰物。

虽然这一段时间离我们不算遥远，研究起来貌似容易，实则不然。清朝灭亡以后，玉器完全进入民间，其对于上层建筑的文化作用越来越小，故越来越不受重视，这段历史反倒成为一段资料不全的空白时期，专门记载玉器行业状况的文献较少，多见于地方志，而且是一笔带过。

新中国成立后，玉器行业归在手工艺行业之内，没有得到应有的重视，资料也是严重匮乏。20世纪80年代以后，玉器行业个体工作室的崛起，为玉器行业带来了活力，但也造成资料分散，无法得到真实数据的局面。这些都为研究现代玉器行业的发展带来了影响，尽快从这些散落碎片的资料中梳理出现代玉器的发展历程显得尤为重要。

为此，我们花费了数年时间，查阅了大量资料，并循着相关资料的蛛丝马迹，反复考察论证，终于厘清了现代中国玉器的发展脉络。

鉴史可以明今，今天我们回顾走过的百年现代玉器之路，追忆那些玉器岁月的美好与遗憾，更加珍惜今日玉器界得之不易的大好局面，加倍努力去建设中国玉器行业更加美好的未来。

第一节　民国时期玉器行业状况

（20世纪初至20世纪40年代末）

一、发展历程

清朝末期，宫廷玉器随着国力的衰退而没落，玉器行业的发展开始以民间自由市场为主导。随着辛亥革命的爆发，清朝统治的瓦解，清廷造办处也成为历史，造办处的玉雕艺人被解散，进入了民间。从此，中国玉器行业在经历了数千年的庙堂厚遇，循规蹈矩地运行之后，开始走向民间自由发展之路。从民国初期至日本侵华战争全面爆发前，虽然当时政局不稳，军阀混战，但各路新旧权贵和商贾巨富对珠宝玉石需求旺盛，且有着强大的消费能力，使得玉器交易活跃，作坊林立，玉器行业出现了一段暂时繁荣的局面，进入了一个发展相对兴旺的阶段。同时，这一时期也是制作伪古玉的又一高潮时期，北方以北京（平）为代表，主要制作三代时期的伪古玉，例如玉璜、玉璧、玉配饰等。南方以上海为代表，制作南方特色的伪古玉，例如良渚文化的玉琮、玉璧等。北京、上海成为这一时期具有代表性的玉器生产地区。然而，好景不长，随着抗日战争的全面爆发，玉器行业极速衰退，进入了历史谷底。

1.北京地区的情况

20世纪初，北京的玉器作坊只有七八家，主要集中在前门大街西侧的廊房二条和东便门的花市大街。

20世纪30年代北平玉器行业的发展有了一个小的高潮，生产加工的玉器作坊和经销商铺，数量至七八百户，规模大者达30余人，小者不过三五人，从业人员达8000余人。这些商户多集中在廊房二条，它东起前门大街，西至煤市街，长约285米，是当时北京的珠宝玉器制售中心，主要以经营古玩、玉器著称，有"玉器大街"之称，人们赞誉北京廊房二条这条街是"屋宇毗连，参差错落，珠光宝气，琳琅满目"[1]。这条街一度以玉器名扬海外，1936年美国人绘制的北京地图，廊房二条被称为"Jade Ware Street"[2]。花市大街也是当时重要的玉器交易场所，清代晚期玉器商人多在花市南边一个名叫"富山居"的茶馆里谈玉器生意，慢慢地花市这一带就变成了玉器市场，从此，花市大街的玉器生意日益兴隆。

这时的玉器商家经营方式多种多样，十分灵活。既有前店后坊、自产自销全能的经营者，也有专门接活从事加工的作坊，亦不乏自购玉料请作坊代工的商铺。它们通过加工、定制、批发、零售等形式，满足当时社会各个阶层对玉器的需要。比较著名的作坊和店铺有聚源楼、聚珍斋、恒林斋、同义斋、宝权号、瑞珍斋、义珍荣、富德润、宝珍斋、荣兴斋、永宝斋等。其中，荣兴斋工匠多为原皇室玉器工匠，手艺出众，作品深受欢迎；义珍荣是当时规模最大的玉器作坊（图14-1）。

图14-1　民国时期治玉车间

当时玉器商家的销售对象并不雷同，各有侧重，大致可以分为主销国内的本庄、专做少数民族生意的蒙藏庄和针对国外的洋庄三类。

第一类是本庄，亦称中国庄，是专门做国内（不包括蒙古族、藏族等少数民族）顾客珠宝玉器生意的店铺。主要经营品类有翎管、扳指、朝珠、顶珠、帽正、带扣、带钩、烟嘴、烟壶、图章和别子（挂件佩饰）等，也有供妇女装饰用的各式各样的宝石、翡翠、碧玺、钻石、戒指、戒面、耳环、簪子、坠子和手镯等。买家主要是官宦人家、军政要人、豪绅贵妇、银行界巨头、梨园界名角。做本庄生意的珠宝玉器商家，同金店、古玩商家交织在一起，有些古玩商家也经营玉器，玉器商家也经营一些珠宝钻翠。本庄在销售对象上也有分工，廊房二条的本庄商家销售对象主要是当时的官僚军阀和贵族富绅，品类主要是手镯、项链、戒指、耳环等高档首饰。花市大街一带的本庄商家既有面向国内批发客商销售的商家，也有针对普通消费者的商家。

第二类是蒙藏庄，是专门做蒙古族、藏族等少数民族顾客生意的店铺。这些店铺生产和经营的珠宝玉石一般都具备一些民族特色，制作较简单，生产周期也较短，比如玛瑙、绿松石、珊瑚、顶珠、项链披挂和镶嵌松石等，有的店铺还专门有去少数民族地区做生意的人员。

第三类是洋庄，相对于本庄而言，是专门做外国人珠宝玉器生意的店铺，销售的产品是适合外国人口味的各类珠宝玉石如首饰、花片、摆件、牌子等。洋庄又分为东洋庄与西洋庄：东洋庄是面向日本销售的玉器商家，经营的器物相对精美细致；西洋庄是面向欧美及东南亚等地销售的玉器商家，主要经营大件玉器和古玩玉器，其中不乏大量当时制作的伪古玉（图14-2）。

北京洋庄的销售方式主要有三种。

一是为外国人买货。这种方式实际上是给外国人代买珠宝玉器，从中赚取差价，所以又称其为"寄庄户"。后来一些大寄庄户发展成为对外贸易商行。

二是门店销售。这些商家主要在门店与外国人做生意。

三是送货上门。这些商家直接到外国人的宅所送货上门做生意。

这三种方式有时会交织在一起，门店销售的商家也会直接到外国人的宅所送货上门，直接销售。

图14-2　民国　玉器

图14-3　潘秉衡　白玉嵌宝盘

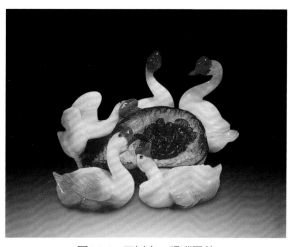

图14-4　王树森　玛瑙五鹅

民国时期，北京的玉器行业的兴盛，与洋庄生意兴隆有直接的关联。洋庄的销售占据了当时玉器销量的很大一部分。

这一时期玉器行业的繁荣与发展，催生出了一批优秀的玉雕艺人，为北京玉器行业培养了许多优秀人才，"北玉四怪"潘秉衡、王树森、刘德瀛、何荣等人，正是在这一时期成长起来的玉雕艺人的杰出代表。这些艺人在各自擅长的门类中大显身手，以精湛的工艺技巧创作出许多佳作，为后世留下了宝贵的玉器文化遗产。

潘秉衡（1912—1970），出生于河北固安，14岁起从事玉器雕琢工作，是我国现代玉器艺术界的泰斗和宗师。1931年，他19岁时就在玉器行业崭露头角，他在玉器设计上首创"套料取材法"，并在"藏活法""番作"等技艺上有独到的见解。其代表作品有《白玉嵌宝盘》（图14-3）、《白玉压金丝嵌宝对瓶》、《白玉薄胎葫芦形镂空提梁卣》等。他创作的作品，大都讲究章法，多文玩气无匠气，令人赏心悦目。

王树森（1917—1989），13岁开始学习玉雕技艺。他的作品，擅于"小中藏大""薄中显厚""平而反鼓"。他不论琢制山水花鸟，还是塑造名人神佛，都注重特征，讲求神韵，不落俗套。尤其擅长俏色作品，他创作的《玛瑙五鹅》（图14-4）作品，就是誉满中外的俏色绝品。

刘德瀛（1913—1982），河北霸县人。1928年开始学做玉器，1936年在北平开玉器作坊。擅长花卉作品，特别是在圆雕作品雕刻花卉方面，有独到见解。

何荣（1907—1989），河北香河人。从小自学玉雕技艺。在人物造型上独具一格，"特别是对衣纹的处理，讲究简练、自然，不拖泥带水"。代表作品有《仕女》《八色八马》《三色观音》《幡佛》等。

玉器行业暂时繁荣的局面被战争打破。1937

年卢沟桥事变后，北平地区的经济遭到严重破坏，民族工商业日渐萎缩，玉器行业也受到了严重的影响。1941年爆发的珍珠港事件，更影响了玉器的外销，这时北平玉器行业全面萎缩，大量玉器作坊倒闭，大批艺人失业转行。1942年后，北平地区90%以上的玉器作坊和商户停产停业，能维持经营者不足30户。尽管1945年8月日本投降以后，玉器行业有所起色，但由于长期战争对经济的破坏以及当时政府繁重的苛捐杂税，玉器行业难以恢复，多数玉雕艺人生活难以为继。"四怪"之首的潘秉衡靠借债度日，雕刻玉鸟的"鸟儿张"张云和当了茶舍等。新中国成立前夕，北平经营玉器的商铺和作坊有的停业关张，有的外迁异地，有的转换行业，全市专职的玉器工人不足百人，加上兼职的从业者也不过300人，玉器行业一片萧条。这时玉器商铺经营的玉器多为出土器，买卖出土玉器是当时玉器商铺的主要业务。

2. 上海地区的情况

上海古玩商家的出现始于19世纪60年代，会集于老城厢与法租界相邻的新、老北门一带及英租界五马路一带。其中，五马路（今广东路）古玩街在全国古玩界久负盛名。到了20世纪20年代，这里古玩店有18家，古玩地摊100余家，30年代中期时古玩店商家达到了210家左右，五马路成为上海市最热闹的古玩市场，这些古玩店很多都经营玉器，上海玉器行业进入了兴盛时期。造成这种状况的主要原因是上海地理位置的优势，当时国内玉器销售以出口为主，上海靠近口岸，有利于产品出口。同时，上海又是国外文化输入较早的地区，有着相对先进的文化理念。这些条件吸引了当时苏州、扬州等地的玉雕艺人纷纷到上海设立了玉器作坊（图14-5），制作出口玉器。这些玉器作坊的出现，使得上海玉器行业得到了快速发展。据《上海市地方志》载：1936年，上海有玉器作坊、店铺200多家，从业人员2000余人。作品主要是佛像、仕女、香炉和花瓶等玉器摆件，同时还生产水晶球、人物头像、纽扣等玉器小件[3]。

图14-5　上海老北门 当时扬州玉匠聚集地

上海玉器在这一时期，逐渐形成了自己的风格，得到了海内外藏家的认可，有了独特的玉器文化现象，成为今天的海派玉器的雏形。上海玉器行业的快速发展，进一步带动了对玉雕人才的需求，苏州、扬州的玉雕艺人不断向上海流动，成为上海玉器行业人才的主力军，玉雕艺人纷纷设立玉雕作坊。最早是孙天仪于1915年就在上海老城厢一带自设了作坊，专门雕刻炉瓶等玉器。其他人纷纷效仿，使得上海私人玉器作坊如雨后春笋般地出现，涌现出了一批玉器大师，如袁德荣、王金洵、孙天仪、魏正荣、刘纪松和周寿海等。他们的出现，为上海玉器行业的发展与繁荣起到了推动作用。

1937年，抗日战争的全面爆发极大地影响了上海社会的稳定，也给正在崛起的上海玉器业带来了前所未有的寒流，上海玉器行业的兴盛戛然而止。此后经历了一个漫长的萧条期。据《上海市地方志》载：全民族抗战期间，玉器销路大减，大批作坊、店铺关闭，人员流散，上海玉器行业从业人员1936年仍有2000余人，至1949年新中国成立前夕锐减至100人左右，上海玉器行业遭受了巨大打击。全面抗战期间，炉瓶大师魏正荣无法再从事玉器雕刻，在街头摆摆小摊。迫于生计，他还拉过黄包车养家糊口。刘纪松也因生意异常惨淡而放弃了自己的玉雕作坊，回到了邗江老家务农[4]。

3. 河南地区的情况

据《镇平县志》记载，元、明时期，玉雕技术、玉雕工艺由北京、苏州等地相继传入中原腹地。清末至民国前中期，在河南南阳形成了玉器生产销售一条龙的盛况。清光绪年间（1875—1908年），南阳城内长春街、察院街经营玉制品的商行，均由来自镇平的珠宝商们领办，如石佛寺李栗王村珠宝商王明甫经营的兴盛德，杨营郭洼村珠宝商郭华臣经营的德法德、大发大玉器商行等，皆生意兴隆。

民国初期，河南玉雕艺人开始在河南南阳镇平地区设立玉器作坊，延续清代的玉器制作传统，进行玉器生产。高峰时，玉雕艺人规模一度达到数千人，生产当时流行的玉镜、玉帽架、玉挂屏、玉桌屏、玉桌面等制品，所用玉料多种多样，以岫玉为主，产品销往全国各地。民国三年（1914年）3月，河南省府巡按使田中玉，引导镇平玉雕艺人以汉白玉为原材料，制作了玉镜、玉帽架、玉挂屏、玉桌屏、玉桌面、玉椅面等玉制品，参加了美国旧金山举办的万国商品博览会。而后，南阳镇守使吴庆同，将玉雕艺人仵永甲请到南阳为其雕刻玉器三年，制作了如意钩、玉石牌坊、福禄寿星、十八罗汉、双凤朝阳等玉雕作品[5]。

1928年以后，河南镇平玉雕受到匪患、灾疫、战争等的冲击，销路不畅，从业人员急剧减少，生产和销售陷入了低谷。

4. 苏州地区的情况

清代，苏州是皇家及民间玉器的主要生产基地，生产销售两旺。到了民国时期，风云变幻，社会动荡，苏州玉器作坊纷纷倒闭，到了奄奄一息的境地。据史料显示，到1919年，苏州较大玉器作坊仅剩杨源记、钰源、王祥源、毛东盛四家，也有一些琢玉人在家自制小件销售，维持生计。1931年以后，社会环境稍微稳定，玉器行业稍有恢复，但较以前相差甚多。随着抗日战争的全面爆发，苏州玉雕又再次衰落，许多玉雕艺人转向上海发展。抗日战争胜利后，玉器行业仍未恢复，玉雕艺人大量失业，有的转做他业，这种情况一直持续到1949年新中国成立前夕。

5. 扬州地区的情况

扬州曾是中国玉器的重要制作基地。清代，特别是乾隆在位的60年里，扬州玉雕业处于全国领先地位，生产销售极为兴旺。清嘉庆以后，随着当时经济的衰落，扬州玉器业也渐渐凋零。民国时期，大批扬州玉工逐渐流向了上海和香港等地。1905年至1940年间，流入上海的扬州玉器艺人有王金洵、孙天仪、魏正荣、刘纪松、花长龙、关盛春、朱帮元、卜恒义、董廷基、董正通等达百人之多。他们在继承扬州琢玉工艺优秀传统的基础上，为上海玉雕业的发展做出了巨大贡献。他们在上海或为外商服务，或受雇于上海玉器作坊，或从事个体制作。留在扬州本地的玉工则多生产小件玉件，生计艰难，这种状况一直持续到1949年新中国成立前夕。

6. 天津地区的情况

民国初期，天津的古玩商家大户多集中于估衣街、锅店街、北门里及东马路一带，约有七八十户，中等古玩商家多设于东马路一带，小古玩店多在南马路、北门西等地。1917年，天津开设"大罗天"作为古玩市场，也成为当时比较兴旺的玉器交易场所。

摆脱清代宫廷限制的中国玉器业，有了自由发展空间，在民国期间本应得到快速发展，但受战争和政局的影响，无法正常持续地发展，这说明任何一种文化艺术现象，其发展不仅需要自由的发展空间，更需要稳定的社会环境。即使如此，在相对恶劣的社会状况下，北京、上海等地玉器行业也迎来了短暂的繁荣，显示出玉器行业强大的生命力，预示了玉器行业在进入新的历史阶段以后，再度兴旺将是历史的必然。

二、时代特征

这一时期的玉器行业，虽然整体规模不大，但也在原料、作品、经营模式和流通渠道等几方面表现出了不同以往的时代特点。

1. 原料特点

民国时期，由于战乱和交通运输的不便，较好的和田白玉已经极度匮乏，和田玉进入内地的数量急剧减少，子料的开采已经基本绝迹。民国时期的谢彬在其所著的《新疆游记》一书谈到："洛浦……入民国，商贩不来，采者绝迹，市场遂无玉矣。"[6]洛浦位于新疆和田白玉河附近，自古以来就是新疆和田地区出产子料的主要地点，清代出产子料较多较好的大胡麻地就位于该县。谢彬的话表明，民国以后，新疆和田地区基本上不出产或只出产少量子料了，但这时新疆山料还在开采，导致民国时期新疆出产的玉料以山料为主。

民国时期新疆山料开采的地点主要有：塔什库尔干的大同、马尔洋，和田地区的于田，库尔勒的且末等地。最好的玉料当属于田山料，于田玉矿的开采一直有相对详细的记录。民国七年（1918年），天津商人戚文藻在阿拉玛斯开矿，矿区的坑口深约40米，出产白玉、青白玉，其中白玉占三分之一，深得当时各著名玉器厂家的青睐。矿口被称为"戚家坑"（图14-6），成为当时优质和田玉料的代名词。民国十四年（1925年），此矿转让给天津人杨明轩，1926年杨明轩在此继续开采，又称为杨家坑。由于此地海拔较高，矿口常年被冰雪覆盖，开采的玉石多为冰块所包裹，所以该玉矿又称冰坑。该矿出产的山料玉质好，经过雕琢加工几乎与子料无异，因而非常畅销。与此同时，新疆且末地区出产的黑白料也是这时重要的玉料品种，市场也较为畅销。新疆山料的开采一直持续到1933年，由于南疆暴乱，山料的开采基本停滞，直至1949年前，产量虽有恢复，但也元气大伤，产量极少。除此之外，新疆其他地区出产的玉料量少且质量较差[7]。

由于新疆和田玉玉料有限，但20世纪30年代前期市场需求旺盛，就使得玉材种类由原来的单一新疆和田玉变得多元起来，形成了比较复杂的原料供应局面，各种玉料充斥

图14-6　"戚家坑"遗址

图14-7　民国　和田玉山子

图14-8　民国　花插

市场，和田玉、南阳玉、岫玉等都在市场占有一席之地（图14-7、图14-8）。

2. 作品特点

民国时期制作的玉器作品，延续了清代以来的玉器风格，以繁复纹饰的摆件与饰品为主。主要有两类：一类是摆件，如炉、瓶、插屏、罐、茶具、花插等，玉器文房也在此列，而且制作较为精良（图14-9）。另一类是饰品及用具，主要是女性头饰、戒面、簪环、手镯、胸针以及烟嘴、烟壶、印章等。

民国时期也是古玉造假高峰期，赵汝珍在《古玩指南全编》中记载，造假的古玉"经常有质地光润、颜色极为鲜明的血红血沁玉，墨亮的黑斑玉，好像已经盘抹多年的玉"[8]。形象地说明了这时市场有一类品种就是伪古玉。同时，造假者为了迎合当时购买者的需求，达到伪古目的，甚至将大量历朝历代出土、传世的旧玉器进行加工改造，这一做法毁坏了大量真正的中国古代玉器。同时，为了伪装古代玉器的工艺，采用粗制滥造的技艺，制作的玉器毫无美感。

图14-9　民国　人物摆件

3. 玉器的经营与流通

这一时期，一部分货源是新制或改旧的玉器。这些玉器从玉器作坊制成成品后，多是被在中国收购玉器的外国玉商直接收走，出口到国外。另一部分是收购的玉器。当时很多珠宝玉石商铺在加工玉器以外，也做成品玉器的销售，货源一部分来自作坊制作的玉雕件，另一部分来自各地名门望族或败落王公官宦之家所收藏或使用的玉器。他们不仅做本地收购业务，规模较大的商家还在全国各地设有专门的采购人员来收购玉器，当然也包含各地出土的玉器。北京的洋庄以收购汉代的古玉为主，上海的商铺收购南方出土的古玉。这些玉器多数卖给外国人，出口到日本、美国和东南亚等国家和地区。这种以古玉出口为导向的玉器市场，直接导致了古玉造假之风盛行，例如许多美国、加拿大等博物馆收藏的伪古玉，就有当时古玩商制作销售的。

第二节　国营集体玉器厂创建发展阶段

（20世纪50—70年代）

新中国成立后，国家社会稳定，经济发展，逐渐进入计划经济时期，玉器行业也随之进入到了一个全新的发展阶段。从20世纪50年代末开始，国营集体玉器厂开始成立并不断壮大。这一时期，玉器行业主要有以下几个特点：一是在原有的经营玉器的个体商户或合作社的基础上成立玉器厂或玉雕厂；二是以师徒关系为主进行技术传承；三是产值不高，产品依赖外贸出口；四是从原料到销路均由国家计划调配，只要按质按量完成国家指标即可。

一、发展历程

1. 20世纪50年代初期的合作联营阶段

20世纪50年代初期，百废待兴，百业待举，各行各业基本还是遵循原有的经营模式在经营，玉器行业获得了短暂的恢复和发展，经营方式仍然以个体经营的作坊和商铺为主。

进入50年代中期，国家为了管理手工业者，成立了手工业管理局，而后在此基础上又成立了手工业联社，玉器行业是其管理的一部分。国家对玉器行业的管理主要采用两种形式：一是合作生产，就是将玉器行业的艺人组织起来，提供资金、场地，成立生产合作小组一起合作生产。二是联合经营，允许一部分玉器商户继续营业，但要几户玉器商户联合经营，共同发展。这些都为50年代后期至60年代初期国营集体玉器厂的创建打下了良好的基础。

2. 国营集体玉器厂成立及壮大阶段

20世纪50年代末至60年代初，国家逐步将个体手工业的玉器作坊或合作社，通过公私合营等方式，改造成为具有国营或集体性质的玉器手工业工厂。这是中国玉器历史上玉器行业的一次空前融合，这种融合对中国玉器行业的发展产生了深远影响。这期间玉器行业的发展对改革开放以后的玉器发展影响极大，产出了许多的时代珍品，造就了一代杰出的玉雕艺人。

中国玉器自唐代以后，走上了民玉道路，虽说玉器制作还是以皇家为主，但个体玉器作坊及商铺开始出现，到明清之时，个体作坊已经成为玉器行业的主要力量。1949年后玉器行业的公私合营的体制，是近千年来第一次没有了个体玉器作坊，用玉器工厂进行运行的体制，是一种全新尝试。这种体制为玉器行业的进一步发展，打下了坚实的基础。

具有国营集体性质的玉器厂最早出现在扬州，全国前后共成立了十几家国营集体性质的玉器厂，其中，比较著名的玉器厂有北京市玉器厂、上海玉石雕刻厂、扬州玉器厂和苏州市玉石雕刻厂等。

（1）北京市玉器厂的成立与壮大

20世纪50年代初期，北京玉器行业仍然是以个体为主的生产经营模式。50年代中期，组建了六个玉器生产合作社及一个公私合营玉器厂。同时，国家对少数经营古玉的古玩商进行了打击，没收了其经营的古玉，这也推动了北京玉器行业公私合营的进程。1958年11月，由六个玉器合作社和一个公私合营玉器厂七家单位共同组建的北京市玉器厂正式成立，职工人数600余人。因为有雄厚的基础，北京市玉器厂成立初始就进入蓬勃发展时期，生产的玉器种类繁多、品类较全，既有器皿类大件玉雕，也有饰品类小件玉器（图14-10、图14-11）。

20世纪60—70年代，北京市玉器厂迎来了事业巅峰，被誉为"工艺美术的发祥地""特种工艺的摇篮"，所产玉器与景泰蓝、牙雕、雕漆共同被誉为北京工艺美术行业的"四大名旦"。鼎盛时期的北京市玉器厂有2000人左右，几乎涵盖了全市的玉器工人。工厂内不仅有人物、花鸟、器皿、盆景四大生产车间，还内设"创新组"，专门研究玉器创新，生产销售较为兴旺（图14-12）。

图14-10　潘秉恒　白玉花觚碧玉鸠尊

图14-11　潘秉恒　待月西厢

图14-12　北京市玉器厂

图14-13　上海玉石雕刻厂

（2）上海玉石雕刻厂的成立与壮大

从1953年开始，随着玉器行业开始复苏，上海玉雕艺人陆续回到玉雕行业。当时在上海的扬州玉雕艺人分为两部分，一部分回到扬州，后来进入了扬州玉器厂，另一部分留在上海，在上海市政府的关怀下，组建了玉雕生产合作社。1953年6月，上海市手工业生产合作联社筹委会成立，积极组织艺人回归。1954年，上海工商联社将本地的30余名玉雕艺人组成生产合作社，归上海工艺美术公司管理，玉器的销售主要以外销为主。1955年上海外贸公司组织杂品公司联营销售，包括以经营玉器为主的诚昌祥和义顺祥两家商号。同年，由魏正荣、冯立锦、孙天仪、韩万朝等18位玉雕艺人，在上海蓬莱区发起成立上海雕刻工艺美术生产合作社，人员近200人。1950—1955年上海玉器出口货值共47.75万元，95%以上销往香港。1956年左右，上海珠宝行业包括古玩业在内的销售额，占出口的65%。玉石雕制品主要以出口为主。1958年12月18日在漕宝路33号成立上海玉石雕刻厂（图14-13）。

20世纪60—70年代，是上海玉石雕刻厂最为辉煌的20年，生产出了大量优秀产品。其中，墨玉《周仲钩彝》，在60年代初由孙天仪等人制作，中国工艺美术馆作为国家一级文物予以收藏。翡翠《中华第一塔》，更是将玉雕的技术水准，提升到了新的高度。该作品主塔九层，每层由塔身、塔围、塔顶组合，塔身净高1.80米，塔围加底座合计高2.52米，用料1780千克。同时，该厂还培养了一批又一批热爱玉雕艺术的年轻人，为改革开放以后上海玉雕事业的蓬勃发展准备了技术人才。

（3）扬州地区玉器（雕）厂的成立与壮大

①扬州玉器厂。1956年以前，扬州的玉器生产以手工作坊为主，玉器技艺的传承也以"师傅带徒弟"和"子承父业"的方式为主，玉器艺人自己经营的玉器作坊主要分布在扬州城区周边的邗江、杭集、湾头等地。1956年3月13日，由玉雕艺人罗来富、罗来卜、王金连、吴永礼、朱万祥、韩有喜、周玉宝、任永年八人，经过邗江县手工联社批准，组建了"邗江县玉石生产合作小组"，经营地点在邗江县田家庄。政府为玉石生产合作小组所需资金提供了部分贷款，其余由组员自筹。合作小组选举罗来富负责日常经营，至1956年底，合作社人员发展到25人，创造产值3.4万元。1957年2月，邗江县玉石生产合作小组转变为邗江县玉石生产合作社，至1957年底，职工人数发展到99人，年产值6.4万元。1958年1月，邗江县玉石生产合作社与扬州漆器生产合作社合并，成立扬州漆器玉石生产合作社。1958年11月27日，扬州漆器玉石生产合作社升级为地方国营企业，

改称为扬州漆器玉石工艺厂，地址迁至扬州市广储门外街6号（今扬州玉器厂所在地），职工人数235人，年产值为29.5万元。1961年10月，扬州市手工联社批准成立了城南玉石生产合作社，职工29人。1962年6月1日，扬州漆器玉石工艺厂，改制为集体所有制合作工厂，资金23万元，职工490人，其中玉工232人。

1964年，扬州漆器玉石工艺厂分开，成立了单独的扬州漆器厂、扬州玉器厂。城南玉石生产合作社并入扬州玉器厂，扬州玉器厂保留在广储门外街6号原址。至此，扬州玉器厂职工人数289名，年产值80.28万元。由于生产的发展、人员的增加和专业分工明确，扬州玉器厂开始在全面继承中国玉雕优秀传统技艺、锐意创新的道路上向前迈进（图14-14）。

图14-14　扬州玉器厂

20世纪60年代，扬州玉器厂进入快速发展时期，1965年，年产值达到81.37万元，职工人数337人。同年，为发展玉器传统工艺，扬州玉器厂创办了一所厂办半工半读的玉器学校，招收学员50名。1967年，受"文化大革命"的影响，企业年产值降至35.72万元。

1972年，轻工部遵照周恩来关于要多出口一些手工艺品的指示，于当年9月在北京举办了全国工艺美术展。随着工艺美术品的出口需求

图14-15　夏长馨　白玉薄胎花薰

大增，扬州工艺玉器生产出现好转，产值持续上升。扬州玉器厂职工人数发展到461人。1976年，国家工作重点转移到经济工作上，扬州玉器厂再次得到快速发展。为适应新的形势，培养更多人才，1976年，扬州玉器厂开办了全日制扬州玉器学校，面向社会招收学生，1977年10月，扬州玉器学校招收学员70名。从此，扬州玉器厂进入全面发展阶段，创作了许多优秀作品（图14-15）。

②邗江玉雕厂。1959年2月由吴国宝先生和吴桂宏先生带领16名玉雕艺人，创办了玉石生产合作小组，有职工23人，年产值2.8万元，1960年搬进湾头镇上综合厂内进行生产，当年被扬州市手工业联社批准转为集体所有制合作企业，改名为湾头玉石生产合作社，1962年底，已有职工80多名，年产值18.5万元。同期，1959年2月刘一平先生在邗江县创办了杭集玉石生产合作社，当年有职工21人，年产值3.1万元。1962年发展到职工69人，年产值13.8万元。1962年底，杭集玉石生产合作社与湾头玉石生产合作社合并，厂名为邗江县湾头玉器厂，有职工158人，年产值36.86万元，1964年初更名为邗江县玉雕工艺厂，1965年又改名为邗江玉雕厂（图14-16、图14-17），与扬州玉器厂并列成为扬州地区的两个重要玉雕厂。

此后很长一段时间，邗江玉雕厂在厂长邱文喜的带领下，创作出了许多优秀作品，代表作有邗江玉雕厂青年设计师蒋存华创作的《上金山》等。

图14-16　邗江玉雕厂

图14-17　邗江玉雕厂职工合照

（4）苏州市玉石雕刻厂的成立与壮大

新中国成立初期，苏州的玉雕艺人开始恢复生产，但处于个体经营的状态，散落在苏州各地。据1950年工商登记，有6户玉雕作坊，从业人员71人。1956年2月，由苏州当时的一些老艺人牵头，将散布在苏州各地的玉雕艺人组织到一起，经苏州市手工联社批准，成立了苏州玉石雕刻生产合作社，主要生产玉石图章、玉石台灯座、玉花片、翡翠小件等，同时也生产少量炉瓶、玉洗、仕女等玉雕摆件等。1958年，苏州玉石雕刻生产合作社正式改名苏州玉石雕刻厂，同年成立了百花玉石雕刻厂。1960年9月，经苏州市工艺美术局批准，苏州玉石雕刻厂、百花玉石雕刻厂合并，更名为苏州市玉石雕刻厂。

20世纪70年代，苏州市玉石雕刻厂有了较大发展。1970年，苏州市玉石雕刻厂与苏州市红木雕刻厂、苏州工艺美术研究所、苏州装潢设计公司等单位合并，成立苏州市雕刻厂。1972年8月，苏

州市玉石雕刻厂又从苏州市雕刻厂分离出来，恢复了苏州市
玉石雕刻厂。1974年5月，苏州市玉石雕刻厂从间邱巷10号
搬迁到了白塔西路33号。1977年新建了五层大楼，生产条件
得到了改善。70年代末期到80年代中后期，是苏州市玉石雕
刻厂最为辉煌的时期，不仅人员、效益增加，还涌现出了一
大批优秀的作品和人才。作品方面，依托原有的技术力量及
加工力量，仿制中国历史上各时期风格的作品，以花鸟、炉
瓶、人物、山子雕为主要品种[9]（图14-18）。

图14-18 苏州市玉石雕刻厂

（5）南方玉雕工艺厂的成立与壮大

1957年时，广州有玉雕商户191户，主要生产首饰。政
府先后将这些商户集中在一起，成立了莹光玉器生产合作社
和璧光玉器供销生产合作社。莹光玉器生产合作社主要生产
薰炉、花瓶等类玉器摆件，后来发展成为广州玉雕工艺厂。
1958年璧光玉器供销生产合作社与宝丰供销社合并，改称璧
光玉器生产合作社，20世纪60年代改称为广东玉雕工艺厂，
主要生产人物、花鸟、炉瓶等类玉器摆件，同时也生产鼻烟
壶等小件。广州玉雕工艺厂和广东玉雕工艺厂的产品都是以
外销为主。1966年，"文化大革命"爆发，玉雕生产遇冷，
出口陷于停顿，广州玉雕一时陷入艰难之中。为了扭转这一
状况，1967年广州玉雕工艺厂与广东玉雕工艺厂合并，1968
年，再与越秀装潢厂合并，更名为"南方玉雕工艺厂"。

图14-19 南方玉雕工艺厂

20世纪70年代，南方玉雕工艺厂迎来了发展的黄金时期，1973年，国务院批转外贸部、轻工业
部《关于发展工艺美术生产问题的报告》文件以后，工厂重新焕发了生机，产值达到了新高。职工
人数大幅度增加，1976—1980年，厂里职工人数有900多人，最多时达到1300多人（图14-19）。

（6）南阳市及镇平县玉雕厂的成立与壮大

1949年后，南阳的玉雕业开始恢复生产，但多以个体为主。1956年，南阳市组建第一家国营玉
雕厂。同年，天津进出口公司玉器技术人员到南阳的镇平县收购玉器，使镇平县玉器开始由内销转
向出口。1958年8月13日，镇平县创建了国营镇平县玉雕厂，而后又相继成立了石佛寺、晁陂、高
丘等乡镇玉雕厂，雕刻的狮子、罗汉等玉器制品，成为这一时期名优产品。整个60年代，镇平的玉
雕一直在缓慢发展。60年代初，国家处于暂时经济困难时期，中央决定对国民经济实行"调整、巩
固、充实、提高"的方针，南阳已兴办的一些玉器厂被迫下马。60年代中后期，随着国民经济形势
的好转，党和政府实行了一系列行之有效的农村政策，逐步恢复了南阳玉雕生产。这一时期的玉雕
主要有人物、花鸟、薰炉、兽类等产品。

70年代初，镇平玉雕有了快速发展，玉雕厂发展到139个。其中，县办厂1个，社办厂16个，大
队办厂122个，从业人数达5418人。为了加强对玉器行业的管理，镇平县成立了工艺美术公司，对
玉器行业进行统一管理，玉器产品由过去的品种单调提高到品类众多。1974年，镇平的工艺美术产

品生产总值为1490万元，其中玉器为946.56万元，占63.5%。1975年，镇平调整玉雕产业，撤销了大部分玉雕厂，仅保留21个玉雕厂，职工人数为1530人。

（7）天津特种工艺品厂的成立与壮大

1949年后，天津政府将散落在天津各地的玉雕艺人集中到一起，成立了玉雕合作社，并在此基础上于1956年组建成为天津市特种工艺品厂。20世纪60—70年代，天津特种工艺品厂发展较快，生产销售呈现上升局面。与此同时，天津还特别重视人才的培养，天津市美术专修学院的前身天津市美术学校率先开设玉雕专业，为天津特种工艺品厂培养学院派的人才。80年代，天津特种工艺品厂的玉雕门类众多，品种齐全。

二、时代特征

国营集体玉器厂成立以后，正值我国经济处于计划经济时期，玉器行业也在计划经济的体制之内，是玉器发展史上的一个特殊时期，整个行业表现出了时代特色。其主要特征有：一是玉料的统购统销，二是产品以仿制明清玉器为主，三是产品销售面向境外，四是培育了许多优秀人才。具体如下。

1.玉料的统购统销

这一时期的原料种类多种多样，主要有和田玉、南阳玉、岫玉、水晶、玛瑙等，其中新疆和田玉是主流玉料。这时新疆和田玉原料的形式仍然是子料和山料，子料的挖掘虽然没有完全在国家控制之下，但在销售上基本由国家控制，即使当地人到白玉河和墨玉河拣拾或者挖掘得到子料玉石后，也需要卖给和田玉石收购站，由国家统一调配（图14-20）。

这一时期的山料开采重新进行，主要玉矿有密尔岱玉矿、于田玉矿、且末玉矿。于田的阿拉玛斯玉矿自明代起历代都在开采，20世纪40年代后期停止开采。1957年，为开发利用好阿拉玛斯的玉石资源，于田县成立了玉石矿，于1957年重新开采。于田矿是这一时期新疆出产山料的主要矿山，年均产量达三千斤左右，品种主要是青白玉，约四分之一为白玉。60年代，年产玉料约三千五百斤，其中白玉占三分之一，其余为青白玉、青玉。70—80年代，年均产量约四千斤，遇上大的矿体，年产量能达七八千斤或万斤以上。且末

图14-20　早期和田玉料市场

玉矿于1973年重新开采，至80年代，年产量在一万多斤到几万斤。这些山料开采后，多数也由和田玉石收购站统一收购。

和田的玉石收购站每年将当年收购的玉石数量上报轻工部，轻工部根据全国各个玉器厂的用料情况下达采购指标，各个工厂按轻工部下达的指标到新疆和田地区的玉石收购站按指标采购，当时的指标能满足玉器厂80%—90%的玉料需要。

由于开采的数量有限，有时不能满足内地玉器厂的用料需求，出现了用料较多的工厂玉料计划指标不足问题。因而，国家允许玉料配额不足的工厂，可以向玉料配额较多的工厂购买少量原料，如扬州玉器厂经常向北京、上海等玉料指标较多的玉器厂购买原料。各个玉器厂与和田玉石收购站

或各个工厂之间交易的价格由国家制定，价格相对来说是较低的，因而玉料成本在当时玉器作品总成本中所占的比重较小。

2. 产品以仿制明清玉器为主

20世纪60—70年代，我国属于高度计划经济时期，各地玉器厂的生产和发展完全在"计划"的范畴之中，因而这一时期的玉器产品带有浓厚的计划经济特点。

当时玉器厂的生产目的是出口创汇，国家要求玉器厂所生产的玉器产品必须符合出口需要。当时出口的玉器以明清玉器销量最好，因而各个玉器厂生产的产品多以仿制明清时期的小件器物为主，器型多是明清较为流行的雕有人物、花鸟、诗文等纹饰的牌片，也有部分圆形、菱形、梅花形等形制的花片。几个有较强生产能力的大厂，如北京市玉器厂、上海玉石雕刻厂等，生产的品类较为广泛，既生产牌片、手把件、首饰等小件玉器，也生产器皿、盆景等较大的玉器摆件。苏州市玉石雕刻厂主要生产小件仿古玉器，如花片、饰片等。扬州玉器厂、邗江玉雕厂主要生产一些摆件如玉山子等。

3. 产品销售面向境外

这一时期的玉器产品主要服务于国家出口创汇的需要。当时国家出口创汇的产品不多，工艺美术品是重要的项目，玉器更是在其中有着不可忽视的位置。因而，国家鼓励玉器行业发展，增加生产，出口创汇，从而使玉器厂有了稳定的收入来源。这一时期约90%的玉器产品依靠外销，销售方式是由当时有外贸资质的外贸公司统一销售。玉器厂生产出来的产品由外贸公司定点采购，外贸公司甚至带料到各个玉器厂加工生产。销售地区多以我国香港地区为中转站，转销至我国台湾地区，甚至美国和东南亚各国。

4. 培养了许多优秀人才

这一时期的玉器厂，由于原材料供应充足，销路顺畅，经济条件较好，各个玉器厂有时间和精力培养玉雕人才。同时由于原料相对便宜，玉器厂有足够的原料供给工人进行创作练习，极大地提升了玉雕人员的技艺水平。同时，几家主要的玉器厂积极开办学校培养人才。1979年，北京市玉器厂成立了技工学校，上海玉石雕刻厂和扬州玉器厂也都在20世纪70年代先后成立了玉雕学校。这些玉雕学校培养出了一批既有高超雕琢技艺，又通晓玉器理论、创作设计理念的玉器行业的新秀，多位新秀后来成为国家级工艺美术大师，成为新时期玉器行业的中坚力量。

与此同时，各个玉器厂不仅注重内部人才的培养，还很重视人员交流学习，进行了厂际、省际之间的人才交流培养。60年代，新疆派出玉雕师赴北京、上海学习。新疆玉器厂的马进贵就是其中杰出的代表，他曾赴北京、上海的玉器厂学习玉雕技术，回到新疆以后将新疆的民族特色融入玉器创作中，开创了新疆玉器发展的新局面（图14-21）。苏州市玉石雕刻厂曾派一线的玉雕工人、技术人员，以及管理人员到上海玉石雕刻厂轮流学习培训，有效地提升了技艺水平和管理水平。

20世纪60—70年代，是玉器行业逐渐复苏、恢复、集中发展的一个阶段。虽然中间受到"文化大革命"的影响，业务停滞了几年，但总的来说玉器行业在计划经济的轨道上有了蓬勃发展。表现在一方面在技艺和人才培养等方面取得了一定的成绩，为以后的发展打下了人才和技艺基础。另一

方面为国家出口创汇、扩大玉器的
国际影响力作出了贡献。整个玉器
行业特别是国营集体玉器厂，达到
了一个辉煌的时期，同时也为20世
纪80年代国营集体玉器厂的进一步
繁荣奠定了基础。

图14-21　马进贵　青玉错金爵杯

第三节

国营集体玉器厂繁荣及个体玉器工作室萌芽阶段

（20世纪80年代）

随着改革开放，20世纪80年代国内外环境都发生了极大的变化，而在这种新形势下，国营集体玉器厂迎来了新的发展阶段。同时，个体玉器作坊也出现了萌芽态势。

一、发展历程

1. 国营集体玉器厂高速发展

这一时期是国营集体玉器厂发展的黄金时期，生产高速发展，人才辈出，产品以大件居多，开始有了创新产品，生产和销售达到了新的高度。主要表现如下。

（1）生产高速发展

①北京市玉器厂生产情况。20世纪80年代，北京玉器生产出现了繁荣局面。至1990年，北京玉器厂职工有1412人，年利润为136万元。主要生产品种为传统的八大类，即人物、动物、植物、器皿、插屏、盆景、佩饰及工业用品。

②上海玉石雕刻厂生产情况。1980年，上海玉石雕刻厂从业人员达876人。生产总值：1980年为630.4万元，

图14-22　上海玉石雕刻厂

1987年为806.3万元，1990年总销售额达到877万元。产品主要销往美国、日本、西欧、东南亚及中国香港和台湾等国家和地区（图14-22）。

③苏州市玉石雕刻厂生产情况。1979年后，苏州的玉雕厂开始恢复传统玉器生产。1985年产值达到168.95万元，职工人数达392人，销售额350.09万元。20世纪80年代末期，年产值接近400万元，年利润40万元。"至上世纪八十年代，玉雕厂已发展到400余职工的规模，加上光福、东渚、八圻等加工点，全市从业人员有500—550人"[10]。

④扬州玉器厂生产情况。20世纪80年代，扬州玉雕厂一直在稳定发展。1988年，扬州玉器厂厂房面积为8866平方米，职工总数达552人。全厂设有炉瓶、人物、花鸟、杂件、抛光、红木、钻石、仿古共八个车间及一所玉器学校。全厂生产总产值达801.71万元，利润125万元。同时，邗江玉雕厂的作品也享誉全国。

（2）开始改革流通体制

20世纪80年代后期，国家先后推出并实施了多项改革措施，其中有两项措施：一是改革流通体制，将独家经营的单一流通渠道，转变为多种所有制经济形式、多种流通渠道、多种经营方式、符合商品流向、有利商品经济发展的流通网络。二是改革外贸体制，实行外贸企业"自负盈亏，放开经营，工贸结合，推行代理制"，打破长期实行的由国家统负盈亏的外贸经营体制。

2. 个体玉器工作室开始萌芽

市场绝非一成不变的，往往会随着社会结构、经济环境的变化而出现新的景象。80年代，在中国改革浪潮的推动下，一些行业开始了个体经营，并取得了良好效果，对社会起到了示范作用。于是，一些技能型人才、手工艺人也纷纷效仿，开起个人工作室。个体玉器工作室，就是在这种环境下诞生的。这些个体玉器工作室的出现，标志着中国个体玉器时代的到来，中国个体玉器在新时期重新得到了发展的良机。

个体玉器工作室，首先在河南镇平县出现。镇平县作为中国当代玉器的重要产地和集散地，有着个体玉器工作室产生得天独厚的条件——众多国营集体玉器厂培养出来的玉雕艺人、初步形成的玉料市场、遍布全国的销售人员等。因而，中国第一家有20多人的个体玉器工作室于80年代初在镇平正式开业。这家工作室同时进行玉器生产和销售，形成了楼上生产、楼下销售的玉器商业模式。它的出现，标志着新时代的中国玉器工作室正式诞生。80年代初，在镇平县出现了数百家家庭玉器工作室，生产不同的玉器产品。但这些玉器工作室多以家庭为单位，规模相对较小。80年代中期，

镇平县出现了有员工数十人的工作室，这些工作室多采用楼上生产、楼下销售的模式，形成了具有一定规模的新型玉器商业模式。

上海、苏州等地的一些国营集体玉器厂的工人也纷纷辞职走向社会，建立起自己的工作室。同时，一些有经济能力但自己不会做玉的人也成立玉器工作室，招聘辞职的玉雕工人生产玉器。20世纪80年代最早的一批个体玉器工作室，对90年代中国玉器的繁荣奠定了基础，产生了深远的影响。

二、时代特征

由于所处的行业地位、时代节点、资源获取等多方面的不同，国营集体玉器厂和个人玉器工作室在生产与销售等方面呈现着不同的时代特征。

1. 国营集体玉器厂的时代特征

（1）原料来源充足

随着商品经济意识的崛起，和田人挖掘子料的热情空前高涨，开始使用现代工具在两河河道进行大规模挖掘，使得子料产量大幅提高。然而，这时国家仍然对子料收购采用计划经济形式，子料要上交和田玉石收购站统一收购，仍然以计划经济的形式分配给各个玉器厂，使得各个玉器厂子料来源充足。

同时，随着机械工具在玉矿的广泛使用，生产效率大大提高，新疆各个主要山料矿区的产量也大幅度提高。尤其是于田、且末、密尔岱等主要山料矿区，玉料产量都大幅度提高，这为各个玉器厂提供了充足的原料。

（2）工厂人才辈出

经过20世纪80年代至2000年的人才培养，各个玉器厂可谓人才辈出。如北京市玉器厂80年代，培养出15名国家级工艺美术大师、28名北京市级工艺美术大师及众多优秀技术人才。

（3）作品精益求精

有了人才的支持，再加上原料供应充足，市场销售稳定，各个玉器厂有能力不断改进设备，提升新技艺，攻克创作上的难关，创作出了不少划时代的作品，特别是花鸟、炉瓶、人物、山子雕等表现更为突出。比较有代表性的是扬州玉器厂，其制作的产品种类十分丰富，既有炉瓶、花卉、雀鸟、走兽、杂件、人物和佛像等作品，又有具有实用价值的首饰珠串等装饰品。如扬州玉山子作品，在其浑厚、儒雅、圆润、精巧的艺术特征基础上，进一步融合进了秀丽、典雅、玲珑剔透的艺术特色。邗江玉雕厂创作出了一种不规则薄胎玉器产品。这种产品将质地较次的玉料加以充分利用，变次为宝，以薄胎工艺为基础，陪衬以人物、动物、天然杂景构成一定情节，创作出了不规则薄胎玉器，1984年创作出的玉雕作品《喇叭花》受到了社会各界的好评（图14-23）。

各大玉器厂在选材方面，突破了原有的界限，使用的原料种类繁多，不仅有原来已经使用的国内生产的玉料，如新疆的玉料、辽宁的岫玉、湖北的绿松石、江苏的水晶、广东的碧玉等，还增加

图14-23　邗江玉雕厂　喇叭花

图14-24　缅甸总统吴山友参观上海玉石雕刻厂

了国外的部分品种，如阿富汗青金石、日本的珊瑚、缅甸的翡翠等，使企业生产有了更多玉石料选择余地，产品的品种更加丰富。

（4）市场销售稳定

这一阶段，玉器厂的销售基本上还是以出口为主，加之国家赋予部分企业自营进出口权，各个玉器厂可以外销一些产品，出口销售额大幅提升，收入较为稳定。经营体制的转变，使80年代的各个玉器厂逐渐告别了依靠外贸部门单一外销渠道的体系，走向了外贸部门外销与自营外销相结合的道路。

上海玉石雕刻厂除了利用原有的外贸销售渠道，还不断扩大自营出口销售渠道。80年代初期，玉雕厂把厂区内大礼堂改建成了玉器商场，供外国游客到厂参观时选购玉器制品，产品颇受欢迎，同时还吸引了很多国外名人政要的关注，如当时的缅甸总统吴山友等国家元首都参观过玉雕厂（图14-24）。玉雕厂1989年的自营出口额为229.13万元，1990年达到233万元。

苏州市玉石雕刻厂的产品虽然仍以外销为主，但已经不完全依赖外贸部门，他们自己成为了对外开放单位。为促进对外销售，玉雕厂成立了旅游小件车间，生产适合旅游销售的玉器产品，单独开辟出卖品部，用以接待境外的旅游观光外宾。随着业务量的增大，玉雕厂还在苏州附近的光福一带办起了联营厂，发展外加工业务。这些举措效果十分明显，一时产销两旺，生产销售稳定。

2. 个体玉器工作室的时代特征

（1）经营规模较小

20世纪80年代的个体玉器工作室规模较小，尚处于萌芽阶段，多数是只有几个人或十几个人的小玉器作坊。由于这些个体玉器工作室刚刚成立，财力不足，不能囤积玉料和积压产品，资金需要尽快周转，因而产品有些粗糙。即使是这样，个体玉器工作室也为地方财政及创汇作出了贡献。最为突出的是南阳镇平县的玉雕业，由于个体玉器工作室的出现，使得镇平县玉雕业呈强劲发展势头，成为县域经济的一大支柱产业，其税收占全县财政年收入的四分之一。镇平也成为河南省出口创汇先进县。

（2）人员来源不一

这时的个体玉器工作室，人员多数来自原来的国营集体玉器厂。镇平县个体玉雕作坊的人员大多是从南阳市或镇平县原来玉雕厂辞职的人员。上海个体玉器工作室人员也是多从上海玉石雕刻厂外流的，仅1983、1984年两年时间里，上海玉石雕刻厂就外流了170多位雕刻技术工人，占到当时上海玉石雕刻厂一线工人数量的五分之一。同时，也有少数刚毕业的年轻人，直接进入玉器工作室或自己从事个体玉雕工作。

（3）产品面向港台

计划经济时期，香港是内地玉器出口境外的主要中转地。20世纪80年代是计划经济向市场经济转型时期，香港仍然是内地玉器出口的中转站。许多新开立的个体玉器工作室抓住这一契机，直接向香港商人供货，他们的产品部分取代了国营集体玉器厂的产品，成为台湾、香港商家玉器新的供货来源。

这一时期，国营集体玉器厂从国家统购统销，开始向自主经营、自谋出路的方向转变。玉器个体工作室出现并迅速发展，在销售领域同国营集体玉器厂争客户，这就为90年代国营集体玉器厂的衰落和私人玉器工作室的崛起埋下了伏笔。

第四节
国营集体玉器厂衰落及个体玉器工作室崛起阶段
（20世纪90年代）

20世纪90年代，国内计划经济大力转型，市场经济的大潮席卷全国各行各业，外贸体制的改革导致玉器市场风云突变，玉器行业也进入了前所未有的变革期。

一、发展历程

随着时代的变革、经济环境的重构，国营集体玉器厂和个体玉器工作室呈现出了不同的发展态势。

1. 国营集体玉器厂开始衰落

90年代，改革开放进入重要阶段，国家明确提出以公有制为主体多种所有制经济共同发展，非公有制经济是社会主义市场经济的重要组成部分的重要方针。

党的十四大正式提出建立社会主义市场经济体制改革目标后，国有企业改革进入建立现代企业制度的阶段。自此，国有企业改革不再限于经营权的调整，而是深入到产权制度层面，它的主流是以股份制改革为主要内容的现代公司制度建设。同时还出台了企业法人制度，企业享有法人财产权，以全部法人财产独立享有民事权利、承担民事责任、依法自主经营、自负盈亏等制度，以往由国家统购统销的模式不复存在。

玉器行业也不例外，90年代，随着市场经济的推进，玉器产品由国家统购统销改为市场经济的自行销售。曾经在计划经济体制时期风光无限，产品由国家统购统销的各个国营集体玉器厂，面对国家实施的改革开放政策，一时间难以找到正确的方向，玉器行业陷入了前所未有的困境。他们也在努力调整，以便适应新的形势。然而，在经历了几年的调整后，各个国营集体玉器厂产生分化，多数走向没落，如北京市玉器厂等；有的则挺过难关，走向光明，如扬州玉器厂。

（1）企业规模迅速下降

全国多数国营集体玉器厂在这一时期走向衰落。

北京市玉器厂在90年代后期，经济效益大幅下降，1999年5月被划转隶属北京市崇文区政府管理，从过去的2000人大厂缩减到只剩下20多个人的"小部门"。

南方玉雕厂也受到巨大影响，出口额从1996年的五六百万元，下降到1997年的不足50万元，一年之间竟然锐减90%的营收。同时盲目进行扩张，境外投资失误，导致工厂背上了沉重的债务，最终破产倒闭。

上海玉石雕刻厂大致如此，90年代以后，随着改革开放的不断深入，市场竞争的加剧，国有企业多年来依仗出口获利的模式受到巨大冲击，玉器产品销售困难，人才大量流失，能工巧匠们走向社会，上海玉雕厂逐渐走向衰落。2000年中期因市政建设动迁，上海玉石雕刻厂从漕宝路33号搬迁到老凤祥有限公司，最终又被老凤祥有限公司合并（图14-25）。

苏州玉石雕刻厂也没能幸免，这一时期，计划生产缺额高达25%，最后不得不靠自设旅游经销点、代销点等措施补足。即便这样，该厂也没能坚持多久。1992年，苏州玉石雕刻厂在全市首先实行企业改制。到了90年代末期，伴随着外部大环境的变革，不断有优秀的玉雕人才离厂，成立自己的工作室。2004年1月，苏州市工业美术局整体拍卖，苏州玉石雕刻厂是其中一个被拍卖的单位，最终彻底解体。

（2）人才流失严重

人才是企业最为重要的资产。随着这些国营集体玉器厂经济状况的江河日下，这些玉器厂的人才开始外流。各个玉器厂的能工巧匠们走向社会，或自立门户自谋职业，或去其他私人玉雕厂就职谋生，或南下深圳为港台玉商打工，导致国营集体玉器厂人才流失严重。

（3）逆境中的扬州玉器厂

在其他几大国营玉器厂走下坡路、规模不断缩小，甚至走向破产倒闭结局的情况下，扬州玉器厂虽然也经历了企业改制的阵痛，但依

图14-25　上海玉石雕刻厂专卖店

然向前发展。1981年起，扬州玉器厂开始推行全面质量管理，大力开展技术改造，全面引进现代化的生产工具，如金刚钻石粉工具、高速玉雕机、超声波打眼机、开料切片机、电动磨头、软轴雕刻机等，使玉雕生产在机械设备方面，形成了完整的体系。这些先进的机械设备，为扬州玉雕厂以后的产品具有强大的竞争力，打下了良好基础。

90年代，扬州玉器厂由于受玉器行业整体衰落的影响，生产经营也遇到了极大困难，生产规模开始萎缩，经济效益下降。1999年，扬州玉器厂职工人数432人，完成工业总产值1365.3万元，销售总额950.8万元，实现利润1.9万元，与1988年总产值801.71万元，利润125万元的规模相比，已经有了天壤之别。

扬州玉器厂一直在坚持发展，他们调整思路，扩大销售。2005年8月，扬州玉器厂借扬州筹建全国工业旅游示范点项目的东风，投资800万元人民币建设了4500平方米的扬州玉器艺术馆和玉文化展示中心。2006年4月，扬州玉器艺术馆竣工启用，同年12月被全国工农业旅游示范点评定委员会评定为"全国工业旅游示范点"。2010年3月，扬州玉器厂投资2000余万元建设的扬州玉器博物馆及扬州玉器教育基地竣工启用。

与此同时，扬州玉器厂积极培养人才，工厂的骨干技术人才占有相当大的比重。在技术人员中，有中国工艺美术大师5人，江苏省工艺美术大师、名人9人，扬州市工艺美术大师8人，研究员级高级工艺师6人，高级工艺师6人，高级技师3人，技师34人，中级职称12人，初级职称33人。

扬州玉器厂的这些举措得到了回报，又恢复了往日的辉煌。2012年，扬州玉器厂总产值达到25147.7万元，销售收入14461.8万元，实现利润1881.1万元，总资产21733.9万元，职工总数234人。至此，扬州玉器厂成为企业改制中几大国营集体玉器厂唯一生存并壮大起来的国营玉器厂。

同时期扬州地区的邗江玉雕厂于90年代中期解体。邗江玉雕厂从1959年2月建厂至1994年底共运营了36年，取得了一定成就，在扬州玉雕发展史上留下了浓墨重彩的一笔。

然而，这并不是邗江玉雕厂的终点。20世纪90年代邗江玉雕厂解体后，绝大多数玉雕人自立门户，成立个人工作室或者民营玉雕厂，继续从事玉器生产经营事业。90年代初期，原邗江玉雕厂骨干刘月朗、汪德海等人，联合原邗江玉雕厂的中坚力量，在扬州成立了扬州市月海轩玉雕厂，此后十几年间创作了许多优秀作品。

2. 个体玉器工作室逐步崛起

这一时期，在多数国营集体玉器厂规模萎缩，人才外流的情况下，国家不断推出支持个体自主创业的政策，大量的资金涌入玉器市场，个体玉器工作室获得了重要的发展机遇。个体玉器工作室逐渐成为行业重要力量，玉器行业的生产主体也向多而小的个体玉器工作室转移。这一时期是个体玉器工作室起步和成长的时期，很多玉器工作室成立并成长于这个时期，如上海有倪伟滨成立的雅园工作室、吴德昇成立的吴德昇玉雕艺术工作室、刘忠荣成立的忠荣玉典玉雕工作室。北京的中鼎元玉器公司、宋世义工作室等都创建于这

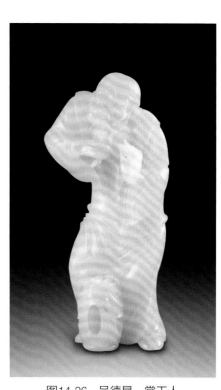

图14-26　吴德昇　赏玉人

一时期。同时，市场上逐渐涌现出了很多玉雕名家，倪伟滨、刘忠荣、于泾、吴德昇、易少勇、翟倚卫、于雪涛、崔磊、汪德海、高毅进、苏然、张铁成、樊军民、杨曦、蒋喜等人，都在这时声名鹊起（图14-26）。

二、时代特征

在这一时期，无论是原料，还是销售、从业人员等方面，都随着社会环境的改变有了新的变化。

1. 原料供应多元化

玉石原料作为玉雕行业的核心物质，决定了玉石行业的规模。90年代在玉料供应方面与之前相比并没有明显的区别，基本上仍然是以和田玉、翡翠、玛瑙、松石等原料为主。

但这时，国家对和田玉原料的来源已经不再进行管控。随着需求的扩大，和田玉料的开采速度已不能满足市场日益增长的需求，导致玉石原料价格大幅上涨，对玉器行业造成了一定的影响，但同时也促进了新玉料的开发和市场流通。1993年有人开发了青海料，1996年开始从俄罗斯等国进口玉石材料，1997年又进口了韩料，玉石原料来源逐渐多样化，这些不同地区出产的玉料，极大地丰富和满足了玉器生产企业对玉料的不同需求。

2. 个体玉器工作室理念转变

20世纪90年代，随着国家倡导改革开放，大量外资进入内地市场，玉器行业也不例外，港台玉器商人在沿海开放城市开办玉器厂，许多玉雕艺人前往就职谋生。这些玉雕艺人，不仅挣钱养家糊口，也开阔了眼界，生产和经营理念发生了极大的改变，开始以现代化的思维看待玉器行业，这为中国玉器即将到来的辉煌时代，做了市场和思想的准备。

3. 产品风格转变

这一时期的作品仍然是以传统的仿古题材为主，人物、花卉、鸟兽等题材居多。随着生产模式、客户群体、市场环境等多种因素的变化，玉器作品的风格也发生了非常明显的变化。

一些玉雕师开始尝试一些具有创新、创意的作品。作品的风格更加细腻，数量题材种类更加丰富，作品的体量也发生了非常明显的变化，大件玉器作品开始减少，中小件玉器逐渐成为玉器市场的主流产品。

4. 销售转向国内

产品销售作为市场状况的重要标准之一，也在这一时期发生了显著变化。这一时期，国营集体玉器厂纷纷走向衰退，生产能力下降，但是境外市场需求仍在，供需之间产生缺口。个体玉器工作室恰好填补了境外销售市场的缺口，部分产品销往我国港澳台地区及东南亚地区，日本和美国等国家。

同时，随着生产模式、客户群体、市场环境等多种因素的转变，整个玉器市场逐步由完全依赖对外销售逐渐过渡到以对内销售为主，对外销售为辅的局面。到了90年代末期，国内市场已经占据了玉器销售的大部分份额，占到销售额的90%以上。

5. 从业人员剧增

随着行业的快速发展，市场活跃度也得到了极大的提升，到20世纪90年代末，珠宝首饰生产企业达四千余家，从业人员达200万人，其中玉石行业的从业者占据了很大的比例，人数高达30万人左右。

时代的洪流滚滚向前，90年代这10年，是个体玉器工作室崛起的10年，也是玉器行业在历史变革中的一个里程碑式的时代，这一时代产生的诸多转变，都对玉器行业的传承和发展产生了深远的影响。

第五节　玉器行业发展高潮阶段

（2000—2013年）

进入21世纪，随着中国经济的腾飞，人民收入水平大幅提升，对美好事物的追求，对传统器物怀念的理念，重新点燃了人们对和田玉的热爱，使得爱玉、戴玉、玩玉、藏玉成为一种新的时尚。这十余年为简便起见，可简称为"黄金十年"，玉器行业迎来了中国历史上迄今为止最为繁荣的时代，整个玉器行业的发展突飞猛进。无论是从从业人员的数量、行业的产能和收益，还是从工艺技艺的进步、产业链的形成和成熟，无不体现着这种繁荣的景象。

一、发展历程

2000年以后，玉器行业的市场发生了很多新变化，市场突然间爆发出巨大需求，生产和销售都以几何数量在增长。

1. 生产规模急剧扩大

这一时期，玉器的生产规模得到了迅猛的发展，这时的个体玉器工作室，已经具有相当规模，有些甚至发展成为现代化的玉器工厂。这些工作室，在规模扩大的同时，保留或传承了中国不同的地域玉器风格。

①北京地区。北京一直是皇家玉器的重要传承地区，皇家玉器以造型大气，纹饰庄重，用料十足，做工精湛而闻名于世。"黄金十年"间，北京玉器工作室得到迅速发展，从业人员达到数万人。

②上海地区。海派玉雕作为当代中国玉雕的旗帜，它立足于上海，是全国的玉器发展的风向标。这里集聚了大量的海派玉雕大师、名家，生产着中国最高端的玉器艺术品。至2013年，上海玉器从业人员达数万人，产值也达到数十亿元。

③苏州地区。苏州一直是中国玉器的重要产地。苏州玉器在做工、构思上的突破同整个苏州市场坚实的基础是分不开的，在玉器创作、生产、销售与售后的过程中，无论是厂家还是商家，对于信息的反馈极为迅速，得到了良好发展态势。苏州的相王弄，在"黄金十年"间，已经形成了明显的产业集群效应。据不完全统计，2013年，苏州玉雕的从业人员已达到数万人，玉器商铺、工作室有3000余家，玉石器销售数十亿元。

④扬州地区。扬州的玉器行业在"黄金十年"得到了快速发展，从业人员从数千人提升至上万人，玉器商户达数百家。玉器作品不仅传承了擅长雕刻大件作品的传统，还创造了富有现代特色的玉山子、炉瓶作品，制作工艺达到了炉火纯青的地步。

2005年12月，扬州成立了扬州金鹰玉器珠宝有限公司，最多时有职工200多人，成为扬州乃至全国玉界规模最大的高端民营企业之一。

⑤南阳地区。"黄金十年"间，南阳的玉器生产和销售都在不断刷新纪录，到2013年，南阳所产摆件类玉器占全国销售量的30%以上，挂件类玉器占全国产销量的60%以上，从业人员约40万，形成了以石佛寺为龙头的玉器产业集群带。在产品的品种上，从传统的人物、花卉、炉薰、鸟兽四大类百余种，发展到包括首饰、茶具、酒具等十大类近千种。

2. 作品丰富多彩

当代玉器作品，展示了多元化、人文化、个性化的时代审美观念和情感。玉雕艺人在创作过程中，既注重传承玉文化，重新塑造传统题材，也在努力突破传统取材范围，不断加入新的文化因素，为玉器注入大量现代生活的气息，以新的表现方法、有活力创意，来重新诠释中国玉文化。

"黄金十年"，玉器市场可谓空前活跃，作品产出量非常庞大，种类也异常丰富，可谓百花齐放。作品层次上，从高端作品到中端作品再到低端产品应有尽有，高端作品成为行家里手的闺中之宝，中端产品满足了中产阶级的需求，低端产品满足了收入较少的最大消费群体的需求。

当代玉器的品类可以说是集大成，各个时代的品类都有再现。同时，玉器作品还借鉴了其他相关艺术品类的造型和纹饰，创造出许多具有现代特色的品类。

3. 工艺精益求精

在工艺上，当代玉雕工艺已经达到了尽善尽美的境界。过去受玉雕工具的限制，制作的玉器作品总是会有这样那样的缺憾。当代的玉雕工具从大到小，从硬到软，一应俱全。不仅如此，一些玉雕师还对现有工具的不足部分进行了改进，使用起来更加得心应手。齐全的工具，精湛的技艺，使得玉器作品已经日臻完美。

4. 销售市场遍地开花

"黄金十年"间，不但生产规模急剧扩大，销售规模也快速增长。销售渠道有店铺销售、专业市场销售、大型商场销售、工作室直接销售等多种形式，玉器销售渠道得到了充分开拓。

①北京玉器市场情况。北京是该时期玉器销售的主要地域，浓厚的文化氛围、适当的政治条件都使得北京成为这一时期中国最大的玉器销售市场。北京玉器市场的范围除北京地区外，还辐射到邻近多个省市和自治区。"黄金十年"间，北京涌现了100多家有玉器销售的古玩城、珠宝城。其中，市场经营面积超过10000平方米的有十几家。比较知名的玉器销售市场有北京古玩城、北京潘家园旧货市场、天雅古玩城、十里河古玩城、小营国际珠宝城、万特珠宝城等。玉器市场商户的营业额每年都有大幅度增加，高峰时每年的玉器销售额达百亿元。无论是玉器创作、生产还是市场销售，北京已从往日的北京玉器厂"一枝独秀"，到"黄金十年"的"花开满园"（图14-27）。

②上海玉器市场情况。上海玉器市场也有了巨大发展。上海是玉器的重要产地，由于靠近生产基地，有着得天独厚的优越条件，许多买家或为保真或为便宜，直接登门玉器工作室购买，这也

图14-27 北京潘家园旧货市场

成为上海玉器销售的重要方式。同时上海也进行大规模市场销售，2006年3月，上海中福古玩城开业。这是一个产品丰富、门类齐全的古玩城，玉器、瓷器、杂件、家具、书画、珠宝应有尽有，一些知名的玉雕大师或工作室，都在这里开设店铺。高峰时，上海中福古玩城拥有200多家采用旗舰店模式的玉器销售商铺，成为当时上海市场高端玉器销售展示的平台。同时，在上海的大同古玩城二楼、城隍珠宝三楼等知名商城里都有相当规模的玉器销售。

③扬州玉器市场情况。扬州的玉器市场在此期间依然有着自己的兴旺景象。位于扬州玉器厂北侧的扬州玉器市场，是扬州市政府建设工艺美术一条街的核心区域，建设面积16000平方米，于2008年4月开业。市场内设200多个商铺，成为当时华东地区规模较大、品种较多、较具特色的玉石交易市场之一。同时，这里还经营了大量的山子雕、炉瓶、人物花鸟摆件、佩饰件等玉器艺术品和旅游纪念品。

④苏州玉器市场情况。苏州市场更是遍地开花，十全街、相王弄、光福等玉器市场异常红火。苏州销售的玉器产品，工艺水准较高，但价格较上海偏低，吸引了许多买家，"黄金十年"的销售额，也翻了几十倍。

⑤南阳玉器市场情况。河南南阳不仅是中国最重要的玉器生产地区，同时也是中国最重要的玉器销售市场，早在1995年就被国家命名为"中国玉雕之乡"。"黄金十年"中，南阳有各类玉器专业市场数十个，经销店、摊位近万个，日均客流量在数万人以上，年销售额达数十亿元（图14-28）。

⑥乌鲁木齐玉器市场情况。新疆作为和田玉料的发源地，有着自己的市场优势。随着玉器市场"黄金十年"的到来，新疆玉器销售迎来了发展高峰。乌鲁木齐的华凌市场是新疆玉器市场的代表。高峰时，华凌市场有数千个摊位，从业人员达到数万人，每日客流量也能达到数万人，年销售额达数十亿元（图14-29）。

⑦和田玉器市场情况。和田地区是新疆另外一个重要销售市场，鼎盛时，和田地区有数百家较具规模的玉器店，另有数千家星罗棋布的玉器摊点。玉都市场及和田市内数个玉石大巴扎（集市），每逢双休日，人山人海，摩肩接踵，玉石生意非常火爆（图14-30）。

⑧广州玉器市场情况。广州华林玉器街市场是南方和田玉销售的重要市场，建于1988年，地址在华林新街、华林寺前街心的绿化长廊。设有常设摊位400余个，临时摊档200余个。华林玉器街当时已经是广东省乃至全国有名的玉器销售集散地。

图14-28 河南南阳市镇平县石佛寺玉器市场

图14-29 乌鲁木齐华凌玉器市场

图14-30 和田地区玉器市场

"黄金十年"期间,中国的玉器行业得到了前所未有的发展,年产值从2000年左右的数亿元,发展到2013年的数百亿元。

5. 销售方式发生变化

历史上的玉器销售方式主要依靠店铺进行,"黄金十年"间,玉器的销售方式发生了巨大变化,除店铺销售外,还产生了许多新的销售方式,这些方式主要如下。

(1)展会销售

玉石展会是玉石零售商、批发商的重要展示、销售平台,过去的展会往往以批发交易为主。在此期间,国内许多玉器商户都依靠各类展会销售。其中最具影响力的三大珠宝展分别是北京中国国际珠宝展、上海国际黄金珠宝玉石展和深圳国际珠宝展。

北京中国国际珠宝展,如今已成功举办了多届。展品范围包括黄金首饰、玉石、铂金首饰、珍珠、白银首饰、宝石、珍珠、钻石及宝石首饰、机械及设备、钻石、工具及技术、包装及陈列用品、相关产品及服务。玉器是其中重要的品类之一。每年的北京中国国际珠宝展,大批玉器商家聚集于此,展示销售产品。每年的销售额多在上亿元。深圳国际珠宝展创办于2000年,是南方玉器销售的重要平台。上海国际黄金珠宝玉石展览会于2005年创办,展品范围、运作模式和北京中国国际珠宝展比较相似。

除此之外,全国各地的珠宝玉石展会在此时风起云涌,起初这些展会还是以批发为主,后来多数玉器展会已经变成以零售为主的玉器销售会。最后演变成基本上是同一批参展商,携带玉器产品,辗转于各地玉器销售的流动商铺。由于展会销售气氛较好,品种齐全,加之展会一般多在市区举办,交通便利,参观人员较多,有相当的销售量,对玉器的销售起了重要作用。

(2)拍卖销售

"黄金十年"间,国内的一些拍卖公司,如北京博观、北京正道、中国嘉德、北京保利、北京翰海、杭州西泠印社等,都在拍卖现代玉器,并取得了不错的业绩(图14-31至图14-33)。

图14-31 博观拍卖现场

图14-32 西泠拍卖现场

图14-33　正道拍卖现场

（3）网络销售

网络销售是近些年兴起的一种新的销售形式，网络的信息传播，往往带有时效性，能将在最短的时间内，将各种信息传播出去。"黄金十年"中，这种方式为玉器的传播与销售，起到了积极的推动作用。

二、时代特征

1. 原料供给丰富

和田玉料的开采，受到技术和自然条件的限制，数量较少、质量参差不齐。"黄金十年"中，由于开采技术的大幅提高，材料数量和质量大幅提高，人们可以优中选优，因而在此期间，大部分作品的材料经过精心挑选，材料的品质达到了新的高度。

"黄金十年"中，和田玉的子料、山料、山流水和戈壁料等各种形态的材料应有尽有，白玉、青玉、碧玉、墨玉、青花、糖玉等玉料品种齐全。玉器原料品类的丰富和产量的富足，给玉雕师的创作带来了极大的便利，大大地促进了玉器行业的发展。

"黄金十年"里，和田玉的产量达到了历史的高峰。中国和田玉自古以来是和田人在岸边利用简单工具进行采挖、拣拾子料，有时也在较浅的河流中捞玉，采集的数量有限。随时机械化时代的到来，和田子料的采挖也从单纯人力采挖过渡到机械挖掘。2000年，开始有人用大型机械挖掘子料。2006年是大型机械进入玉龙喀什河采玉最多的一年，从和田市玉龙喀什河大桥溯流而上的50千米内曾聚集了近3000台的挖掘机和数以万计的挖玉人。挖掘的机械多种多样，各司其职，最大限度地发挥了机器的效率，人们可以挖掘地下几十米深的子料。子料的供给数量多到了前所未有的境地。

同时，山料的开发也达到了新的高峰。2000年以后，于田的阿拉玛斯玉矿、且末金山玉矿等大型玉矿开始进行大规模开采。初期是人工开采，条件艰苦，产量不大。而后，各个矿区开始修建道路，大型机械逐渐进入矿区，年产量迅速提高。

玉器市场的繁荣，需求的增加，推动了原料价格快速上涨。同时，开采成本的提高，也使玉料价格急剧上涨。但这种成本上涨，仍然挡不住购买者的欲望，玉料市场呈现出前所未有的火爆和价格快速飙升的态势。

2. 从业人员显著增加

"黄金十年"间，玉石行业的从业人数不断增加。截至2013年，北京市从事玉器创作生产和经营的单位1000多家，从事玉器生产加工经营的店铺7000多家，与之相关的从业人员达10万人。上海市生产商家与经营商家达数千家，相关人员数万人。河南的镇平县，玉器加工企业近万个，从业人员40万人，个体加工产值数十亿元。扬州、苏州玉器从业人员多达数万人，其中外来从业人员的数量占总从业人员数量的60%左右。广东四会注册的玉石企业有3000多家，家庭作坊6000多家，从业人员15万—20万人。广东平洲玉器市场是我国四大玉器市场之一，有600多家玉器商家，从业人员有6万多人，成为华南地区最具特色和吸引力的玉器购物地。瑞丽玉器市场，有5万多玉石从业者，经营商户近2000家，缅甸籍商户就超过800家。岫岩玉产业从业人员也达数万人。

3. 资本大规模介入

2000年以后，中国经济进入了前所未有的高速发展期，国内资金快速积累。和田玉器收藏成为人们投资的重要渠道，资金投入为"黄金十年"和田玉快速上扬的重要助力，导致和田玉的作品和原料销路畅通，玉器价格大涨。据估计，"黄金十年"间，每年大概有10亿—20亿元的资本进入和田玉市场。资本大规模介入后，和田玉市场的运营规则开始发生改变，优质的原料及作品成为新的价值载体，价格一路攀升。

4. 玉器消费水平提高

"黄金十年"间，中国经济的快速发展，人们收入水平的提高，为和田玉市场的繁荣提供了坚实的基础。

据政府部门提供的相关数据，中国居民消费支出从1990年的9450.9亿元增至2012年的190423.8亿元，20年增长了近20倍。同时居民消费水平也大幅提升，从1990年的833元增至2012年的14098元，增长近17倍。和田玉的消费与居民的收入水平同步增长，"黄金十年"间玉器消费支出也提高了数十倍。

5. 国家政策大力扶持

"黄金十年"间，国家对和田玉市场的发展起到了积极推动作用。2010年，国家有关部门制定了和田玉的新国标，为和田玉产业健康繁荣发展起到了促进作用。同时，还颁布了各种促进和田玉市场发展的法规政策。特别是国家颁布的《传统工艺美术保护条例》以及《国家级非物质文化遗产保护与管理暂行办法》的实施，使得玉雕技艺得到重视。国家传统工艺美术项目资金的补贴，优秀人才的培养计划，使玉雕传统技艺得到传承，产业及技术工人的队伍迅速扩大。

2008年北京举办夏季奥运会，奥运玉玺使用和田玉做主要材质，和田玉作品进入大众视线，对玉器行业的发展，也起到了推动作用。

6. 行业协会大力发展

中国玉器行业的发展，离不开众多玉器协会、机构的支持和献策，它们发挥了重要的桥梁纽带作用。截至2013年，中国玉器行业相关的协会规模已经非常壮大，对玉器行业的发展起了积极的推动作用。其中比较重要的行业协会如下。

（1）中国珠宝玉石首饰行业协会

中国珠宝玉石首饰行业协会（原中国宝玉石协会，简称中宝协），对玉器行业的发展起了重要的推动作用。中宝协单位会员有数千家，其中特大型规模企业有数百家。中宝协在玉器领域内最具影响力的活动是天工奖的评选和中国玉雕大师的评定。

中国玉石雕刻作品"天工奖"，是由中宝协主办的全国性的专业评比活动。评奖突出权威性、公正性、史实性、导向性和参与性，侧重文化推广和人才发现。"天工奖"已经成为中国当代玉雕、石雕作品最具影响力的专业奖项。中宝协对此制定了相关的评选办法和实施细则，并设立中国玉石雕刻作品"天工奖"评选活动组委会，由组委会负责评选活动的各项具体工作。评选分为初评和终评两个阶段。评选包括当代玉雕、石雕两大部分作品（图14-34）。

从2004年起，中宝协开始评选"中国玉雕大师"荣誉称号，"中国玉雕大师"成为中国玉雕行业最具影响力的群体，也是推动整个玉雕行业向前发展的重要力量，更是玉雕技艺薪火相传的中流砥柱，所以，对玉雕大师的评选和认定，显得非常重要，评选活动认真负责。截至2018年，共组织了6届评审，在全国范围内评选中国玉石雕刻大师200位。第一届：54人；第二届：31人；第三届：30人；第四届：31人；第五届：30人；第六届：24人。

（2）中国轻工业联合会

中国轻工业联合会是主管工艺美术的国家机构，它所举办的"中国工艺美术百花奖"（以下简称"百花奖"）与所评选的"中国工艺美术大师"，也是推动玉器行业发展的重要力量。

"百花奖"始于1981年，是中国工艺美术最高奖项，其历史悠久、社会影响力大、艺术和学术权威性高，得到全国工艺美术界的广泛认可。中国轻工联合会和中国工艺美术学会是历届"百花奖"的主导单位，历届玉器"百花奖"获奖作品成为当年玉器行业的风向标。

"中国工艺美术大师"评选始于1979年，截至2018年共举办了七届。"中国工艺美术大师"是国家授予国内工艺美术创作者的国家级称号。评选每五年举行一次，堪称中国工艺美

图14-34　2013天工奖

术界的奥林匹克，更是国内工艺美术界的顶级盛事。玉器行业是工艺美术的重要组成部分，玉雕艺人也参与评选，已有多位玉雕艺人获"中国工艺美术大师"称号。

7. 鉴定机构蓬勃兴起

随着玉器行业的蓬勃发展，众多鉴定机构也如雨后春笋般兴起。这些鉴定机构为玉器市场的发展起到了推动作用。据粗略计算，目前我国已经有200多家的玉石鉴定机构。

"黄金十年"间，比较知名的鉴定机构有：国家珠宝玉石质量监督检验中心、中国轻工总会宝玉石监督检测中心、北京北大宝石鉴定中心、国家首饰质量监督检验中心、国家轻工业珠宝玉石首饰质量监督检测中心、中国地质大学（武汉）珠宝检测中心、新疆维吾尔自治区产品监督检验研究院、新疆岩矿宝玉石产品质量监督检验站等。这些鉴定机构，对于保证玉器原料的质量，降低购买风险起到了积极作用，间接推动了玉器行业的发展。

8. 玉器科研突飞猛进

"黄金十年"间，国内举办了各种玉器会议、论坛，出版了许多著作，发表了多篇文章，为推动玉器行业的科研发展，起到了直接助力作用。

（1）举办"首届玉石学国际学术研讨会"

2011年9月1日至2日，由中国珠宝玉石首饰行业协会和北京大学地球与空间科学学院共同主办的"首届玉石学国际学术研讨会"在北京大学举行。来自北京大学、中国地质大学（北京）、中国科学院、中国地质科学院、故宫博物院等单位，及美国、韩国、新西兰、新加坡和巴西等地的专家学者共280多人出席了会议。

与会专家学者就玉石的岩石学、矿物学特征，成因机理、资源分布，真伪鉴定及质量评价，优化处理和识别，玉石研究的新思路、新方法和新技术以及玉石文化等进行了深入探讨。研讨会的举办对推动中国珠宝产业的可持续发展起到了积极作用。

会议精选了90篇会议论文集结成《玉石学国际学术研讨会论文集》《岩石矿物学杂志》专辑，分为翡翠、软玉、其他玉石、方法与应用和玉石文化五个部分，涵盖了玉石以及玉石文化研究的各个领域，基本代表了当时国际上玉石学领域的最新研究成果。

（2）珠宝首饰学术交流会

由国家珠宝玉石质量监督检验中心（NGTC）和中国珠宝玉石首饰行业协会（GAC）共同主办的"中国国际珠宝首饰学术交流会"，对玉器行业的发展起到了促进作用。中国国际珠宝首饰学术交流会是玉器行业连续举办的重要会议，自1994年至今已举办十余届，发表论文累计已超过1000篇，反映了各个年度珠宝研究的最高水平和最新成果。"黄金十年"期间举办了5次会议。

2011中国珠宝首饰学术交流会于11月22日在北京举行，来自英国、美国、澳大利亚、比利时、韩国等国家，中国港台地区以及全国各省市的珠宝质检机构、珠宝院校、珠宝企业和珠宝评估机构以及相关单位的专家学者和业界人士近300人参加了会议。大会邀请了12位国内外专家学者进行了专题演讲。本次会议还正式出版《珠宝与科技——中国珠宝首饰学术交流会论文集（2011）》，内容涵盖了钻石、其他宝石、软玉、翡翠、其他玉石、检测技术、珠宝评估与鉴赏、首饰设计与加工八个部分，代表了国内外珠宝学术领域的近年来的新技术及新成果。

2013中国珠宝首饰学术交流会于2013年10月在北京举行。此次学术交流会由国土资源部珠宝玉石首饰管理中心（NGTC）和中国珠宝玉石首饰行业协会联合主办，NGTC北京珠宝研究所承办。

2015中国珠宝首饰学术交流会于2015年11月在北京举行。此次学术交流会由国土资源部珠宝玉石首饰管理中心（NGTC）和中国珠宝玉石首饰行业协会联合主办，国土资源部珠宝玉石首饰管理中心北京珠宝研究所承办。来自英国、美国、瑞士、泰国，我国港台地区以及全国各地珠宝质检机构、珠宝院校、珠宝企业和珠宝评估机构以及相关单位的专家学者和业界人士500多人参加了本次学术交流会。

2017中国国际珠宝首饰学术交流会于2017年11在北京召开。学术交流会以"创新·发展——开启新时代珠宝科技新征程"为主题，邀请到19位来自英国、法国、美国、印度以及国内知名专家学者到会做了主题演讲。逾600名国内外珠宝质检机构、院校、企业、评估机构以及相关单位的专家学者和业界人士参加了本次学术交流会，参会人数创历史新高。

2019中国国际珠宝首饰学术交流会于2019年11月在北京召开。学术交流会以"新时代珠宝科技：创新、智能、融合、共赢"为主题，邀请到了来自英国、瑞士、以色列、泰国、俄罗斯、美国、印度、德国、中国等29位国内外宝石学家到会作演讲，也是学术交流会自举办以来邀请演讲嘉宾规模最大的一次。逾500名国内外珠宝质检机构、院校、企业、评估机构以及相关单位的专家学者和业界人士参加了本次学术交流会。本次学术交流会同期出版了《珠宝与科技——中国国际珠宝首饰学术交流会论文集（2019）》，收录了118篇珠宝专业学术论文。

（3）和田玉文化学术研讨会

"黄金十年"间，社会各界举办了多次学术研讨会，促进了和田玉行业的发展，比较有代表性的是和田玉石文化节。和田玉石文化节是由新疆维吾尔自治区旅游局、和田市委、新疆生产建设兵团旅游局主办的旅游节庆活动，于2004年7月举办首届，此后每年一届。其中，最有影响力的会议当属2006年第三届和田玉石文化节。会议期间，和田行署与中国文物学会玉器专业委员会举办了学术研讨会。出席会议的代表300余人，是国内举办规模最大的和田玉文化学术研讨，会议由巫新华先生倡议并推动，杨伯达先生主持，时任和田行署副专员卢平先生全面安排，于明先生具体负责，会议取得圆满成功。这次会议，讨论了和田玉的历史进程，探讨了和田玉行业的现状，提出了和田玉行业发展的方向，为和田玉行业的健康发展奠定了基础。

（4）玉文化高层论坛

中国当代玉文化高层论坛，是专注于当代玉器行业的发展的论坛，对于推动当代玉器发展起了至关重要的作用。

首届中国当代玉文化高层论坛于2012年9月13日在上海举行。来自全国的玉文化研究专家学者、玉雕师、玉商、玉器行业从业人员等数十人出席了会议。围绕"中国当代玉器行业的现状""如何迎接中国当代玉器艺术化时代的来临""中国当代玉器艺术化与商业化的区别"等话题展开研讨和交流。专家学者们希望中国当代玉文化通过研究传承和创新发展，对未来玉器的艺术方向、艺术研究、艺术形式、艺术语言和玉器的生态、玉器的价值趋向、玉器的文化地位等，产生重要而深远的影响。

第二届中国当代玉文化高层论坛于2013年11月16日至17日在安徽合肥召开。这是我国第一次集众多专家学者、玉雕大师和收藏家于一堂的当代玉器盛会。会议着力探讨了中国当代玉文化的内涵、当代玉器美学标准以及当代玉器行业现状与对策（图14-35）。

图14-35　第二届中国当代玉文化高层论坛

第三届中国当代玉文化高层论坛于2015年8月在上海召开。这次会议研讨了中国玉器的现状，探讨了中国玉器未来的发展历程。

第四届中国当代玉文化高层论坛——于田玉矿的历史、现状与未来研讨会于2016年7月30日在新疆和田地区于田县召开。本次论坛是国内迄今为止规模最大、规格最高的昆仑山新疆和田玉玉矿专题研讨会。研讨会期间，来自全国各地的地矿、考古、文博、玉器领域的著名专家、学者30多人齐聚于田。与会专家登上了海拔4000多米山高路险、高寒缺氧的赛底库拉木矿区、

图14-36　第四届中国当代玉文化高层论坛——于田玉矿的历史、现状与未来研讨会现场

阿拉玛斯矿区和著名的"戚家坑"。研讨会围绕于田玉矿的开采历史、实地调研，充分讨论，开创了玉器研讨会在玉料原产地举办的先河（图14-36）。

（5）玉器科研成果

"黄金十年"间，国内和田玉的科研取得了许多成就，社会各界都在积极推动玉器科研成果的推广，出版了许多图书，一些期刊发表了许多和田玉研究的文章，主要成果如下。

《中国和阗玉》。由新疆人民出版社出版，唐延龄、陈葆章、蒋壬华等三位专家共同撰写。本书第一次对中国和田玉的形成、历史等问题作了深入探讨。

《新疆和田玉（白玉）子料分等定级标准及图例》。马国钦主编，该书以大量的研究数据为依托，详细解释了"新疆和田玉（白玉）子料分等定级标准"，为子料的定价提供了参考。

《宝石和宝石学杂志》。由中国地质大学（武汉）主办的珠宝类学术性期刊，充分反映当代宝石学学科的研究方向与进展、珠宝检测技术、宝石资源、宝石优化处理、珠宝文化等方面的成果，兼顾宝玉石鉴赏、经典宝玉石首饰评析，起到了引领宝石学学科研究发展，促进国内外信息交流，普及宝玉石科学知识，繁荣宝玉石市场服务的作用。

《中国宝玉石》。办刊宗旨是学术与商贸兼容，实用与科技并重；突出新颖性与趣味性以增强可读

性，注重知识性及史料性以提高收藏价值，搞好市场信息及技术交流，促进我国宝玉石事业的不断发展。

《中国珠宝首饰学术交流会论文集》。由国土资源部珠宝玉石首饰管理中心和中国珠宝玉石首饰行业协会主办的中国珠宝首饰学术交流会，每两年组织一次，是在国内乃至国际珠宝界中引起广泛关注的高层次高水平的学术交流盛会。每届都会从征集的会议论文中遴选优秀论文形成论文集，出版发表。

《岩石矿物学杂志》。主要有专题研究、问题讨论、综述与进展、方法与应用、宝玉石矿物学等栏目。

《中国玉器年鉴（2013、2014、2015、2016、2017）》，于明主编，是中国记载中国当代玉器历程的专门年鉴。《中国玉器年鉴》图文并茂、理论与实践并重，系统介绍了国内当代一流玉雕大师的概况，完整阐述了当代玉器价格指数的基本原理，全面探讨了当代玉器的美学理论，重点评价了当代优秀玉器作品，推出了当代玉器界重点人物与企业，整体记录了当年当代玉器拍卖的成交价格。该书既有理论——如当代玉器价格指数、当代玉器美学理论，又有实践——如中国玉器材料的供应、当代玉器交易市场介绍等。既总结了当年当代玉器行业的全面情况，为当代玉器行业留下了宝贵的资料[11]。

第六节　平稳发展阶段

（2014年至今）

中国玉器行业在经历了"黄金十年"的高速发展后，开始理性回归，迈向了新的征程。

一、发展历程

玉器行业在"黄金十年"中高歌猛进的同时，暴露出了越来越多的问题。从供给方面来说，产能过剩、劣质品泛滥、创新不足等；从需求方面来说，消费者理性回归，消费量锐减，人们审美观念不断提升等，都制约影响了行业发展。在经济形势大好之时，这些问题被暂时掩盖，在经济形势回调之日，玉器行业的这些问题开始显露出来，玉器行业的发展受到了影响，具体表现如下。

1. 工作室数量减少

工作室的数量是玉器行业是否兴旺的重要标志。2014年以来，部分玉器工作室销售逐年下降，利润减少，同时人工成本、房租成本却在不断升高，玉器工作室只能开源节流，缩小规模，甚至倒闭。至2020年，玉器工作室的数量较"黄金十年"高峰时减少了一半多。

2. 市场行情低迷

2014年以后，随着对玉器认识程度的加深，人们购买玉器的理性程度明显提高，人们不再盲目购买毫无艺术价值的普通玉器，转而追求具有艺术美感、文化意境、性价比高的玉器产品，粗制滥造的玉器已经没有了销路，玉器的销售量和销售额都在逐年减少。2020年，玉器市场的活跃度、交易量都在明显下降，市场行情低迷，规模萎缩。

3. 人工成本提高

2014年以后，玉器工作室的人工成本一直在提高。"黄金十年"间，随着玉器市场行情的高涨，人工成本也在急剧上升，以至于玉器作品中人工成本占有很大的比重。进入平稳期后，人工成本并没有随着市场销售的下降而降低，仍然居高不下。人工费用过高直接推高了作品的价格，使玉器作品在市场上的竞争力减弱。

4. 作品良莠不齐

进入平稳发展阶段之后，玉器行业整体发展放缓，但艺术水平并未受到太大的影响，好的作品还是不断涌现。但有部分玉雕艺人，因市场低迷，他们为节约成本，粗制滥造。这时的玉器制品出现质量良莠不齐的局面。

（1）优秀作品不断涌现

平稳发展阶段，整个玉器市场虽然不如"黄金十年"，但也在平稳中缓慢发展，仍有许多材料优质、工艺精良、文化丰富的优秀作品不断涌现出来，不时还会出现"亮点"。2015年，习近平主席出访英国，玉雕大师崔磊随团出访，并受到英国威廉王子的单独接见，崔磊向他介绍了中国和田玉及玉文化，并赠送了威廉王子一件和田玉作品——玉圭。

2017年，大英博物馆正式收藏了6件中国当代的玉雕作品，分别是《别寻方外去》《秋语江南》《角》《莲相》《薄胎茶壶》《沉香炉》。这是大英博物馆首次收藏中国当代玉雕大师的作品，也是世界主要博物馆首次大规模收藏中国当代玉器（图14-37至图14-40）。

这一阶段的作品品类也更为丰富，除了传统的人物、花鸟、瑞兽、佛教等题材外，对牌、把玩的小件、佩饰等也越来越多。市场上出现了很多新题材，使玉器有了更多的鲜活元素，如各种卡通形象（如蜡笔小新、海绵宝宝、小猪佩奇等）、哈雷机车、名牌车表，甚至牙签、糖豆等，在玉器作品上都有出现，反映出当代玉文化已经是多元包容的文化。

（2）劣质玉器泛滥

"黄金十年"间，大量优秀玉器作品不断涌现，但也出现劣质玉器泛滥的现象，而且不是个别现象，然而，在玉器行业一片大好形势之下，这种现象被掩盖了。进入平稳发展阶段

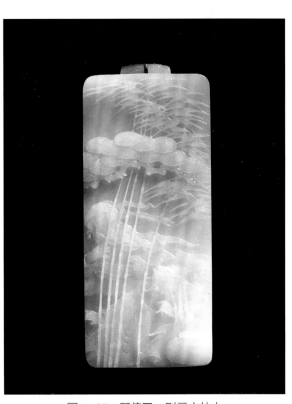

图14-37　翟倚卫　别寻方外去

图14-38 马洪伟 角

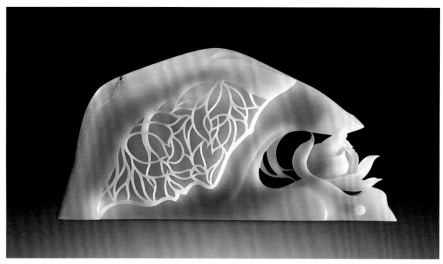

图14-39 杨曦 莲相

图14-40 俞艇 薄胎茶壶

之后，这些影响就暴露了出来，大量模仿、抄袭，同质化现象日益严重。

这一时期，从玉器行业整体来看，玉器加工走低，很多玉器工作室生存艰难，不得不降低成本、缩短工时，甚至降低艺术价值去迎合市场。市场出现大量抄袭他作、缺乏创新、以次充好的产品，给玉器行业造成了一定的冲击。玉料的价格因资源的匮乏，环保的压力上涨，迫使大部分玉器工作室采用玉料为上的策略，片面追求玉材的质量，忽视了玉器特有的艺术价值和文化理念等问题。好的玉器原料尽量少雕刻，以保持成品的克重，最大限度地体现玉料价值，以至于部分作品"形随料貌"，没有对原料进行深入地创作，这固然保护了玉料不受损失，但也失去了玉器的文化含义和艺术表现，使得这部分玉器作品毫无特色。

归根到底，玉器作品才是最有发言权最有生命力的物体。在这几年中，固然有精品出现，但不乏大量滥竽充数的作品存在，这些作品既无文化价值，又无艺术美感，使人们失去了购买欲望，严重影响了玉器行业的发展。

5. 销售渠道发生变化

玉器行业原有的销售模式主要在线下，这一时期线下销售受到冲击，销量急剧下降。但互联网销量开始上升，整个行业最大的特点是与互联网的结合越来越紧密，这种结合在一定程度上改变了玉器零售业的整体业态。

这种改变首先表现在销售渠道的变化上，线上拍卖、直播卖玉、众筹卖玉、微商卖玉、跨境电商卖玉等新兴渠道销售所占比重越来越大，对整个玉石行业产生了巨大的影响。同时，一些专业介绍、销售玉器的平台，也为玉器行业的发展提供了新的模式。比较典型的是"藏玉"，它搭建起了一条从了解玉到收藏玉的纵向链条，直接促进和推进了玉文化的传播与玉器的销售。

二、时代特征

1. 玉料价格飞速上涨

近几十年新疆和田地区子料的过度开采，破坏了和田地区的生态环境。为了改变这一状况，和田地区自2006年以来多次颁发禁止在和田境内两条河——白玉河、墨玉河开采子料的通告，但效果一直不理想，盗采盗挖的现象一直存在。2013年8月，和田政府改变策略，对和田玉子料实行开采总量控制，每年划出一定面积用于开采，这样既能保证有一定的开采量，又能有效管控采挖面积。随着和田地区限采政策的实行，和田子料采挖量极低，导致了和田玉子料资源稀缺，使得和田子料价格飙升。如一块鸭蛋大小的红皮白肉和田玉（约200—300g），1990年价值200元，到了2012年可以卖到30万—40万元，2015年可以卖到50万元左右，2020年价格达到了60万元。从1990年到2020年30年的时间里，和田子料的价格上涨了几千倍。

2. 玉器购买力大幅下降

玉器属于非刚需生活用品，带有装饰等非实用功能，人们只有手里有闲钱了才会购买。2013年后，人们购买和田玉的欲望逐渐降低。同时，由于玉器原料价格上涨，人工费用增加，玉器作品价格更高，人们购买和田玉的意愿下降。这种玉器购买力的大幅下降，导致和田玉作品的交易量骤减。

3. 消费者审美需求发生变化

过去数十年间，玉器的消费主力是有一定社会阅历的成熟人士，这些人对文化有较深刻的认识，又比较有钱有闲，因而，欣赏的玉器作品多是传统文化题材的玉器。虽然玉雕行业可以细分成多个流派，如京派玉雕、海派玉雕、苏扬派玉雕等，这些玉雕派别风格各异，但在玉器的题材上却趋于雷同，以中国传统文化的题材为主。

2013年以后，80后、90后逐渐成为社会的消费主体，玉器消费的主体也随之发生了变化，玉器作品开始趋向于年轻化、个性化。同时，随着时代的开放和包容，人的个性和审美意识也变得越来越多元，使得玉器消费的观念也发生了变化。

过去几年人们多喜欢和田子料作品，但近年来子料价格高昂，年轻人消费不起，子料市场一直低迷，导致整个玉器市场低迷。玉器行业商家为了迎合市场，让更多的人能够消费得起玉器，出现了一些较为便宜的山料制品。这部分作品不强调玉料多么优质，但强调作品有时代创意，特别是强调有现代生活元素设计理念的作品。同时，玉器的品类也发生了变化，过去饰品类玉器占玉器作品整体比例较少，随着广受年轻人的青睐，饰品类玉器的市场份额不断增长。在这变化的时代大潮中，面对这些年轻消费者在玉器材料、题材、工艺以及审美方面，在越来越强调多样化、个性化的趋势下，很多玉雕艺人不知所措，他们知识更新速度较慢，不能够把握时代脉搏，固守过去的思维模式，导致作品无人问津，更加剧了玉器市场低迷。

中国当代玉器尽管经历了百年的跌宕起伏，目前处于平稳发展阶段，今天的许多问题，都是前进道路上不可避免的状况，虽然没有了"黄金十年"的高速度发展，但在调整阶段，这也是为下一阶段的发展奠定基础。

第七节　中国玉器行业未来前景展望

一、玉器行业概况

1. 中国玉器行业现状

随着我国经济的不断发展、人们生活水平的不断提高，人们的消费观念和消费水平也有了很大的转变与提升，玉器行业也得到了快速发展，2020年我国玉器行业的市场规模达到300亿元左右。

目前，整个玉器行业没有形成垄断巨头，以数人至数十人的工厂居多，生产厂家多数集中在苏州、扬州、上海、北京、南阳、徐州、蚌埠、岫岩、阜新、揭阳、乌鲁木齐等地。据不完全统计，目前全国玉器生产厂家为15万—20万家。

按每家规模10人左右计算，全国从事玉器生产的总人数为150万—200万人（包括相关人员）。这些从业人员的年龄多在20—50岁之间，高中以下学历占60%。按平均每人年产20件计算，玉器的年总产量在3000万—4000万件之间。按每件1000元计算，玉器的年总产值在300亿—400亿元之间。

生产工具以电脑雕刻机为主。电脑雕刻机及其他自动化机械总数量在百万台以上。

生产的品类主要有摆件、把件和首饰三大类。过去，把件作品占多数，近来首饰类作品比例在不断提高。

2. 玉器行业现存问题

1949年后，中国玉器行业虽然取得了巨大成就，但由于诸多原因，还存在许多问题，主要表现如下。

第一，行业地位不高。虽然改革开放以来，玉器行业有了巨大发展，但由于历史的遗留问题，玉器行业的地位整体不高，与玉器行业的发展现状不符。新中国成立以后，国家将玉器行业划在手工业的范围之内，将玉器当作手工艺品，而不是艺术品，这就导致玉器是工艺品还是艺术品的界限不清。尽管在改革开放的几十年中，玉器行业有了突飞猛进的发展，但其行业的归属并没有改变，仍然归属手工业行业，这就极大地限制了玉器行业的发展。

第二，从业人员文化素质较低。我国20世纪五六十年代的玉器厂，曾培养出一批优秀的玉雕人才，这些人至今仍然是玉器行业的中坚力量，支撑着当今玉器行业的大厦。然而，改革开放以后玉器行业的从业人员，以初中、高中毕业生为主。由于当时的特定历史条件，他们大都没有上过大学，也没有经过正规的美术训练，这些文化和专业知识积累不够的从业人员占据了玉雕行业人员的大部分，导致行业的发展缓慢。

第三，玉器作品的时代文化特征不明显。玉器从古到今，之所以能成为中华文明的载体之一，是因为玉器孕含的人文观念和社会功能，表现的是各个时代的文化特征，这些文化特征历经千年而不朽。然而，由于当代玉文化的内涵还没有形成，玉器作品自然就无法诠释这个时代的文化特征。尽管一些玉雕师也在创新玉器的器型、纹饰，但这些器型、纹饰并没有清晰地表达当今玉文化的内涵，个别作品甚至没有美感，这些没有时代文化特征的器物越来越没有生命力。

目前的情况是，玉器所表现的文化内涵已成次要因素，玉料的好坏倒成了主要因素，优质的玉料已经到了让玉雕师分毫难舍的程度。玉雕师一定要将玉料利用达到最大化，在最大限度地保留材料的基础上稍事雕琢，至于这些作品传递的是什么文化理念，对中华文明会产生什么样的影响，统统不在考虑范围。

第四，部分玉器作品价格过高。如今玉料的价格已经很高，玉器的价格更因材料及人工的关系，已经高得离谱，稍微好些的子料玉器作品动辄几十万、几百万元，这种价格的玉器已经不是寻常百姓能够消费得起的了，购买者更多的是考虑玉器的投资价值，而不是文化和艺术价值，造成了玉器价格越来越脱离大众。

二、玉器行业发展环境

1. 经济环境

经过几十年的改革开放，我国的经济已经有了深厚的底蕴，人民生活水平极大提高，资金已能满足人们的各种需求，因而这些年民众对玉器的需求一直旺盛。

同时，近年来，国家及地方政府对于发展玉器产业，给予了政策上的大力支持。这些政策包括制定相关标准，加大产业扶植力度，给予税收减免，规划产业园区等。这些政策与措施，极大地促进了玉器行业的快速发展。

2. 社会环境

除国家和地方政府政策支持以外，中国玉文化良好的氛围也为玉器行业的发展提供了优良的社会环境。中国人有着深厚的喜玉、爱玉、玩玉情结，这种情结是中国人文化基因的表现，为玉器行业的发展提供了良好的社会环境。同时，随着地质普查的展开，越来越多的和田玉矿体被发现，进而为人们提供了更多的选择。

三、玉器行业原料供应现状及展望

1. 玉器原料供应情况

新疆和田玉原料主要有子料、山流水、山料和戈壁料四种形态。

和田子料的挖掘主要是几个企业在进行。目前在挖的矿区主要集中在白玉河下游，年出产量约10吨。

山料主要出产于中国新疆、青海，俄罗斯和韩国，质量参差不齐。

新疆山料的矿区主要集中在叶城、于田、且末和若羌等地，以2020年为例，年产量约为1000吨。

青海山料一直是玉料市场的主力品种，2020年青海料的年销售量约为1500吨。

俄罗斯玉料一直以来也是中国玉器的主要玉料品种，价格一直较为稳定，即使是上涨，也较为平缓。俄料的年进口数量一直维持在100—200吨之间，以白玉居多，高等级的碧玉数量较少。

韩国玉料矿山产量一直稳定，韩料每年进口数量在200—300吨。

2. 玉料对玉器行业生产成本的影响

总体说来，和田玉原料的价格在不断上涨，这种趋势已经严重影响到和田玉行业的发展。今后随着和田子料供应量的减少，子料价格还会进一步走高，这将导致子料作品越来越少，价格越来越高。同时，山料随着开采难度的增大，开采成本的提高，其价格也势必会逐年走高，这也将导致山料玉器的成本加大，作品价格亦会水涨船高。因而，从长远来看，玉料对玉器作品的影响将愈来愈大。

四、玉器行业工艺现状及展望

1. 玉器工艺技术现状及发展趋势

玉器行业是传统手工业行业，大量使用手工作业，这种手工作业也是随着社会的不断进步而在不断地变化。随着技术的进步，工艺技术的革新在影响着社会各行各业的发展，玉器行业也不例外，不断涌现出新的技术。这些新技术包括，现有工具的不断优化，新型自动化玉雕工具，网络信息化等。新技术、新理念已经深深地影响了玉器行业，使玉器行业无论在作品的加工质量和工艺水准上都达到了新的高度。今后，随着科技的发展，玉雕工具将会越来越先进，机雕作品种类会越来越多，质量也会越来越精细。虽然机雕作品在个性、灵动性和艺术性上无法与人工雕琢作品相媲美，但机雕作品具有物美价廉、工期短、效率高、成本低的优势，这些优势将会促使玉器行业更快地向现代化方向转变。

目前市场上智能玉器生产工具主要有电脑雕刻机、激光雕刻机、喷砂机等，它们各具特点，但共同的特点就是使用电脑编制程序，机器按程序自动雕刻。

技术变革必然带来深远的影响。玉器雕刻生产的历史，也是一部机器进化史。从最原始的自然工具，到雕刻者能完全自主操作的砣机，再到当代广泛使用的电动砣机，直至目前出现的全自动的电脑雕刻机，这种历史的进步为行业带来了深刻的变革。在玉器生产未来的发展中，电脑雕刻制作玉器的历史潮流将不可逆转和势不可挡。

2. 从业人员状况及展望

中国古代玉雕工匠都是世代相传，他们虽然没有受过系统教育，但受着良好的家族玉文化氛围的熏陶，加之各个时代对玉器崇拜氛围也在影响着玉匠，同时每个时代朝廷都有专门指导玉器制作的机构和人员，使得各个时代的玉器作品都有其蕴含的文化含义和其象征的社会伦理。这些作品并不以玉料的优劣和工艺的繁简作为评价好坏的唯一标准，而是以玉器所具有的文化表现力作为主要评价标准。古代的玉器作品，多是由不同门类的艺术家或工匠共同完成的，文化的标准是由统治阶级来确定的，文化的表现多由文人完成，具体到工匠，并不需要太多的文化修养与艺术造诣，只要具备一定的玉雕技艺即可。然而，随着社会的发展，今天的玉雕师已经被要求成为全能的玉器创作者，不仅要懂文化，还要懂艺术，又要懂雕工，玉器需要的是能传承中国玉文化的全能人才。

然而，现实情况是：部分玉雕从业人员普遍学历较低，他们没有显赫的玉雕家族史，没有深厚的文化艺术修养，多是偶然走入玉雕行业的普通人，最初的目的就是以此作为谋生手段，后来国家经济形势大好，玉器行业有了较快的发展，他们挣到了金钱。单纯从制作玉器的角度来讲，玉器属于传统手工艺，一个人从入门到成长为一名优秀的玉雕艺人需要持续不断地学习，要了解不同玉料的质地和特性，要有能够化瑕为瑜、剔脏去绺、俏色巧雕、废料利用等能力。这些都需要玉雕师在实际的操作中反复总结经验、教训，这个周期很长，且极为枯燥、辛苦，不仅需要吃苦耐劳的精神，还要能不浮躁、不急于求成，能在玉器行业坚持下来的毅力。然而，仅有这些素质还远远不够，部分手艺人也意识到了这个问题，他们也在提高自己，或到美院进修，或从书本学习，或从其他艺术形式中汲取营养，这些努力虽对他们作品水平的提升有所帮助，但提升有限，多数作品的艺术水准及文化内涵表现得还远远不够。

随着消费者对玉器的需求越来越多样化，未来市场竞争更趋激烈，玉器行业对玉雕艺人的要求越来越高。玉雕艺人不仅必须具备极高的文化素养、超强的设计思路、卓越的动手能力以及电脑软件的操控能力，同时也需要有一定的艺术天赋、审美能力、绘画功底、文学底蕴等，才有可能在激烈的竞争中占据一席之地。

值得一提的是，玉器行业从业人员学历偏低的状况正在改变。随着玉器行业为越来越多的人所认可，近年来高学历人员不断进入玉器行业，玉器从业人员整体素质开始提高。国家为了鼓励传统手工技艺的传承和发展，也会给予更多的政策支持。截至2020年，全国共有10余所高校设立了与玉石雕刻相关的专业，特别是北京城市学院玉雕专业研究生的培养更是独树一帜。未来，这些高校出来的具有专业背景的从业人员将会成为玉器行业的一支重要力量。他们更加注重创意，期待不久的将来，这些玉雕师能将中国传统玉器美学和当代审美观念有机融合，创作符合当下消费群体需求的多元化、个性化玉器作品。

五、玉器行业产品结构现状及展望

1. 玉器产品的价位现状及展望

玉器从价位上，可分为高、中、低三档。

低档玉器是指价格在万元以下的玉器作品。目前低档玉器占在售玉器总量的80%。这类玉器的特点是价格较低，能够被大众所接受。这部分作品价格之所以较低，是因为玉料相对低档，加工成本较低，多用电脑雕刻机制作完成。同时，这类作品设计较为时尚，能够批量生产，工艺较为精细，越来越受消费者的喜爱，从而成为玉器销售的主力品种。

中档玉器是指价格在万元以上、十万元以下的玉器作品。这部分作品占在售玉器总量的15%左右，多因材料较好而价格较高，目前玉料较为昂贵，特别是好的玉料已经是一料难求了。一些雕刻师将这些好的玉料稍加修饰，就算完成作品，并没有赋予它们更多的文化含义和思想内涵，只是体现了玉料的价值。这些作品在人们主要追求玉料质量的前些年，是有一定的市场的，但随着人们认识水平的提高，一些重料轻质意蕴的中档玉器，将会逐渐被淡化。

高档玉器是指价格在十万元以上至百万甚至千万元的玉器作品。这部分作品占在售玉器总量的5%左右。其特点是玉料优质，做工精良，文化表达到位，艺术感觉良好。这部分作品多为目前中国顶级玉雕艺人创作，这些玉雕艺人有着良好的玉雕技术功底和超强的玉料把握能力，以及独到的艺术表现能力，作品代表了中国玉器的最高水准。因而这类作品具有中国玉器引导者的意义。

虽说全国的低档玉器作品数量占80%，但利润却只占玉雕行业利润的20%。中、高档玉器数量只占总量的20%，但利润却占总额的80%，这就是目前中国玉雕行业的"二八"现象。究其原因还是因为低档的玉器门槛较低，竞争激烈，因而利润也低。中、高档的玉器作品准入门槛较高，属于小众消费，因而利润较高。

未来中国玉器将会出现高低档继续并存的局面，高档作品有其自己的交易空间，低档作品有其广泛的消费群体，只是中档作品的规模将会大大缩减。

2. 玉器产品器型发展的现状及展望

从器型上，玉器可分摆件、把件和首饰三类。

以往玉器作品以摆件和把件居多，未来的玉器器型会表现出以下几个趋势：一是首饰类作品会越来越受到欢迎；二是器型将呈现出跨界的多元化表现形式；三是摆件、把件的数量将会减少。

3. 玉器作品的题材现状及展望

玉器从题材上，可分为传统玉器与时尚玉器。

传统玉器是指以中国传统文化为题材的玉器。这部分作品过去占据玉器销售市场的70%以上。玉器的材料被认为有辟邪、祥瑞的功效，传统题材的玉器多将其加工成具有平安寓义的器型和纹饰。传统题材玉器以把件居多，也有文房用品。人们既能把玩其质地，感受玉质之曼妙，又能观赏其形纹，体味文化之博大，因而，传统题材一直以来都是中国玉器的主要题材。

时尚玉器是指题材适合现代风尚的玉器。这部分玉器过去只占玉器市场很小的份额。近年来，时尚玉器越来越多地为人们特别是年轻人所接受，甚至出现追随时尚风潮的玉器，诸如游戏怪兽、动漫人物等。同时适合女性的时尚玉器也在大幅增长，不仅有手镯等器物，还有具时尚元素的胸坠、项链、耳环、手链、头饰等，这些玉器为年轻消费群体乐于购买的玉器。鉴于女性与年轻人这两个消费群体的消费特点和消费水平，未来样式小巧、工艺精湛或者个性鲜明的玉饰作品将会越来越受市场青睐。一些雕工精细、时尚美观的玉石镶嵌饰品或者其他玉石饰品也将会有不俗的市场表现。虽说目前这部分玉器市场的占有率不大，大约在30%，但随着玉器年轻化、女性化的普及，这一类玉器的市场占有率将会极大提高。

六、玉器行业产品价格分析及展望

1. 玉器产品价格现状

过去每年都有大量的玉器产品投放市场，这些玉器有的是来料加工，有的是成品投放。前些年因玉料便宜，人工成本也不高，加之文化表现欠缺、工艺技术也不完美，所以一般的玉器价格不高，购买者全凭销售者的说辞和玉料的优劣判定玉器价格，人们购买起来没有太大的经济压力。因此即使是玉料以次充好，工艺乏善可陈，纹饰故弄玄虚的玉器，也都能卖出好价钱，购买者对玉器价格高低没有太高的敏感度。所以玉器的价格较为混乱，这种较为随意的定价方式，给了一些不法商人以可乘之机。这种状况随着经济的发展和人们认识水平的提高将有所改观，这就需要我们正确分析玉器价值的组成部分，让玉器的价格回归其真正的价值。

2. 当代玉器价格确立的思路

价格是价值的表现形式，玉器产品的价值决定了玉器的价格，玉器的价值大致包括这样几个内容：一是材料价值，二是工艺价值，三是艺术价值。

当代玉器价格的确立，可采用以下三种思路。

（1）玉料成本价格

玉料在玉器总成本中占有重要比重，所以要确立一件玉器的价格，首先要确定其玉料价格。玉料价格变化很大，一般来说每年都在上涨，如白玉子料，1981年，优质的和田白玉子料价格每千克只要100—150元，2021年每千克涨到100万—150万元，40年涨了近1万倍！这个价格还在继续上涨，这也是当今玉器价格不断上涨的重要因素，玉料价格是玉器定价的重要依据。

（2）生产成本价格

生产成本价格是将玉器生产各个环节的成本累计起来得出的结果，主要包括设计费用、工人工资、管理费用、流通费用和利润等。近些年，随着人工成本、房租费用等成本的快速上涨，生产成本已大大提高，且这种上涨趋势目前还在进行。

（3）艺术成本价格

艺术原本无价，但表现在具体媒介上就会表现出价格的差别。随着人们对当代玉器认识水平的不断提高，对玉器作品的要求也随之提高。过去那种简单地把玉料和工艺的优劣作为玉器定价主要标准的做法早已不合时宜了，如今更注重的是玉器所表现的艺术内涵。玉器作品是经过认真的思考、精心的设计和巧妙的加工创作而成的艺术品。玉器本身包含了艺术的成分，同样的原料由不同的设计师来设计，其作品的价值就会有很大的差异，珍贵的玉器除了以料取胜之外，设计独到的名家作品也是决定其价格的一个重要因素，越是知名玉器艺术家的作品，价格越高。

今后玉器价格有向上发展空间的将会是如下四类玉雕工艺大师的作品：一是具有集大成地位的德高望重的大师，主要指在各个地域流派、各个工艺品种方面最有代表性的几位大师，他们必然在中国艺术史上作为一个艺术时期的代表留下姓名。二是在地域流派、风格流派的形成与发展中起到关键作用的大师，具有开宗立派的地位，他们的艺术理念与创作方法影响深远。他们的作品，具有极大的收藏价值。三是主要流派的创作中坚，他们在艺术史上占有一定的地位。四是风格独特、理念超前的工艺师，也会作为一个艺术现象载入玉器艺术史中，他们的作品也具有收藏价值。

3. 玉器产品定价策略

玉器价格的高低往往直接影响着玉器作品在市场中的地位和形象，影响着消费者对玉器作品的接受程度，从而影响着产品的销路。合理的价格对消费者的心理会产生良好的刺激作用，其本身就具有促销的功能。和田玉作品在消费者心目中具有极高的声望，人们购买时，往往对价格的高低并不十分敏感，而更在意作品能否显示其身份和地位。有人正是利用了消费者这种心理漫天要价，造成玉器价格十分混乱。随着时代的发展、社会的进步，玉器价格混乱的局面将会结束，人们现在更多的是期待着玉器市场重新定价，回归理性。玉器作品的市场定价策略，主要有以下两种。

（1）市场比较策略

这种策略是对相似玉器在相似市场中的价格进行比较。这种策略适用于名家设计制作的玉器和特殊类型的玉器的定价。

（2）参考拍卖成交价的策略

越来越多的现代玉器精品开始进入拍卖市场，其最后的成交价也为当代玉器的定价提供了一个重要的价格参考。

4. 玉器价格未来的展望

未来的玉器作品，会出现以下四个特征。

①产品平民化。未来的玉器产品，将会以普通百姓喜欢的器物为主，作品无论从设计到生产到销售，都将平民化，能够为普通百姓所接受，成为百姓的日常消费品。

②器物时尚化。未来的玉器，无论器物的器型还是纹饰，都将有鲜明的时尚元素，佩戴方便，大小适宜，搭配得当，都将成为新时代时尚玉器的标签，玉器也必定在这种新风尚中找到自己的位置，让更多的人喜爱。

③价格亲民化。前些年高端玉器高达几百万元一件的历史在今后的玉器史上还会重演，但那些必定是载入史册的作品，而且这类作品会越来越少。更多的是价格亲民的几千至几万元的作品，这些作品玉料一般，但雕工精细，设计时尚，必将会成为今后一段时间玉器的主要品种。

④作品保值化。随着玉料开采难度的增大，玉料的价格必定会有所上涨，高端玉料，特别是和田子料将会是一料难求。因而，好的玉器作品也将是良好的金融保值工具，必然具有保值增值功

能，而且这一点随着时间的推移会更加重要。

玉器价格未来将会分化，那些玉料高端，出色展现中国文化底蕴的作品，价格将大幅上升。那些玉料较好，但文化底蕴较差的作品虽说不会马上被社会淘汰，但价格会一路走低。至于那些低档产品，随着机械雕刻的大规模使用，雕刻成本大幅降低，价格会趋于平稳下降。

七、玉器行业销售渠道现状及展望

1. 销售市场

玉器销售市场作为玉器销售的专业市场，一般可以划分为四类。

①分布于玉料产区的市场。这类市场以当地出产的玉料为依托，分布于玉料产地附近。近年来，各地政府对玉料产业的重视程度不断增加，玉矿所在地的政府部门更是着力宣传，不断推出行之有效的政策发展玉料产业，这不仅推动了本地市场的繁荣，也使许多消费者、玉料商家慕名前往，致使玉料交易火爆。现在这类市场销售的玉料种类丰富，市场逐渐规范，消费者的权益具有一定的保障。目前此类批发市场主要分布在和田（图14-41）、南阳、岫岩等地。

②分布于交通便利地区的市场。这类市场是借助发达的交通运输条件，将原产地的玉料进行集散，满足各类消费者的需求。目前此类市场主要在北京、苏州等地。

③分布于玉雕基地附近的市场。这类市场是在原有的玉雕基地附近发展起来的，因有玉雕产业的支持，一般规模都较大。这类市场的发展与当地政府的大力支持紧密相连，当地政府都会给些优惠政策，使其发展较为平稳。目前扬州、苏州及镇平等市场就是此类市场的代表。

④分布于玉器销售地附近的市场。一些玉器销售较为重要的产地，客户有时需要定制产品，这就需要自购玉料，因而在靠近玉器销售地也产生了一些玉料市场。目前此类市场主要在北京、镇平等地。

2. 玉器销售市场地域分布状况

（1）北京市场

北京最具代表性的玉器市场有：北京潘家园旧货市场、北京古玩城、天雅古玩城等。

北京潘家园旧货市场位于北京三环路的东南角，是玉器的销售市场，共有3000多个摊位，其中和玉器有关的摊位占1/3，销售的玉器主要是低档玉器，是北京及华北地区玉器的主要集散地（图14-42）。

北京古玩城位于北京潘家园地区，是亚洲较大的古玩艺术品交易中心。经营范围较广，玉器是其经营的重要品类。过去一段时间，北京古玩城玉器作品的规模和档次在全国同类市场中是较高的，是全国重要的高端当代玉器销售市场。

天雅古玩城与北京古玩城隔街相望，是文化氛围浓厚的高端古玩市场，共有商家680余户，部分商家经营玉器，品种较为齐全，价格较为适中。

（2）广东市场

广东是中国乃至世界珠宝首饰的制造基地和流通集散地，珠宝首饰早已成为广东省深圳市、广州市番禺区和花都区的支柱产业。经过较长时期的培育，广东目前已形成特色各异的四大玉器市

图14-41　新疆和田玉料市场

图14-42　北京潘家园旧货市场交易情景

场：佛山平洲、肇庆四会、广州华林和广东揭阳等地，这些市场也是玉器销售的重要市场。

　　华林玉器市场位于广州市长寿路附近，地处人流密集的上下九商业步行街。玉器交易场所主要有华林寺门前的商铺和胜源玉器市场，人称"华林玉器街"。街道两旁数百家玉器店铺鳞次栉比，成行成市，以销售玉器成品为主。

　　四会玉器市场位于四会城区。四会市有着"中国玉器之乡""中华翡翠（玉器）加工基地"的美誉，是全球最大的翡翠玉器批发市场和玉器加工销售集散地之一。目前，全市拥有近500家翡翠加工厂、10多个翡翠批发专业市场、1000多家门店及摊位，从业人员15万人左右，年交易额近100亿元。当代玉器销售以碧玉为主。

平洲玉器市场位于南海平洲平东村，距广州玉器街只有15千米，这里交通四通八达。平洲玉器市场主要以经营玉手镯为主，高中低档货色齐备，是我国最大的玉手镯生产加工基地，白玉和碧玉在这里也有大量销售。

揭阳玉器市场位于粤东揭阳市区边缘的阳美村。村民从1905年起就开始经营玉器，已有百年历史，是有名的"金玉之乡"。市场经营品类较多，部分商家以经营和田玉器为主。

（3）新疆市场

过去几年来，新疆市场的玉器销售呈平稳态势。新疆的玉器市场广泛分布于乌鲁木齐、和田等地，主要出售玉挂件、首饰类作品。

乌鲁木齐华凌玉器市场位于乌鲁木齐市沙依巴克区克拉玛依东路与河滩路的交叉路口处。华凌玉器交易市场只有两层，以摊位为主，店面为辅，主要销售已加工好的和田玉器，是目前乌鲁木齐最大的玉器批发市场。

和田是全国最著名的和田玉产区，主要产出和田子料。和田市场每逢周五、六、日都会有玉石"巴扎"。每年8月下旬举办一次和田玉文化节，届时全国各地的和田玉经销商、玉雕大师、文人墨客都会云集于此，盛况空前，推动和田玉在全国的影响力。

（4）镇平县石佛寺镇市场

河南省南阳市镇平县石佛寺镇是国内较大的玉器加工、批发和玉料集散市场，有"玉雕之乡"之美称。近年来先后形成了十几个玉雕专业村，整个市场拥有各类玉雕加工企业4000多家，经销门店（摊位）3500个（其中高档精品门店800多个），从业人员30万—40万人，日客流量数万人，年产玉雕产品1000万—1500万件，成交额达150亿—200亿元之多。

（5）上海市场

上海是中国玉器高端产品的制造地，具有得天独厚的优势，其市场规模在全国也是首屈一指的。

中福古玩城市场是一个产品丰富、门类齐全的古玩城，玉器是市场重要的经营品类，上海玉雕师多在这里设店展示销售。

上海静安寺珠宝古玩城是上海市中心玉器、古玩艺术品专营商城。

华宝楼作为上海最负盛名的古玩市场之一，面向上海老街，毗邻老城隍庙大门，总营业面积为1500平方米，目前约有数百家商户，经营着上万种物品，是上海目前规模最大、品种最齐的室内古玩市场，玉器作品是其重要的经营品种。

上海的大同古玩城、城隍珠宝商城里也有相当规模的玉器销售。

（6）扬州市场

扬州自古就是中国玉器的加工地，具有优良的玉雕传统。扬州精美绝伦的玉雕技艺，自明清以来一直为天下人所称赞。扬州玉器市场主要集中在玉器厂东、西及湾头镇等地方。

图14-43 苏然玉器工作室

（7）苏州市场

苏州是目前国内玉器销售的重要产地，特别是中档产品的销售更是在国内独占鳌头。著名的玉器市场和作坊区主要集中在观前街、学士街等地区。主要如下。

文庙原料市场，每星期六、日开放。

观前街玉器市场，有数百家玉器商户。

白玉城市场，有几十家玉器商店。

园林路市场，是近十几年形成的以工作室形式进行生产销售的玉器市场。

3. 展会展卖

展会展卖的方式始于20世纪90年代，但规模不大。这种方式打破了传统销售方式，是采取主动出击的方式积极营销的手段之一，从2013年起风靡全国。最初以北京为中心，从南到北，从东到西，几乎每个省会和有一定规模的城市都有宝玉石展销会，珠宝展集中了各类珠宝玉石产品，层次各异、千姿百态、丰富多彩，参观者可以了解最新动向，收集最新信息。消费者在短短几天的展会中，就可以挑选到自己心仪的玉器，成交率很高。每年的北京中国国际珠宝展是典型代表。

4. 工作室销售

玉雕艺人的玉器工作室本来是生产玉器的场所，但高档工作室历来就有直销的习惯。购买者到这些玉雕工作室直接购买玉器的目的有两个：一是价格相对便宜，二是器物绝对保真。工作室的销售越来越成为玉器销售的重要方式。工作室是集生产、销售及展示于一体的销售方式。本来工作室的功能是生产玉器作品，销售则应由专门的机构来进行。然而，玉器的工作室却有着另外一种功能——保真。由于目前冒名的作品利润较高，许多不法商人冒着风险，仿冒他人品牌玉器，市场购买时难免会上当。为了避免这种情况，许多购买者为了保真，会慕名而来，到工作室购买玉器。同时也有在源头购买，减少流通渠道，价格便宜的考量。这种工作室直销的方式，也成为高档玉器销售的重要方式（图14-43）。

5. 拍卖市场销售

拍卖已经成为玉器销售的一种重要方式，近些年来这种方式的销售得到了玉器购买者的认可。目前拍卖市场销售有以下几个特点。

第一，当代玉雕名家作品占比较大。在玉器拍卖市场中，许多当代玉雕名家作品非常受欢迎，在成交的作品中占有很大比例。

第二，玉器拍卖专场不断增加。前些年的拍卖中，玉器多与工艺品、杂项等其他拍品混在一起。近年来许多拍卖机构推出了玉器专场的拍卖，拍品或按年代、或按器类、或按流派、或按地域、或按玉质、或按雕刻大师名气等进行划分，使各类购买者都能得到详细信息。值得一提的是，这种玉器专场拍卖会效果大都很好，成交率很高。

第三，无底价拍卖成为主要形式。无底价拍卖的拍品不设定底价，由竞买人自行报价，采取"价高者得"的竞价方式。玉器无底价拍卖是一种非常有吸引力的拍卖方式，尤其是对于刚进入玉器收藏圈的新手和普通爱玉的大众，由于知识经验相对不足，这样的场合可以探寻玉器的真正价格，积累购买经验，降低购买风险；内行人可以在拍卖会中，抓住机会"捡漏"。同时也为买卖双方提供了相互交流的机会。目前许多拍卖行的玉器拍卖，都选择这种无底价拍卖形式。

第四，拍卖市场购买人群多样化。随着玉器市场越来越成熟，人们对于玉器的品质要求也越来越高，关注玉器的人也不断增加。受当今经济、市场、投资、货币、通胀等因素的影响，越来越多的人都想将手中的货币换作有收藏价值的藏品来保值增值。由于玉石不仅有观赏价值、收藏价值，还有金融属性和艺术品投资的功能，故此近些年来，许多原本不懂玉的人也纷纷将目光转向了玉器市场，在拍卖行购买玉器进行投资。除此之外，受中国传统文化和审美的影响，我国本来就有着众多爱玉之人，他们对玉器的佩戴、赏玩、收藏等都有一定的了解，这些人也会不定时地辗转于各个拍卖会收藏有价值的玉器。

6. 玉器市场新兴渠道——电子商务

随着玉器消费者群体规模的不断扩大以及网购已经成为人们的重要生活方式，玉器的电子商务为玉器的发展创造了一个新的发展契机。

电子商务缩短了玉器供应商与终端消费者的距离，使企业具备快速的市场反应，能及时了解到消费者的消费需求和消费习惯，既缩短了新品上市周期，又能针对消费者个性化需求快速调整新品的开发和生产，将消费群体扩大到更广泛的人群。有些网站还利用视频展示直接向顾客介绍产品特点，让网民得到更直观的感受，的确得到不少消费者的盛赞。

电商本来和玉器联系不太紧密，因为玉器作品要上手来看，仅凭照片不太容易辨认品质优劣，过去人们认为玉器产品不适合电商，所以销售是以线下市场为主。但近年的情况却出乎人们的意料，玉器销售的电子商务突然火爆起来，究其原因主要有二。

一是玉器最终价格便宜。以前玉器销售的模式主要是一级批发商批给二级批发商，二级批发商再批给零售商，每一级批发的利润都在100%左右。举例来说，100元的玉器一级批发商批给二级是200元，二级批发商批给零售商是400元，零售商卖给顾客是800元。批零差价实在是太大了，但这是玉器行业的业态，每一级经营者都要有这么多的利润才能维持正常运营，玉器原始价格并不高，只是因为渠道的问题，导致最后零售的价格较高。如果一级批发商能直接卖给顾客，在价格上就具有绝对的竞争力。以前是流通渠道不畅，一级批发商不能直接面对顾客，只能卖给下一级批发商或零售商，造成玉器最终价格昂贵。有了电商渠道，一级批发商可以直接面向顾客，利润也不少，而顾客买到的玉器价格一下子降了三分之二，得到了实惠。这种现象对于一级批发商和顾客是好事情，但对二级批发商和零售商来说因没有价格优势，导致他们的生意门可罗雀。

二是信用体系的建立。以前顾客购买玉器总是担心买到假货，现在随着电商信用体系的建立，卖家必须诚信，而且买家还可以收到玉器以后再付款。这种信用体系保证了玉器销售电子商务的顺利进行。

电子商务降低了企业进入市场的初始成本、店面成本、中间渠道、广告费用、管理成本。成本降低了，企业有了资本投入到产品研发，让利消费者。通过这些良性的循环，有效地提高了企业的竞争力。一件网上销售的玉器，平均销售价格比实体店大约低50%，部分产品甚至70%。电子商务的交易洽谈、支付、交货都在网上进行，工作效率高，方便快捷，提高了企业从生产、库存到流通各个环节的效率，极大地降低了流通成本。

目前玉器电子商务主要有网购、网拍、直播与众筹等多种形式。

（1）网购

网购即网上购买。这种形式的销售是在网上开网店进行玉器销售，它主要是通过图片来展示玉器信息。随着网络购物环境安全性、产品丰富度、性价比的不断提高，网购市场不断壮大，借由网络经济赋予的新机遇，年轻一代的玉商都踊跃上网开店。玉器从传统的现场交易实现了电子交易，大大减少了人力、物力支出，降低了交易的成本，打破了玉器营销中地域和时间的限制，使得玉器的交易可以在任何时间、任何地点进行，从而大大提高了效率，使玉器有了更广阔的销售空间。而随着网络销售渠道的扩大，越来越多的玉商走上电子商务这条快车道，逐步实现产品销售模式由线下与线上结合，玉器电商迎来了更加光明的前景。

（2）网拍

网拍即网上拍卖。网拍有固定时间网拍和不间断网拍等形式。网络拍卖比起传统拍卖，既能降低运营成本、降低拍品交易成本，也能缩短交易时间、提高交易效率。从提供各层次的拍卖体验和培育潜在玉器购买客户的视角来看，玉器拍卖不仅需要传统的玉器专场拍卖，也需要面向大众接地气、高频次、结算快的网络拍卖。这些年玉器的网络拍卖逐渐成为较为流行的拍卖行为。

（3）直播

直播大致分两类：一是在网上提供电视信号的观看，例如各类体育比赛和文艺活动的直播；二是在现场架设独立的信号采集设备，将采集到的信号通过网络上传至服务器供人观看。玉器的直播形式是属于后一种形式。

玉器直播销售在2016年才开始，短短几年，已经形成一种潮流和趋势，占玉器销售总成交额的比重越来越大。

玉器直播销售是互联网销售的一种方式，它吸取和延续了互联网销售的优势，利用视讯方式进行网上现场直播。它是将玉器产品、相关背景等内容实时发布到互联网上，利用互联网的直观、快速、受众多、内容丰富、交互性强、容易表现和不受地域限制等特点，达到了很好的销售效果。有些现场直播完成后，还可以为顾客继续提供重播和点播，有效地延长播出的时间和空间，进而发挥直播内容的最大价值。

玉器直播这种销售形式，打破了传统电商的理念，运用全新的形式，解决了玉器平面展示销售的一些痛点。

第一，网络直播销售可以确保信息真实。玉器直播销售采用视频的形式，使购买者能够更全面地了解玉器的特征，玉器视频的信息维度比玉器图片文字信息丰富得多，可以确保买家看到真实可靠的玉器。

第二，网络直播销售买卖双方可以交流。玉器直播销售是由主播进行销售的场景，主播有点类似商场导购员的业态。通过他们讲解示范、回答问题这类互动形式，可以解决用户不懂或怀疑的问题，满足客户的消费体验。

第三，网络直播销售过程简单便捷方便。用户只要打开相应的平台，进入各种玉器直播间，即可真切感受到玉器购物的场景，并能通过聊天与现场主播及销售团队实时互动。

不可否认，对于用户而言，通过直播来了解玉器，会花费大量的时间来浏览搜寻，时间成本更高。毕竟网络直播和平面展示商品的方式是不同的，平面展示预先展示玉器图片，购买者可以通过快速浏览网页，在短时间就能做出购买玉器的决定。直播销售是顺序展示，购买者要想买到心仪的玉器，就必须花费一定的时间跟随主播的进度，看似浪费时间。然而，换一个角度来思考，如果购买者通过直播就能立即进行玉器购买的行为，决策效率实际上是提高了，节约了时间成本。

因为玉器直播形式的便利性和巨大的发展潜力，同时为了方便管理商家，各大互联网平台纷纷建立了玉器直播基地。这些基地多建在大型玉器市场之中，既方便平台进行管理，也方便直播商家和生产厂家沟通信息。近年来网上直播销售，用热火朝天来形容一点都不过分，形成了巨大浪潮。在这一浪潮中，玉器行业及相关行业都收获巨大。

第一个是商家受益。网上直播销售，是销售形式的变化。商家在线下玉器销售收入大幅减少的情况下，采用直播销售，使商家销售额大幅提高，利润也相应大幅提高。然而，这部分受益的商家通常是那些思维活跃、意识超前的商家（图14-44）。

第二个是厂家受益。直播销售大幅度提高了销售量，对上游供应商的需求大量增加，这就导致玉器生产厂家的产能也随之大幅度提高。以河南镇平石佛寺市场为例，2019年以前，拥有百台以上电脑玉雕机的厂家只有寥寥数家，到了2021年，就已多达数十家，并且每个厂家生产线都在24小时运转。厂家在产量大规模提高的同时，利润也大幅度提高。

第三个是相关行业受益。玉器直播的兴起，直接带动了相关行业

图14-44　和田玉器直播商家

图14-45　潘家园抖音直播基地发货场景

的发展，从玉器质地鉴定的检测机构，到运输物品的物流行业，再到食品和房屋行业都在受益。因各个直播基地都对发货时间和地点有所要求，多数直播商家都要在靠近直播基地附近进行工作生活，这就导致对直播基地附近的食品、房屋的需求量急剧增加（图14-45）。

然而，玉器的直播销售也有缺点，主要表现在不良商家有时会掩盖玉器存在的缺陷。直播销售受客观条件的限制，不可能完全等同于真人的眼睛直接观察玉器，商家展示玉器有所侧重，使得有些不良商家在展示玉器时，避重就轻，只展示、强调玉器质优的一面，将玉器的缺陷一带而过，导致消费者拿到商品时发现与镜头前的展品相去甚远，结果导致退货率极高，极大地损害了消费者的信心和热情。

（4）众筹

众筹是发起人有创造力，却缺乏资金，投资人对发起人的故事和回报感兴趣，并且有能力提供资金支持，于是事先将资金预付给发起人的行为。玉器众筹就是投资人对一个特定玉器项目进行资金支持的行为。

7. 玉器销售渠道未来展望

玉器传统消费模式全在线下，消费者在线下，商品在线下，服务也在线下，所以玉器商家只要深耕线下即可满足销售需求。如今，随着互联网的发展，在网店、微店、网上跨境微电商、直播、众筹等新的销售浪潮中，都能看到玉器商家的身影。较过去而言，这些新的销售渠道日益成为销售的主要渠道。

但玉器行业有其特殊性，这种特殊性表现在玉器行业的线下渠道仍然是玉器销售的重要渠道，通过商家与买家之间面对面的交流，最大限度地沟通双方对玉器作品的认识，达到销售目的。

玉器作品最大的问题是保真，许多优秀作品被许多不良玉商进行仿制，会对原作造成金钱与名誉的巨大损害，这是玉器特别是高档玉器销售需要线下面对面交流的一个重要原因。这一难题正在随着互联网技术的成熟不断解决，近年来互联网区块链技术的出现及其在玉器行业的应用，使玉器作品真伪问题能够得到较好的解决。

未来玉器行业的销售渠道可能会有两个变化方向：一是目前的线上线下的销售方式，会经过时间的检验，淘汰不适合的销售方式，适合玉器销售渠道的则会变得越来越规范，也会越来越专业。同时，这些销售渠道正在融合，玉器销售从纯线下销售到拍卖、展会销售，再到线上线下相结合销售的模式，体现了当今玉器作品销售的时代性。二是玉器销售会随着时代、科技和生活方式的发展而变化，产生新的销售媒介，进而产生新的销售渠道，开启新的销售模式。

八、玉器行业未来前景展望

众所周知，中国玉器玉文化历史起始之早、延续时间之长、分布范围之广、器型纹饰之多、内容之丰富、做工之精细、影响之深远，在世界上是无与伦比的，是中华民族最优秀的传统文化之一，是中华民族的宝贵遗产。

1. 玉器行业当代总体形势及展望

随着人民生活水平的提高、文化事业的快速发展，玉文化得到了蓬勃发展，应该说当前是中国历史上玉器最辉煌的时代。

时代发展到了今天，人们物质生活已经极大丰富，精神层面更需要物质载体来传承当今的文明，玉器自然成为这种文明的最佳载体。玉器，无论是高端艺术品，还是低端消费品，已经走向千家万户，走进大众心中。婉约风情的女士玉镯，充满朝气的潮人挂件，沉稳庄重的把件，赏心悦目的摆件，无不渗透着人们对玉器的喜爱，无形中使得中国玉文化得到传承。

展望未来，可以用"潜力巨大，前景广阔"八个字来形容。中华民族有许多优秀的传统文化，但随着时代的发展，有些方面逐渐衰弱（如印石文化、砚石文化），成为保护对象；有些方面则会得到更大的发展空间。

2. 玉器行业未来发展策略

在未来发展方面，我们不仅要相信中国玉文化会代代相传，更要做好具体工作，充分了解行业发展趋势，分析整个市场动态，研究消费者心理，思索目标市场定位，培养和引进更多专业人才等，保障玉料供给，从而提高玉器企业竞争力。具体需要做到以下几个方面。

（1）建立玉器品牌

玉器品牌可以培养客户忠诚度，客户忠诚度可为玉器企业提供竞争优势。树立品牌形象，在产品趋于多元化，市场竞争激烈的情况下，能给企业带来忠诚和稳定的消费群体。虽然中国有许多玉器生产经营企业，但是到现在为止还没有家喻户晓的玉器品牌企业。这就要求玉器企业在未来的发展中，重视品牌建设，生产出高质量、能代表中国文化的品牌玉器，这样才能在市场中立于不败之地。

（2）创造差异产品

产品差异化会使企业自己的产品有别于竞争者，而突出产品的某一特征，使其与竞争者的同质产品有明显差异，就会增强产品对消费者的吸引力。同时，注意开发新产品，可以将当前社会文化趋势、潮流和价值观念与玉料的独特性结合起来，创立新的玉器。

（3）加强渠道销售

销售渠道是加速产品流通、促进生产发展、提高经济效益的重要手段。销售渠道是否畅通、销售渠道的数量、环节多少以及容量大小等问题对玉器的销售业有直接的影响。合理选择渠道、加强渠道的管理以及适时开拓新的销售渠道，就能加快产品的流通速度，加速资金周转，使企业能以同量的资金，生产更多的产品，提高企业的经济效益。

随着经济的发展、社会的进步，玉器已走入了寻常百姓家，了解玉、喜欢玉、消费玉的人群不断扩大。因此，玉器商家要利用各种方式拓展销售渠道，如建立线下销售的信用商家、品种多样化商家扩大销售，同时积极扩大网上销售。

（4）培养高端人才

玉器人才的培养是今后玉器行业发展的关键，有无合格的玉器人才，直接关乎今后玉器行业的兴盛繁荣。由于历史原因，目前从事玉器行业人员素质不高，缺乏工艺美术文化知识和设计能力，不知道如何继承和发展传统文化精华，因此，如何提高玉雕人员的素质、大力提高玉雕艺术水平，创新和发展玉文化，是摆在我们面前的一项重要战略任务。

培养适合当代新形势的玉器人才要从三方面入手：一是打好玉器专业基础。玉器的制作不同于一般的手工业品，中国古代玉器工匠都是世代相传，这些工匠虽然没有受过系统教育，但也受着良好的家族玉文化氛围熏陶，加之各个时代对玉器崇拜的气氛都在影响着玉匠，同时每个时代都有专门指导玉器制作的机构和艺人，使得各个时代的玉器作品都有其独特的文化含义和深刻的社会伦理。培养当代玉工，也应从这方面入手，让他们学习玉器基础知识，培养玉器感觉，树立正确的玉器理念。二是提高文化水准。当代玉器已经不是简单的手工雕刻，而是多层次多学科的知识综合运用，既要掌握普通铊机使用的基本技法，又要有驾驭现代玉雕机器如电脑雕刻机的能力。因而，在玉器人才的培养上，就要多方面齐头并进，多学科交叉教育培养，使他们成为掌握现代科技能力的高端玉器人才。三是开办玉器学校。玉器学校对于加速玉器人才的培养，能收到良好的效果，今后各地特别是玉器生产的主要地区如河南南阳等地，要多办此类学校。同时，应在高等院校设置玉器专业，培养高端玉器艺术设计人员和研究人员，从全局上引领玉器艺术水平的提高、创新和发展。

（5）合理利用资源

玉器和玉文化的发展是以玉料资源为物质基础的，玉料是一种不可再生资源，我国的玉料资源相对比较丰富，这是我国玉文化特别发达的根本原因之一。但近些年来，玉料过度开采的现象相当普遍，一些玉矿的资源几近枯竭，玉器行业保持可持续发展成了问题。

没有玉料资源，玉文化的发展就要停止。解决玉料资源的方法有两条途径——开源节流。开源就是开发新的玉料矿山和新的玉种，可以开辟国内国外两种来源途径。这种方法已经有了一些成效，如国内开发了青海昆仑玉，补偿了新疆和田玉的不足；从国外引进了俄罗斯玉、韩国玉、加拿大玉等，缓解了国内玉石资源的不足。今后应该继续努力，特别是加大对国外玉料资源的研究和开发力度。根据地质资料，除亚洲的玉料资源比较丰富外，美洲、非洲和大洋洲的玉料资源也相当丰富，但开发利用得很少，建议玉器行业的企业对此予以关注。节流是指对已开发利用的玉料资源要进行合理有序的开发、细水长流、限量开采，实现可持续发展，坚决制止急功近利、有水快流、乱采滥挖。保证玉料开采的可持续性。

（6）提高艺术水准

玉器艺术在近万年的发展历史进程中，经过不断地开拓和完善，逐渐走向成熟，形成了一整套独特的艺术风格。由于玉器艺术有着材料的稀缺性、加工的局限性、因材施艺的特殊性及造型纹饰的独特性等因素，形成了独特的艺术标准，但这种标准缺乏时代性，使得当代玉器作品的艺术标准远远达不到现代人们对玉器艺术标准的要求。要改变这种状况，就要从两方面着手：一是加强行业内部人员的培训，提高现有从业人员的美学水准。这就要求在玉器行业内开展多种形式的美学教育，特别是进行玉器特有的美学形式教育，使从业人员提高审美水平。二是借鉴不同门类艺术品的特点，创造性地发展当代玉器美学。中国艺术品门类较多，各个门类的艺术品在其发展过程中，不仅创造了本门类的艺术品，同时为其他门类的艺术品提供了宝贵经验。因此，玉器在完善自我艺术水准的基础上，可借鉴其他艺术门类的优点，丰富玉器作品的艺术造型。

（7）加强对外传播

玉文化作为中国传统文化的重要组成部分，通过玉文化的对外传播，可以增强中国人的文化自信，让世界更好地认识中国。对外传播可以通过以下几个途径来完成。

首先，开展活动进行传播。在玉文化对外传播中，由于外国受众对中国玉文化的认知度不高，需要开展活动进行传播。包括：开展线下活动，邀请国外著名媒体人来中国互访、实地考察，向世界展示中国丰富多彩的玉文化；借助媒体传播，如在体育赛事、全球性的会议及采访国外著名人士等活动中介绍中国玉文化。2008年北京夏季奥运会就是一次极其成功的案例，这届奥运奖牌采用的是"金镶玉"的形式，世界各种媒体进行了报道，使世界认识了中国玉文化（图14-46）。

其次，利用旅游资源进行传播。旅游是快速传播文化的重要途径，要积极开拓境外旅游市场，在境外旅游中宣传玉文化知识，推荐玉文化产品，提高我国玉文化产业知名度。

最后，利用公共平台进行玉文化的对外传播。有关部门可在国内外建立玉文化博物馆，宣传展示中国玉文化，使外国观众迅速了解中国玉文化；将玉文化的传播与教育相结合，开设有关玉文化的基础课程，培养各国人民对玉文化的兴趣。

图14-46　2008年奥运徽宝

注 释

[1] 陈重远. 文物话春秋[M]. 北京: 北京出版社, 1996.

[2] 陈重远. 古玩谈旧闻[M]. 北京: 北京出版社, 1996.

[3] 上海二轻工业志编纂委员会. 上海二轻工业志. 上海: 上海社会科学院出版社, 1997.

[4] 上海二轻工业志编纂委员会. 上海二轻工业志. 上海: 上海社会科学院出版社, 1997.

[5] 镇平县地方史志编纂委员会. 镇平县志[M]. 北京: 方志出版社, 1998.

[6] 谢晓钟. 新疆游记[M]. 兰州: 甘肃人民出版社, 2003.

[7] 于明. 新疆和田玉开采史[M]. 北京: 科学出版社, 2018.

[8] 赵汝珍, 石山人. 古玩指南全编[M]. 北京: 北京出版社, 1992.

[9] 苏州市玉石雕刻行业协会. 苏州玉雕[M]. 北京: 文物出版社, 2021.

[10] 苏州市玉石雕刻行业协会. 苏州玉雕[M]. 北京: 文物出版社, 2021.

[11] 于明. 中国玉器年鉴（2013、2014、2015、2016、2017）[M]. 北京: 科学出版社, 2013–2017.

参 考 文 献

安徽省文物考古研究所, 中国科学技术大学开放研究实验室. 凌家滩墓葬玉器测试研究[J]. 文物, 1989(4): 10-13.

白子贵, 赵博. 和田玉鉴定与评估[M]. 2版. 上海: 东华大学出版社, 2019.

鲍勇, 曲雁, 金颖, 等. 局部漂白充填处理和田玉的鉴定特征[J]. 宝石和宝石学杂志, 2012, 14(4): 35-39.

北京市地方志编纂委员会. 北京志: 工业卷: 纺织工业志 工艺美术志[M]. 北京: 北京出版社, 2002.

北京市玉器厂技术研究组. 对商代琢玉工艺的一些初步看法[J]. 考古, 1976(4): 229-233, 286-287, 290.

毕思远. 青海格尔木纳赤台软玉的玉石学特征及成因分析[D]. 北京: 中国地质大学(北京), 2015.

蔡美峰. 岩石力学与工程[M]. 2版. 北京: 科学出版社, 2013.

曹治权. 微量元素与中医药[M]. 北京: 中国中医药出版社, 1993.

曹治权. 中药药效的物质基础和作用机理研究新思路(一)——中药中化学物种形态和生物活性关系的研究[J]. 上海中医药大学学报, 2000, 14(1): 36-40.

曹治权. 中药药效的物质基础和作用机理研究新思路(二)——中药中化学物种形态和生物活性关系的研究[J]. 上海中医药大学学报, 2000, 14(2): 55-57.

柴立. 从微量元素及其配位化合物对组织器官的富集、亲合探讨"归经"实质[J]. 微量元素与健康研究, 1984(1): 24-26.

陈淳, 张祖方. 磨盘墩石钻研究[J]. 东南文化, 1986(1): 139-141.

陈光远, 孙岱生, 殷辉安. 成因矿物学与找矿矿物学[M]. 重庆: 重庆出版社, 1987.

陈建华, 姜风喜. 阿尔泰山内猫眼宝石的特征[J]. 新疆有色金属, 1990(3): 20-22.

陈景藻. 现代物理治疗学[M]. 北京: 人民军医出版社, 2001.

陈立铸. 和田玉籽料皮的真假辨别[J]. 中国化工贸易, 2013(2): 234.

陈望衡. 艺术创作美学[M]. 武汉: 武汉大学出版社, 2007.

陈咸益. 玉雕技法[M]. 南京: 江苏美术出版社, 1999.

陈哲夫, 成守德, 梁云海, 等. 新疆开合构造与成矿[M]. 乌鲁木齐: 新疆科技卫生出版社, 1997.

陈重远. 古玩史话与鉴赏[M]. 北京: 国际文化出版公司, 1990.

陈重远. 古玩谈旧闻[M]. 北京: 北京出版社, 1996.

陈重远. 文物话春秋[M]. 北京: 北京出版社, 1996.

成都市文物考古研究所, 北京大学考古文博院. 金沙淘珍: 成都市金沙村遗址出土文物[M]. 北京: 文物出版社, 2002.

成都文物考古研究所. 金沙玉器[M]. 北京: 科学出版社, 2006.

程丽. 四种产地软玉的比较研究[D]. 秦皇岛: 燕山大学, 2011.

丹纳. 艺术哲学: 艺术中的理想[M]. 傅雷, 译. 北京: 化学工业出版社, 2018.

邓峰, 王静. 岩石抗拉强度测定方法探讨[J]. 企业技术开发, 2011, 30(14): 130.

邓淑苹. 国色天香: 伊斯兰玉器[M]. 台北: 故宫博物院, 2007.

邓燕华. 宝(玉)石矿床[M]. 北京: 北京工业大学出版社, 1992.

丁一. 浅谈四川龙溪玉和软玉猫眼的对比及市场前景[J]. 中山大学研究生学刊(自然科学. 医学版), 2011(2): 79-84.

董必谦. 青海省格尔木玉地质简况及玉石特征[J]. 建材地质, 1996(5): 23-28.

方建松, 刘鹏鹏. 设计构成[M]. 北京: 北京理工大学出版社, 2017.

方婷. 南疆和田玉戈壁料的特征与成因[J]. 宝石和宝石学杂志, 2018, 20(5): 27-38.

方婷. 新疆且末县八号玉石矿宝石学特征及成因研究[D]. 北京: 北京科技大学, 2017.

冯晓燕, 陆太进, 张勇, 等. 新出现的软玉相似玉石与仿制品的实验室鉴定[C]// 张蓓莉. 珠宝与科技: 中国珠宝首饰学术交流会论文集(2011). 北京: 地质出版社, 2011.

冯晓燕, 沈美冬. 和田玉子料检测一二(下篇)[J]. 中国黄金珠宝, 2015(7): 12-13.

冯晓燕, 沈美冬, 陆太进, 等. 蓝色软玉的物质组成及光谱特征[C]// 2013中国珠宝首饰学术交流会论文集, 2013, 149-152.

冯远敬, 田宝军, 田春芳. 当代和田玉器集锦[M]. 北京: 中国文化出版社, 2006.

付芳芳, 张贵宾, 孟丽娟, 等. 台湾软玉猫眼的矿物学研究[J]. 岩石矿物学杂志, 2014, 33(增刊): 1-6.

高孔. 新疆且末塔什萨依和田玉矿的成矿机制研究[D]. 北京: 中国地质大学(北京), 2018.

高濂. 遵生八笺: 卷十四: 燕闲清赏笺[M]. 弦雪居重订, 明万历刊本.

古方. 中国出土玉器全集[M]. 北京: 科学出版社, 2005.

古方. 中国古玉器图典[M]. 北京: 文物出版社, 2007.

广州市文物管理委员会, 中国社会科学院考古研究所, 广东省博物馆. 西汉南越王墓[M]. 北京: 文物出版社, 1991.

广州西汉南越王墓博物馆, 香港中文大学文物馆. 南越王墓玉器[M]. 香港: 两木出版社, 1991.

郭武. 阴阳五行观念与道教的成仙信仰[J]. 中华文化论坛, 1997(2): 100-102.

郭增福, 周在显. 中岳麦饭石对六种细菌的吸附试验观察[J]. 中医研究, 1989(3): 26-27.

邯郸市文物研究所. 邯郸古代雕塑精粹[M]. 北京: 文物出版社, 2007.

韩宝强. 音的历程: 现代音乐声学导论[M]. 北京: 人民音乐出版社, 2016.

韩冬, 刘喜锋, 刘琰, 等. 新疆和田地区大理岩型和田玉的形成及致色因素探讨[J]. 岩石矿物学杂志, 2018, 37(6): 1011-1026.

韩红卫, 张春江, 王核, 等. 阿尔金山中西段和田玉矿的成矿地质特征及找矿远景[J]. 矿物学报, 2011, 31(S1): 952-953.

韩磊, 洪汉烈. 中国三地软玉的矿物组成和成矿地质背景研究[J]. 宝石和宝石学杂志, 2009, 11(3): 6-10.

韩文, 毕立君, 柯捷, 等. 人工智能+珠宝检测: 激光诱导击穿光谱结合支持向量机方法判断和田玉产地[C]// 国家珠宝玉石质量监督检验中心, 北京珠宝研究所. 珠宝与科技: 中国国际珠宝首饰学术交流会论文集(2017). 北京: 地质出版社, 2017: 335-336.

韩文, 洪汉烈, 吴钰, 等. 和田玉糖玉的致色机理研究[J]. 光谱学与光谱分析, 2013, 33(6): 1446-1450.

韩跃新, 任飞, 印万忠, 等. 内蒙东部黑电气石释放负离子特性研究[J]. 矿冶, 2004, 13(1): 94-96.

何满潮, 胡江春, 熊伟, 等. 岩石抗拉强度特性的劈裂试验分析[J]. 矿业研究与开发, 2005, 25(2): 12-16.

贺智慧. 影响岩石力学性质和岩石变形的因素[J]. 山西焦煤科技, 2012(7): 55-58.

弘历. 清高宗(乾隆)御制诗文全集[M]. 北京: 中国人民大学出版社, 1993.

湖北省文物考古研究所, 钟祥市博物馆. 梁庄王墓[M]. 北京: 文物出版社, 2007.

湖北省文物考古研究所. 盘龙城: 1963—1994年考古发掘报告[M]. 北京: 文物出版社, 2001.

胡家燕. 贵州罗甸木变石猫眼简介[J]. 贵州地质, 1999, 16(1): 46-48.

黄文弼. 塔里木盆地考古记[M]. 北京: 科学出版社, 1958.

黄文钊. 新疆青玉的宝石学特征及成矿作用分析[D]. 成都: 成都理工大学, 2017.

J. G. 弗雷泽. 金枝——巫术与宗教之研究[M]. 汪培基, 徐育新, 张泽石, 译. 北京: 商务印书馆. 2019.

冀志江, 金宗哲, 梁金生, 等. 铁镁电气石的红外发射率研究[J]. 功能材料, 2004, 35(S1): 2579-2582.

贾玉衡, 刘喜锋, 刘琰, 等. 新疆且末碧玉矿的成因研究[J]. 岩石矿物学杂志, 2018, 37(5): 824-838.

简·爱伦·哈里森. 古代的艺术与仪式[M]. 吴晓群, 译. 郑州: 大象出版社, 2011.

姜耀辉, 芮行健, 贺菊瑞, 等. 西昆仑山加里东期花岗岩类构造的类型及其大地构造意义[J]. 岩石学报, 1999(1): 105-115.

姜颖. 新疆若羌和田玉矿物岩石学特征及成因机理研究[D]. 北京: 中国地质大学(北京), 2020.

蒋壬华. 和田玉[J]. 上海地质, 1998(2): 49-58.

荆三林. 中国生产工具发展史[M]. 北京: 中国展望出版社, 1986.

居热提·亚库甫, 李鹏兵. 和田玉染色处理鉴别探讨[J]. 低碳世界, 2013(20): 212-213.

孔祥福, 赵想安, 燕永洁. 格尔木三岔玉石矿地质特征及成因分析[J]. 中国非金属矿工业导刊, 2010(4): 60-61.

雷成. 东昆仑小灶火软玉矿床成因研究[D]. 武汉: 中国地质大学(武汉), 2016.

雷成, 杨明星, 钟增球. 东昆仑小灶火软玉中热液锆石U-Pb年龄及Hf同位素特征: 对成矿时代的制约[J]. 大地构造与成矿学, 2018, 42(1): 108-125.

李红军, 蔡逸涛. 江苏溧阳软玉特征研究[J]. 宝石和宝石学杂志, 2008, 10(3): 16-19, 48.

李鸿超. 中国矿物药[M]. 北京: 地质出版社, 1988.

李宏为. 乾隆与玉[M]. 北京: 华文出版社, 2013.

李基宏. 我国宝玉石矿带划分及矿床分类[J]. 有色金属矿产与勘查, 1994, 3(4): 252-254.

李建楠. 从"玉"部汉字看中国儒家思想的传承[J]. 21世纪, 2012(6): 78-80.

李举子, 吴瑞华, 凌潇潇, 等. 和田软玉的化学成分和显微结构研究[J]. 宝石和宝石学杂志, 2009, 11(4): 9-14.

李坤, 刘姣. 和田玉标准体系的建立[J]. 中国标准化, 2014(4): 91-93.

李坤, 王蓉, 申晓萍. 浅谈和田玉籽料的真伪鉴定[J]. 矿物岩石地球化学通报, 2009, 28(4): 416-417.

李立从, 何明跃, 杨娜. "人养玉"与"玉养人"的新认识[C]// 张蓓莉. 珠宝与科技: 中国珠宝首饰学术交流会论文集(2011). 北京: 地质出版社, 2011: 380-384.

李平, 李凌丽. 软玉子料的形状规律及其应用[J]. 岩矿测试, 2008, 27(5): 399-400.

李平, 陆丁荣. 软玉子料与染色山料的鉴别[J]. 超硬材料工程, 2008, 20(4): 58-62.

李平, 宋波. 软玉子料鉴定探讨[J]. 中国宝玉石, 2009(5): 102-103.

李水银. 药浴治阳痿[J]. 开卷有益: 求医问药, 2003(1): 49.

李雯雯, 吴瑞华, 董颖. 电气石红外光谱和红外辐射特性的研究[J]. 高校地质学报, 2008, 14(3): 426-432.

李文渊. 古亚洲洋与古特提斯洋关系初探[J]. 岩石学报, 2018, 34(8): 2201-2210.

李新岭. 和田玉鉴赏与投资·贰[M]. 北京: 印刷工业出版社, 2012.

李新岭. 和田玉名称的演变[J]. 艺术与设计, 2021, (6): 175-176.

李新岭, 申晓萍. 和田玉标准体系的建立及意义[C]// 张蓓莉. 珠宝与科技: 中国珠宝首饰学术交流会论文集(2011). 北京: 地质出版社, 2011: 186-190.

李娅莉. 东陵石的宝石学特征与鉴别[J]. 珠宝科技, 1997, (2): 21-22.

李养正. 新编北京白云观志[M]. 北京: 宗教文化出版社, 2003.

李越峰, 严兴科. 中药炮制技术[M]. 兰州: 甘肃科学技术出版社, 2016.

李珍. 玛瑙的结构特征与改色[J]. 珠宝科技, 1997, 9(3): 29-30.

理由. 八千年之恋: 玉美学[M]. 北京: 清华大学出版社, 2014.

廖宗廷. 话说和田玉[M]. 武汉: 中国地质大学出版社, 2014.

凌潇潇, 吴瑞华, E. Schmädicke 等. 青海烟紫色透闪石玉的化学成分和致色机理研究[C]// 郝维城. 玉石学国际学术研讨会. 北京: 地质出版社, 2011.

凌潇潇, 吴瑞华, 王时麒, 等. 青海绿色透闪石玉的LA-ICP-MS分析及致色机理研究[C]// 2009中国珠宝首饰学术交流会, 2009: 186-190.

刘道荣, 王玉民, 崔文智. 赏玉与琢玉[M]. 天津: 百花文艺出版社, 2004.

刘东岳. 台湾花莲碧玉宝石矿物学特征研究[D]. 北京: 中国地质大学(北京), 2013.

刘方. 中国美学的历史建构与文化功能[M]. 北京: 中国社会科学出版社, 2016.

刘广, 荣冠, 彭俊, 等. 矿物颗粒形状的岩石力学特性效应分析[J]. 岩土工程学报, 2013, 35(3): 540-549.

刘姣, 李坤. 和田玉标准体系建立的目的与意义[J]. 中国宝玉石, 2015(A1): 152-158.

刘时燕. 装饰图案[M]. 北京: 中国纺织出版社, 2017.

刘喜锋. 俄罗斯达克西姆地区白玉的宝石矿物学研究[D]. 北京: 中国地质大学(北京), 2010.

刘喜锋, 刘琰, 李自静, 等. 新疆皮山镁质矽卡岩矿床(含糖玉)锆石SHRIMP U-Pb定年[J]. 岩石矿物学杂志, 2017, 36(2): 259-273.

刘喜锋, 张红清, 刘琰, 等. 世界范围内代表性碧玉的矿物特征和成因研究[J]. 岩矿测试, 2018, 37(5): 479-489.

刘晓亮, 杨念, 邓松良, 等. 新疆若羌阿其克库勒碧玉的宝石学特征研究[J]. 新疆地质, 2019, 37(3): 359-362.

刘学良. 猫眼效应及猫眼宝石[J]. 珠宝科技, 1999, 11(1): 30-33.

刘琰, 买托乎提·阿不都瓦衣提. 新疆和田玉子料的矿物组成及形成时代[C]// 2015中国珠宝首饰学术交流会论文集, 2015: 248.

刘宇, 匡爱兵, 薛春光. 新疆西昆仑三十里营房一带玉石矿成矿地质特征及成因浅析[J]. 河南科技, 2014: 173-174.

刘云辉. 北周隋唐京畿玉器[M]. 重庆: 重庆出版社, 2000.

刘云辉. 陕西出土汉代玉器[M]. 北京: 文物出版社, 台北: 众志美术出版社, 2009.

刘自强, 汪国辉. 数字化玉雕[M]. 武汉: 中国地质大学出版社, 2013.

柳宗悦. 工匠自我修养[M]. 陈燕虹, 尚红蕊, 许晓, 译. 武汉: 华中科技大学出版社, 2016.

卢保奇. 四川石棉软玉猫眼和蛇纹石猫眼的宝石矿物学及其谱学研究[D]. 上海: 上海大学, 2005.

卢保奇, 亓利剑, 夏义本, 等. 四川软玉(透闪石玉)猫眼的矿物学研究[J]. 岩石矿物学杂志, 2004, 23(3): 268-272.

卢保奇, 亓利剑, 夏义本, 等. 四川软玉猫眼的显微结构及扫描电镜研究[J]. 上海地质, 2007(2): 64-67.

鲁力, 边智虹, 王芳, 等. 不同产地软玉品种的矿物组成、显微结构及表观特征的对比研究[J]. 宝石和宝石学杂志, 2014, 16(2): 56-64.

栾秉璈. 从软玉的定名说起[C]// 2009中国珠宝首饰学术交流会论文集, 2009: 178-181.

栾秉璈. 古玉鉴别[M]. 北京: 文物出版社, 2008.

骆靖中. 电气石的特性及其在健康与环保领域的新用途[J]. 中国非金属矿工业导刊, 2007(6): 17-19.

吕建昌. 论历史上的食玉之风[J]. 学术月刊, 2004(2): 66-72.

吕爽爽. 若羌托克布拉克和田玉宝石矿物学特征及成因分析[D]. 北京: 中国地质大学(北京), 2018.

马芳丽, 董前民, 梁培, 等. 激光诱导击穿光谱定量分析玉石中的Mg, Fe和Ca[J]. 光谱学与光谱分析, 2016, 36(10): 3337-3340.

马克·奥里尔·斯坦因. 沙埋和阗废墟记[M]. 乌鲁木齐: 新疆美术摄影出版社, 1994.

迈克尔·苏立文. 中国艺术史[M]. 徐坚, 译. 上海: 上海人民出版社, 2014.

买托乎提·阿不都瓦衣提. 和田玉戈壁料与仿戈壁料鉴别方法探讨[C]// 2009中国珠宝首饰学术交流会论文集, 2009: 157-158, 10.

买托呼提·阿不都瓦衣提, 刘琰. 子料玉石与仿子料玉石的鉴别初探[J]. 中国宝石, 2009(1): 159-161.

孟祥振, 赵梅芳. 观赏石及其分类[J]. 上海大学学报(自然科学版), 2002, 8(2): 127-129.

孟祥振, 赵梅芳. 维氏硬度的法定计量单位及其换算[J]. 宝石与宝石学杂志, 2007, 9(2): 53.

闵连吉, 杨婀娜, 王德群. 中华麦饭石在日本[M]. 北京: 中国食品出版社, 1987.

敏泽. 中国美学思想史: 第4册[M]. 北京: 中国社会科学出版社, 2014.

莫里茨·盖格尔. 艺术的意味[M]. 艾彦, 译. 南京: 译林出版社, 2012.

南京博物院, 张家港市文广局, 张家港博物馆. 江苏张家港市东山村新石器时代遗址[J]考古, 2010(8): 3-12.

南京中医药大学. 中药大辞典上册[M]. 2版. 上海: 上海科学技术出版社, 2014.

宁建国. 岩体力学[M]. 北京: 煤炭工业出版社, 2014.

欧阳秋眉. 翡翠全集[M]. 香港: 天地图书有限公司, 2000.

潘桂棠, 陆松年, 肖庆辉, 等. 中国大地构造阶段划分和演化[J]. 地学前缘, 2016, 23(6): 18-40.

潘天寿. 关于构图问题[M]. 杭州: 浙江人民美术出版社, 2015.

裴祥喜. 韩国春川软玉矿床研究: 成矿作用及成因分析[D]. 北京: 中国地质大学(北京), 2012.

彭适凡. 新干古玉[M]. 新北: 典藏艺术家庭股份有限公司, 2003.

彭智聪, 管红珍, 康重阳, 等. 阳起石炮制方法对无机元素的影响[J]. 中国中药杂志, 1994, 19(6): 347-348.

裘磊. 和田玉子料的宝石学特征研究[D]. 北京: 中国地质大学(北京), 2016.

桑行之, 等. 说玉[M]. 上海: 上海科技教育出版社, 1993.

山东博物馆. 山东馆藏文物精品大系: 玉器卷: 战国汉代篇[M]. 济南: 山东美术出版社, 2019.

上海博物馆. 中国隋唐至清代玉器学术研讨会论文集[C]. 上海: 上海古籍出版社, 2002.

尚志钧. 中国矿物药集纂[M]. 上海: 上海中医药大学出版社, 2010.

申晓萍, 魏薇, 李新岭, 等. 仿和田玉籽料的方法及鉴定[J]. 宝石和宝石学杂志, 2009, 11(2): 37-40.

施光海, 张小冲, 徐琳, 等. "软玉"一词由来、争议及去"软"建议[J]. 地学前缘, 2019, 26(3), 163-170.

施剑林, 冯涛. 无机光学透明材料: 透明陶瓷[M]. 上海: 上海科学普及出版社, 2008.

世界卫生组织. 空气质量准则[M]. 王作元, 王昕, 曹吉生, 译. 北京: 人民卫生出版社, 2003.

宋应星. 天工开物[M]. 北京: 国际文化出版公司, 1995.

苏州市玉石雕刻行业协会. 苏州玉雕[M]. 北京: 文物出版社, 2021.

孙长初. 艺术考古学[M]. 重庆: 重庆大学出版社, 2016.

孙长初. 中国古代设计艺术思想论纲[M]. 重庆: 重庆大学出版社, 2010.

孙丽华, 王时麒. 加拿大碧玉的矿物学研究[J]. 岩石矿物学杂志, 2014, 33(增刊): 28-36.

孙文倩. 中药阳起石的研究: II. 商品药材及其混淆品的鉴定[J]. 药物分析杂志, 1993, 13(2): 101-107.

孙文倩, 袁东海. 中药阳起石的研究: I. 原矿物的调查[J]. 药物分析杂志, 1992, 12(2): 73-76.

汤超, 周征宇, 廖宗廷, 等. 软玉市场上一种有机伪皮仿仔料的鉴别[J]. 宝石和宝石学杂志, 2015, 17(6): 1-7.

汤大明, 杨寿成. 岩石单轴抗压强度的尺寸效应研究[J]. 四川水力发电, 2011, 30(增刊): 119-122, 126.

汤红云, 钱伟吉, 陆晓颖, 等. 青海软玉产出的地质特征及物质成分特征[J]. 宝石和宝石学杂志, 2012, 14(1): 24-31.

唐延龄. 新疆的玉石和宝石[J]. 中国地质, 1987(6): 27-28.

唐延龄, 陈葆章, 蒋壬华. 中国和阗玉[M]. 乌鲁木齐: 新疆人民出版社, 1994.

唐延龄, 刘德权, 周汝洪. 论透闪石玉命名及分类[J]. 矿物岩石, 1998, 18(4): 17-21.

唐延龄, 刘德权, 周汝洪. 新疆玛纳斯碧玉的成矿地质特征[J]. 岩石矿物学杂志, 2002, 21(增刊): 22-25.

王春云. 龙溪软玉矿床地质及物化特征[J]. 矿产与地质, 1993, 7(3): 201-205.

王方. 金沙遗址出土玉器的初步研究与认识[C]// 张忠培, 徐光冀. 玉魂国魄: 中国古代玉器与传统文化学术讨论会论文集(三). 北京: 北京燕山出版社, 2008.

王芬. 黑色软玉的矿物学特征及石墨对其品质影响的初步研究[D]. 乌鲁木齐: 新疆大学, 2016.

王光华, 董发勤. 电气石的功能属性及应用[J]. 中国非金属矿工业导刊, 2007(5): 9-11.

王继梅. 空气负离子及负离子材料的评价与应用研究[D]. 北京: 中国建筑材料科学研究院, 2004.

王静纯. 和田玉鉴定特征初析[J]. 矿床地质, 1996, 15(增刊): 93-94.

王立军. 和田玉收藏与鉴赏[M]. 北京: 中国书店, 2011: 26-32.

王琳. 从几件铜柄玉兵看商代金属与非金属的结合铸造技术[J]. 考古, 1987(4): 363-364, 391.

王明达, 方向明, 徐新民, 等. 塘山遗址发现良渚文化制玉作坊[N]. 中国文物报, 2002-09-20(1).

王濮, 潘兆橹, 翁玲宝, 等. 系统矿物学(中册) [M]. 北京: 地质出版社, 1984.

王时麒. 岫岩软玉与红山文化[J]. 鞍山师范学院学报, 2004, 6(3): 40-43.

王时麒, 董佩信. 岫岩玉的种类、矿床地质特征及成因[J]. 地质与资源, 2011, 20(5): 321-331.

王时麒, 段体玉, 郑姿姿. 岫岩软玉(透闪石玉)的矿物岩石学特征及成矿模式[J]. 岩石矿物学杂志, 2002(增刊): 79-90.

王时麒, 孙丽华. 当今市场五个产地透闪石玉特征的肉眼识别[C]// 2013中国珠宝首饰学术交流会论文集, 2013: 157-159.

王时麒, 于洸, 王长秋, 等. 中国大化玉[M]. 北京: 科学出版社, 2016.

王时麒, 员雪梅. 和田碧玉的物质组成特征及其地质成因[J]. 宝石和宝石学杂志, 2008, 10(3): 4-7.

王时麒, 赵朝洪, 于洸, 等. 中国岫岩玉[M]. 北京: 科学出版社, 2007.

王涛. 小议出土古玉之沁[J]. 文物鉴定与鉴赏, 2011(11): 82-87.

王小明. 几种亚稳态铁氧化物的结构、形成转化及其表面物理化学特性[D]. 武汉: 华中农业大学, 2015.

王亚军, 袁心强, 石斌, 等. 基于激光诱导击穿光谱结合偏最小二乘判别分的软玉产地识别研究[J]. 中国激光, 2016, 43(12): 254-261.

王亚军, 袁心强, 石斌, 等. 缅甸翡翠中铁元素的激光诱导击穿光谱定量检测[J]. 光谱学与光谱分析, 2018, 38(1): 263-266.

王永亚, 顾冬红, 干福熹. 中国蓝田玉的成分、物相及结构分析[J]. 岩石矿物学杂志, 2011, 30(2): 325-332.

王正书. 上博玉雕精品鲜卑头铭文补释[J]. 文物, 1999(4): 50-53.

王志远. 中国佛教表现艺术[M]. 北京: 中国社会科学出版社, 2006.

魏薇, 李新岭. 染色和田玉的感官鉴定[J]. 中国宝玉石, 2010(3): 106-110.

魏元柏. 几种软玉的矿物学特征[J]. 矿床地质, 1996, 15(增刊): 94-95.

翁臻培, 张庆麟. 软玉猫眼的新发现[J]. 上海大学学报(自然科学版), 2001, 7(2): 137-141.

沃特伯格. 什么是艺术[M]. 李奉栖, 张云, 胥全文, 等, 译. 重庆: 重庆大学出版社, 2011.

巫鸿. "空间"的美术史[M]. 钱文逸, 译. 上海: 上海人民出版社, 2017.

吴璘洁. 新疆且末天泰矿区和田玉宝石矿物学特征及成因研究[D]. 北京: 中国地质大学(北京), 2016.

吴清杰. 中国淅川虎睛石矿物特征及开发利用前景[J]. 地质调查与研究, 2011, 34(4): 299-304.

谢观. 中国医学大辞典[M]. 上海: 商务印书馆, 1921.

谢平辉. 和田玉仔料与仿和田玉仔料的肉眼鉴识[J]. 云南地质, 2008, 27(1): 74-77.

谢先德. 中国宝玉石矿物物理学[M]. 广州: 广东科技出版社, 1999.

谢先德, 孙振亚, 王辅亚, 等. 泗滨砭石的岩石矿物研究II: 矿物组成特征与红外发射功能的关系[J]. 矿物岩石地球化学通报, 2008, 27(1): 6-12.

新疆维吾尔自治区质量技术监督局. 新疆维吾尔自治区地方标准DB65/T 035—2010和田玉[S].

幸晓峰, 叶茂林, 王其书, 等. 青海喇家遗址出土玉石器的音乐声学测量及初步探讨[J]. 考古, 2009, (3): 83-93.

徐复观. 中国艺术精神[M]. 沈阳: 辽宁人民出版社, 2019.

徐汉卿, 冯捷, 赵新国. 微量元素与皮肤病[M]. 西安: 陕西人民出版社, 2007.

徐琳. 古玉的雕工[M]. 北京: 文物出版社, 2012.

徐琳. 中国古代治玉工艺[M]. 北京: 紫禁城出版社, 2011.

徐启宪. 故宫博物院藏文物珍品全集: 宫廷珍宝[M]. 香港: 商务印书馆(香港)有限公司, 2004.

徐强, 杨光敏, 杨腾飞. 和田玉青海料的质量分级及市场发展[J]. 科技资讯, 2014, 12(25): 207.

徐志英. 岩石力学[M]. 北京: 水利电力出版社, 1986.

薛贵笙. 中国玉器赏鉴[M]. 上海: 上海科学技术出版社, 1996.

许佳君, 廖宗廷, 周征宇. 和田、格尔木与溧阳三地软玉微观结构的对比研究[J]. 上海地质, 2008, (1): 66-68.

郇峰. 和田玉子料人工沁色方法及其鉴别[J]. 中国宝石, 2007, 16(1): 72-73.

颜亮, 赵靖. 佛自西方来: 于阗王国传奇[M]. 北京: 中国国际广播出版社, 2012: 144.

颜世铭. 微量元素的吸收[J]. 广东微量元素科学, 2008, 15(11): 70.

颜晓蓉, 郭继春, 李加贵, 等. 和田玉籽料与磨光籽料的表面特征分析[J]. 中国西部科技, 2011, 10(36): 44-46.

杨伯达. 关于琢玉工具的再探讨[M]// 杨伯达. 杨伯达论玉: 八秩文选. 北京: 紫禁城出版社, 2006.

杨伯达. 古玉鉴定: 隋唐至明清[M]. 广州: 广东教育出版社, 2006.

杨伯达. 简述中国玉文化——玉学的界定和玉文化的基因论与序列论[C]//郝维城. 玉石学国际学术研讨会论文集. 北京: 地质出版社, 2011: 276-287.

杨伯达. 中国古代玉器发展历程(1)[J]. 中国宝玉石, 1992(3): 18-20.

杨伯达. 中国古代玉器发展历程(2)[J]. 中国宝玉石, 1992(4): 10-11.

杨伯达. 中国玉器全集[M]. 石家庄: 河北美术出版社, 1993.

杨汉臣, 伊献瑞, 易爽庭, 等. 新疆宝石和玉石[M]. 乌鲁木齐: 新疆人民出版社, 1986.

杨红. 三种典型软玉的比较研究: 以贵州罗甸玉青海玉和韩国软玉为例[D]. 北京: 中国地质大学

(北京), 2019.

杨惠敏, 龚国丽. 南北朝的道教改革与政治[J]. 宜宾学院学报, 2002(3): 23-26.

杨林. 贵州罗甸玉矿物岩石学特征及成因机理研究[D]. 成都: 成都理工大学, 2013.

杨林, 林金辉. 贵州罗甸玉玉石学特征研究及鉴赏[M]. 贵阳: 贵州科技出版社, 2017.

杨明辉, 王久源, 张蜀武, 等. 中药阳起石温肾壮阳的作用机理分析[J]. 中国药业, 2010a, 19(10): 84-86.

杨明辉, 王久源, 张蜀武, 等. 中药阳起石壮阳作用实验研究[J]. 中国药业, 2010b, 19(6): 17-18.

杨如增, 杨满珍, 廖宗廷, 等. 天然黑色电气石红外辐射特性研究[J]. 同济大学学报(自然科学版), 2002, 30(2): 183-188.

杨晓丹, 施光海, 刘琰. 新疆和田黑色透闪石质软玉振动光谱特征及颜色成因[J]. 光谱学与光谱分析, 2012, 32(3): 681-685.

杨永华, 刘桂焕, 孙广义. 补肾中成药微量元素的分析研究[J]. 中国中药杂志, 1987, 12(2): 40-42.

扬州博物馆, 天长市博物馆. 汉广陵国玉器[M]. 北京: 文物出版社, 2003.

姚鼎山. 磁·远红外·健康[M]. 上海: 中国纺织大学出版社, 2005.

姚鼎山. 环保与健康新材料: 托玛琳[M]. 2版. 上海: 东华大学出版社, 2008.

叶朗. 中国美学通史[M]. 南京: 江苏人民出版社, 2014.

尹达. 新石器时代[M]. 北京: 生活·读书·新知三联书店, 1955.

于海燕. 青海软玉致色机制及成矿机制研究[D]. 南京: 南京大学, 2016.

于海燕, 阮青锋, 廖宝丽, 等. 青海不同矿区软玉地球化学特征及Ar-Ar定年研究[J]. 岩石矿物学杂志, 2018, 37(4): 655-668.

于明. 新疆和田玉开采史[M]. 北京: 科学出版社, 2018.

于明. 中国玉器年鉴(2013、2014、2015、2016、2017) [M]. 北京: 科学出版社, 2013-2017.

于庆文, 李树才, 等. 中国透闪石玉和蛇纹石玉[M]. 北京: 地质出版社, 2017.

于田县地方志编纂委员会. 于田县志[M]. 乌鲁木齐: 新疆人民出版社, 2006.

余晓艳. 有色宝石学教程[M]. 2版. 北京: 地质出版社, 2016.

玉学院. 和田玉子料产状的鉴定[J]. 收藏与投资, 2015(7): 148-151.

贠熙章. 加味阳起汤治疗阳痿200例[J]. 四川中医, 2002, 20(10): 48.

袁昌来, 刘心宇, 王华. 天然矿物电气石产生空气负离子性能研究[J]. 功能材料, 2007, 38(增刊): 3317-3319.

岳峰. 和田玉与中华文明: 和田玉鉴赏与收藏[M]. 乌鲁木齐: 新疆人民出版社, 2013.

云希正, 牟永抗. 中国史前艺术的瑰宝: 新石器时期玉器巡礼[M]// 中国玉器全集编辑委员会. 中国玉器全集1: 原始社会. 石家庄: 河北美术出版社, 1992: 23.

张白璐. 新疆次生和田玉的特征及成因探讨[D]. 北京: 中国地质大学(北京), 2015.

张蓓莉. 系统宝石学[M]. 2版. 北京: 地质出版社, 2006.

张广文. 故宫博物院藏文物珍品大系: 玉器[M]. 上海: 上海科学技术出版社, 2008.

张敬国, 陈启贤. 管形工具钻孔之初步实验: 玉器雕琢工艺显微探索之二[M]// 杨建芳师生古玉研究会. 玉文化论丛1. 北京: 文物出版社, 2006.

张婧颖, 金秋亚, 谢凌云. 民族乐器单音谐和性分析[J]. 声学技术, 2015, 34(6): 450-453.

张浪, 刘东升, 宋强辉, 等. 基于Griffith理论岩石裂纹扩展的可靠度分析[J]. 工程力学, 2008, 25(9): 156-161.

张明华. 中国古玉发现与研究100年[M]. 上海: 上海书店出版社, 2004.

张睿. 和田白玉的岩石学特征及质量评价[D]. 成都: 成都理工大学, 2018.

张少华, 缪协兴, 赵海云. 试验方法对岩石抗拉强度测定的影响[J]. 中国矿业大学学报, 1999(3): 43-46.

张文彧. 和田玉拼合石的鉴定和检测[J]. 质量探索, 2013(3): 45-46.

张小冲. 于田赛底库拉木软玉的矿物学特征研究[D]. 北京: 中国地质大学(北京), 2016: 48-57.

张勇, 冯晓燕, 陆太进, 等. 透闪石质玉的定名问题讨论[J]. 宝石和宝石学杂志, 2017, 19(增刊): 39-41.

张勇, 陆太进, 冯晓燕. 新疆和田玉分类新论[J]. 中国宝石, 2012(3): 224-227.

张勇, 陆太进, 冯晓燕, 等. 染色软玉的发光性特征研究[C]// 2013中国珠宝首饰学术交流会, 2013: 142-145.

张宇. 新疆且末7号矿和田玉的矿物学特征[D]. 北京: 中国地质大学(北京), 2019.

章乃炜. 清宫述闻[M]. 北京: 北京古籍出版社, 1988.

赵凯. 韩国产软玉宝石学矿物学特征研究[D]. 北京: 中国地质大学(北京), 2010.

赵松龄, 李劲松. 宝玉石大典[M]. 北京: 北京希望电子出版社, 2001.

赵文. 岩石力学[M]. 长沙: 中南大学出版社, 2010.

赵永魁. 中国玉器概论[M]. 中国地质报社, 南阳大学, 南阳宝石学会, 1989.

赵永魁, 汪艳. 玉雕鉴赏[M]. 北京: 印刷工业出版社, 2012.

赵永魁, 张加勉. 中国玉石雕刻工艺技术[M]. 北京: 北京工艺美术出版社, 1998.

中国第一历史档案馆, 香港中文大学文物馆. 清宫内务府造办处档案汇总[M]. 北京: 人民出版社, 2005.

中国国家博物馆, 徐州博物馆. 大汉楚王: 徐州西汉楚王陵墓文物辑萃[M]. 北京: 中国社会科学出版社, 2005.

中国轻工珠宝首饰中心组织. 工艺品雕刻工: 玉雕分册　基础知识[M]. 北京: 中国轻工业出版社, 2008.

中国社会科学院考古研究所. 殷墟的发现与研究[M]. 北京: 科学出版社, 1994.

中华人民共和国质量监督检验检疫总局, 中国国家标准化管理委员会. 珠宝玉石鉴定: GB/T 16553—2017[S]. 北京: 中国标准出版社, 2017.

中华人民共和国质量监督检验检疫总局, 中国国家标准化管理委员会. 珠宝玉石名称: GB/T 16552—2017[S]. 北京: 中国标准出版社, 2017.

钟友萍, 丘志力, 李榴芬, 等. 利用稀土元素组成模式及其参数进行国内软玉产地来源辨识的探索[J]. 中国稀土学报, 2013, 31(6): 738-747.

周兵, 孔德懿, 李维建, 等. 新疆和田玉成矿地质特征及远景资源量预测[J]. 四川地质学报, 2011, 31(2): 72-73, 79.

周南泉, 冯乃恩. 中国古代手工艺术家志[M]. 北京: 紫禁城出版社, 2008.

周桃, 马欣. 和田玉的品种及其划分[J]. 吉林地质, 2009, 28(1): 57-58.

周钊, 杨明星, 支颖雪, 等. 一种仿黑皮仔料拼合石的鉴定特征[J]. 宝石和宝石学杂志, 2011, 13(4): 39-42.

周振华, 冯佳睿. 新疆软玉、岫岩软玉的岩石矿物学对比研究[J]. 岩石矿物学杂志, 2010, 29(3): 331-340.

周征宇, 廖宗廷, 陈盈, 等. 青海软玉的岩石矿物学特征[J]. 岩矿测试, 2008, 27(1): 17-20.

周征宇, 廖宗廷, 马婷婷, 等. 青海三岔口软玉成矿类型及成矿机制探讨[J]. 同济大学学报(自然科学版), 2005, 33(9): 1191-1194, 1200.

周征宇, 廖宗廷, 袁媛, 等. 青海软玉中"水线"的特征及其成因探讨[J]. 宝石和宝石学杂志, 2005, 7(3): 10-12.

邹妤. 陕西蓝田玉的宝石学特征研究及其社会经济价值探讨[D]. 北京: 中国地质大学(北京), 2006.

朱光潜. 谈美[M]. 南京: 译林出版社, 2018.

ABBASI A A, PRASAD A S, RABBANI P, et al. Experimental zine deficiency in man. Effect on testicular function[J]. Journal of laboratory & clinical medicine, 1980, 96(3): 544-550.

BARAK Y. The immune system and happiness[J]. Autoimmunity reviews, 2006, 5(8): 523-527.

BLANCHARD M, BALAN E, GIURA P, et al. Infrared spectroscopic properties of goethite: anharmonic broadening, long-range electrostatic effects and Al substitution[J]. Physics and chemistry of minerals, 2014, 41(4): 289-302.

BRADT R C, NEWNHAM R E, BIGGERS J V. The toughness of jade[J]. American mineralogist, 1973, 58(7/8): 727-732.

BURTSEVA M V, RIPP G S, POSOKHOV V F, MURZINTSEVA A E. Nephrites of East Siberia: geochemical features and problems of genesis[J]. Russian geology and geophysics, 2015, 56(3): 402-410.

BUSHELL S W; KUNZ G F, et al. Investigations and studies in jade: The Heber R. Bishop collection[M]. New York, Privately Printed 1906.

CARRETERO M I. Clay minerals and their beneficial effects upon human health. A review[J]. Applied clay science, 2002, 21(3/4): 155-163.

CARRETERO M I, GOMES C S F, TATEO F. Clays and human health[J]. Developments in clay science, 2006, 1: 717-741.

CUTTLER J M. Health effects of low level radiation: when will we acknowledge the reality? [J]. Dose-response, 2007, 5(4): 292-298.

FAYED A H, Gad S B. Effect of sildenafil citrate (Viagra) on trace element concentration in serum and brain of rats[J]. Journal of trace elements in medicine and biology, 2011, 25(4): 236-238.

HARLOW G E, SORENSEN S S. Jade (nephrite and jadeitite) and serpentinite: metasomatic connections[J]. International geology review, 2005, 47(2): 113-146.

GAO K, FANG T, LU T J, et al. Hydrogen and oxygen stable isotope ratios of dolomite-related nephrite: relevance for its geographic origin and geological significance[J]. Gems & Gemology, 2020, 56(2): 266-280.

General Assembly of the United Nations. Sources, effects and risks of ionizing radiation: 1988 report to the General Assembly, with annexes[M]. United Nations, 1988.

GIULIANI G, FALLICK A, RAKOTONDRAZAFY M, et al. Oxygen isotope systematics of gem corundum deposits in Madagascar: relevance for their geological origin[J]. Mineralium deposita, 2007, 42(3): 251-270.

GOMES C, SILVA J. Minerals and clay minerals in medical geology[J]. Applied clay science, 2007, 36(1/3): 4-21.

HATTORI S. Research status on radiation hormesis at CRIEPI[J]. Transactions of the American nuclear society, 1996, 75: 403.

KLUG H P, ALEXANDER L E. X-ray diffraction procedures: for polycrystalline and amorphous materials[M]. 2nd ed. New Jersey: Wiley-Interscience, 1974.

KOCHELEK K A, MCMILLAN N J, MCMANUS C E, et al. Provenance determination of sapphires and rubies using laser-induced breakdown spectroscopy and multivariate analysis[J]. American mineralogist, 2015, 100(8): 1921-1931.

KRUEGER A P, REED E J. Biological impact of small air ions[J]. Science, 1976, 193(4259): 1209.

LARTILLOT O, TOIVIAINEN P, EEROLA T. A mat-lab toolbox for music information retrieval[M]. Berlin: Springer, 2008.

LEAMING S F. Jade in British Columbia and Yukon territory[J]. Geological survey of Canada, 1984, Special Volume (29): 270-273.

LIU X, GIL G, LIU Y, et al. Timing of formation and cause of coloration of brown nephrite from the Tiantai Deposit, South Altyn Tagh, northwestern China[J]. Ore geology reviews, 2021(131): 103972.

LIU Y, DENG J, SHI G H, et al. Geochemistry and petrogenesis of placer nephrite from Hetian, Xinjiang, Northwest China[J]. Ore geology reviews, 2011, 41(1): 122-132.

LIU Y, DENG J, SHI G H, et al. Geochemistry and petrology of nephrite from Alamas, Xinjiang, NW China[J]. Journal of Asian Earth Sciences, 2011, 42(3): 440-451.

LIU Y, ZHANG R Q, ZHANG Z Y, et al. Mineral inclusions and SHRIMP U-Pb dating of zircons from the Alamas nephrite and granodiorite: implications for the genesis of a magnesian skarn deposit[J]. Lithos, 2015(212/215): 128-144.

LIU Y, ZHANG R Q, ABUDUWAYITI M, et al. SHRIMP U-Pb zircon ages, mineral compositions and geochemistry of placer nephrite in the Yurungkash and Karakash River deposits, West Kunlun, Xinjiang, northwest China: implication for a magnesium skarn[J]. Ore geology reviews, 2016, 72: 699-727.

LIU Y, DENG J, SHI G H, et al. Chemical zone of nephrite in Alamas, Xinjiang, China[J]. Resource geology, 2010, 60(3): 249-259.

LIU Y S, HU Z C, GAO S, et al. In situ analysis of major and trace elements of anhydrous minerals by LA-ICP-MS without applying an internal standard[J]. Chemical geology, 2008, 257(1/2): 34-43.

MCMANUS C E, MCMILLAN N J, HARMON R S, et al. Use of laser induced breakdown spectroscopy in the determination of gem provenance: beryls[J]. Applied optics, 2008, 47(31): G72-G79.

MCMILLAN N J, MEMANUS C E, HARMON R S, et al. Laser-induced breakdown spectroscopy analysis of complex silicate minerals—beryl[J]. Analytical & bioanalytical chemistry, 2006, 385(2): 263-271.

MENG J P, LIANG J S, LIU J, et al. Effect of heat treatment on the far-infrared emission spectra and fine structures of black tourmaline[J]. Journal of nanoscience and nanotechnology, 2014, 14(5): 3607-3611.

MIKHEEV E I, VLADIMIROV A G, FEDOROVSKY V S, et al. Age of overthrust-type granites in the accretionary-collisional system of the early Caledonides (western Baikal region) [J]. Doklady earth sciences, 2017, 472(2): 152-158.

POLLYCOVE M, FEINENDEGEN L E. Radiation-induced versus endogenous DNA damage: possible effect of inducible protective responses in mitigating endogenous damage[J]. Human & experimental toxicology, 2003, 22(6): 319-323.

REYES A J, OLHABERRY J V, LEARY W P, et al. Urinary zinc excretion, diuretics, zinc deficiency and some side-effects of diuretics[J]. South African medical journal, 1983, 64(24): 936-941.

ROSSI M, DELL'AGLIO M, DE GIACOMO A, et al. Multi-methodological investigation of kunzite, hiddenite, alexandrite, elbaite and topaz, based on laser-induced breakdown spectroscopy and conventional analytical techniques for supporting mineralogical characterization[J]. Physics and chemistry of minerals, 2014, 41(2): 127-140.

ROWCLIFFED D J, FROHCUF V. The fracture of jade [J]. Journal of materaials science, 1977, 12: 35-42.

SUN S S, MCDONOUGH W F. Chemical and isotopic systematics of oceanic basalts: implications for mantle composition and processes[J]. Geological society of London special publications, 1989, 42: 313-345.

TAYLOR S R, MCLENNAN S M. The continental crust: its composition and evolution: an examination of the geochemical record preserved in sedimentary rocks[M]. Oxford: Blackwell Scientific Publication, 1985.

VUTUKURI V S, LAMA R D, SALUJA S S. Handbook on mechanical properties of rocks [M]. New York: Trans Tech Publication, 1974.

WABREK A J. Zinc: a possible role in the reversal of uremic impotence[J]. Sexuality and disability, 1982, 5(4): 213-221.

WANG H A O, KRZEMNICKI M S, CHALAIN J. Simultaneous high sensitivity trace-element and isotopic analysis of gemstones using laser ablation inductively coupled plasma time of-flight mass spectrometry[J]. Journal of gemology, 2016, 35(3): 212-223.

WHITNEY D L, BROZ M, COOK R F. Hardness, toughness and modulus of some common metamorphic minerals[J]. American mineralogist, 2007, 92: 281-288.

YUI T F, KWON S T. Origin of a dolomite-related jade deposit at Chuncheon, Korea[J]. Economic geology, 2002, 97 (3): 593-601.

附　录

中英矿物名称对照及矿物英文代号

中文矿物名称	英文矿物名称	英文代号
方解石	Calcite	Cal
铬铁矿	Chromite	Chr
褐帘石	Allanite	Aln
金红石	Rutile	Rt
绿帘石	Epidote	Ep
磷灰石	Apatite	Ap
绿泥石	Chlorite	Chl
葡萄石	Prehnite	Prh
蛇纹石	Serpentine	Srp
石英	Quartz	Qtz
透辉石	Diopside	Di
透闪石	Tremolite	Tr
斜长石	Plagioclase	Pl
榍石	Sphene	Ttn
黝帘石	Zoisite	Zo

后 记

　　玉特别是新疆和田玉陪伴中国人走过了几千年的历史征程，一路上的欣喜和悲怆所带来的感悟无不烙进中华民族的基因，那种人与玉的对话所带来的如有神助、于玉比德、祥瑞福臻的美好感受一直深深地滋养着华夏儿女的心灵，对玉的深刻理解和不懈探索从古至今一直没有停歇过。中国玉文化传承到今天，依然有很多课题摆在我们的面前，我们只有不遗余力，方能不辱使命，将中国玉文化弘扬光大。

　　本书是全体编撰人员共同努力的结晶。虽然在编撰过程中遇到了各种各样的难题，但大家群策群力，共同攻关。

　　首先，由于本书的许多议题是当代玉器研究的前沿课题，研究范围涉及玉料、工艺、艺术和历史四个部分，以往学界对此研究较少，对此本书编委会尽量发掘各种相关人才参与工作。即便如此，在具体的编写过程中，有些部分如玉器艺术部分，没有合适的编写人员，只能挖掘现有编写人员的潜力，边研究边写作，完成了全书的编写任务。

　　其次，文献资料的匮乏。由于本书所涉及的研究范围较广，许多内容前人研究的文献较少，即使有，也是零星散见。为此本卷编撰团队花费数年时间披沙沥金、整理文献，从散落在各种相关文献中的蛛丝马迹中抽丝剥茧、去伪存真，最大限度地获取了真实可信的文献资料。

　　最后，实地考察的艰难。本书所涉及的研究对象是新疆和田玉，新疆玉料生长在巍巍昆仑山上，野外实地调查路途遥远、道路艰险、气候恶劣、环境艰苦。本书编撰团队不畏艰险、不辞劳苦地多次去新疆野外考察，取得了大量的第一手资料，保证了本书内容的可靠性。

　　回首十数年来的努力，我们的编撰团队虽然付出了巨大的劳动，但也收获了丰硕的成果——完成了本书的编撰工作，为玉器行业在新疆和田玉的科研、收藏、生产和消费等领域补充了新的学术资料。如能给大家带来一些收获，我们将不胜欣慰。

《中国新疆和田玉》编委会